企业新型学徒制培训教材

机械识图与公差测量

人力资源社会保障部教材办公室　组织编写

U0323668

中国劳动社会保障出版社

图书在版编目（CIP）数据

机械识图与公差测量/人力资源社会保障部教材办公室组织编写. -- 北京：中国劳动社会保障出版社，2019

企业新型学徒制培训教材

ISBN 978 - 7 - 5167 - 3882 - 5

Ⅰ.①机…　Ⅱ.①人…　Ⅲ.①机械图-识图-职业培训-教材②公差-技术测量-职业培训-教材　Ⅳ.①TH126.1②TG801

中国版本图书馆 CIP 数据核字(2019)第 040958 号

中国劳动社会保障出版社出版发行

（北京市惠新东街 1 号　邮政编码：100029）

*

北京市艺辉印刷有限公司印刷装订　　新华书店经销

787 毫米×1092 毫米　16 开本　17.25 印张　394 千字

2019 年 3 月第 1 版　　2021 年 7 月第 5 次印刷

定价：38.00 元

读者服务部电话：(010)64929211/84209101/64921644

营销中心电话：(010)64962347

出版社网址：http://www.class.com.cn

企业新型学徒制培训教材
编审委员会

前　言

为贯彻落实党的十九大精神，加快建设知识型、技能型、创新型劳动者大军，按照中共中央、国务院《新时期产业工人队伍建设改革方案》《关于推行终身职业技能培训制度的意见》有关要求，人力资源社会保障部、财政部印发了《关于全面推进企业新型学徒制的意见》，在全国范围内部署开展以"招工即招生、入企即入校、企校双师联合培养"为主要内容的企业新型学徒制工作。这是职业培训工作改革创新的新举措、新要求和新任务，对于促进产业转型升级和现代企业发展、扩大技能人才培养规模、创新中国特色技能人才培养模式、促进劳动者实现高质量就业等都具有重要的意义。

为配合企业新型学徒制工作的推行，人力资源社会保障部教材办公室组织相关行业企业和职业院校的专家，编写了系列全新的企业新型学徒制培训教材。

该系列教材紧贴国家职业技能标准和企业工作岗位技能要求，以培养符合企业岗位需求的中、高级技术工人为目标，契合企校双师带徒、工学交替的培训特点，遵循"企校双制、工学一体"的培养模式，突出体现了培训的针对性和有效性。

企业新型学徒制培训教材由三类教材组成，包括通用素质类、专业基础类和操作技能类。首批开发出版《入企必读》《职业素养》《工匠精神》《安全生产》《法律常识》等16种通用素质类教材和专业基础类教材。同时，统一制订新型学徒制培训指导计划（试行）和各教材培训大纲。在教材开发的同时，积极探索"互联网＋职业培训"培训模式，配套开发数字课程和教学资源，实现线上线下培训资源的有机衔接。

企业新型学徒制培训教材是技工院校、职业院校、职业培训机构、企业培训中心等教育培训机构和行业企业开展企业新型学徒制培训的重要教学规范和教学资源。

本教材由果连成、韩奎英、宋文革、钱可强、高雪利、田华、周春联、王春梅、李平、赵振华、李小强、龙莉、石丽峰、黄宗朝、张丰编写。教材在编写中得到广东省技工教育研究室的大力支持，在此表示衷心感谢。

企业新型学徒制培训教材编写是一项探索性工作，欢迎开展新型学徒制培训的相关企业、培训机构和培训学员在使用中提出宝贵意见，以臻完善。

人力资源社会保障部教材办公室

目　录

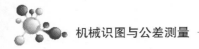

第 5 章
机械图样的特殊表示法

第 6 章
极限与配合基础

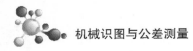

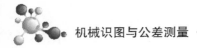

第1章

制图基本知识与技能

第1节 制图基本规定

为了适应现代化生产、管理和技术交流，我国制定发布了一系列国家标准，简称"国标"，包括强制性国家标准（代号"GB"）、推荐性国家标准（代号"GB/T"）和国家标准化指导性技术文件（代号"GB/Z"）。本节摘录了国家标准《技术制图》和《机械制图》中有关的基本规定，其他常用标准将在后续相关章节中介绍。

一、图纸幅面和格式（GB/T 14689—2008）

1. 图纸幅面

绘制图样时，应优先采用表1—1中规定的图纸基本幅面尺寸。基本幅面代号有A0、A1、A2、A3、A4五种，如图1—1中粗实线所示。必要时，可以按规定加长图纸的幅面，

表1—1　图纸幅面及图框格式尺寸

幅面代号	幅面尺寸 $B \times L$	周边尺寸 a	周边尺寸 c	周边尺寸 e
A0	841×1 189	25	10	20
A1	594×841	25	10	20
A2	420×594	25	10	10
A3	297×420	25	5	10
A4	210×297	25	5	10

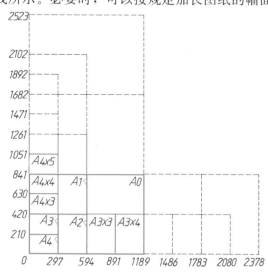

图1—1　五种图纸幅面及加长边

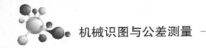

加长幅面的尺寸由基本幅面的短边呈整数倍增加后得出。细实线及细虚线所示分别为第二选择和第三选择的加长幅面。

2. 图框格式

图纸上限定绘图区域的线框称为图框。图框在图纸上必须用粗实线画出，图样绘制在图框内部。其格式分为留装订边和不留装订边两种，如图1—2和图1—3所示。同一产品的图样只能采用一种图框格式。

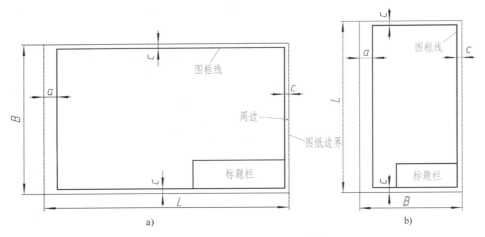

图1—2 留装订边的图框格式

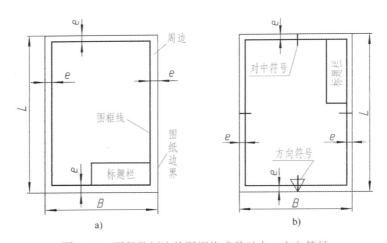

图1—3 不留装订边的图框格式及对中、方向符号

为了复制和缩微摄影的方便，应在图纸各边长的中点处绘制对中符号。对中符号是从周边画入图框内5 mm的一段粗实线，如图1—3b所示。当对中符号在标题栏范围内时，则伸入标题栏内的部分予以省略。

3. 标题栏

标题栏由名称及代号区、签字区、更改区和其他区组成，其格式和尺寸按GB/T 10609.1—2008规定绘制，如图1—4a所示。教学中建议采用简化的标题栏，如图1—4b所示。

标题栏位于图纸右下角，标题栏中的文字方向为看图方向。如果使用预先印制的图纸，需要改变标题栏的方位时，必须将其旋转至图纸的右上角，此时，为了明确看图的方向，应在图纸的下边对中符号处画一个方向符号（细实线绘制的正三角形），如图1—3b所示。

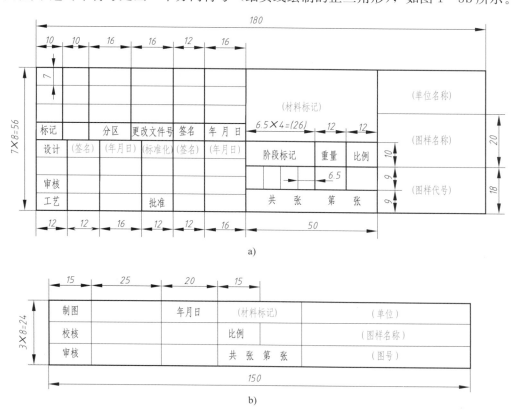

a)

b)

图1—4　标题栏的格式

二、比例（GB/T 14690—1993）

比例是指图样中图形与其实物相应要素的线性尺寸之比。当需要按比例绘制图样时，应从表1—2规定的系列中选取。

表1—2　　　　　　　　　　绘 图 比 例

原值比例	1∶1					
放大比例	2∶1 (2.5∶1)	5∶1 (4∶1)	$1×10^n∶1$ $(2.5×10^n∶1)$	$2×10^n∶1$ $(4×10^n∶1)$	$5×10^n∶1$	
缩小比例	1∶2 (1∶1.5) $(1∶1.5×10^n)$	1∶5 (1∶2.5) $(1∶2.5×10^n)$	1∶10	$1∶1×10^n$ (1∶3) $(1∶3×10^n)$	$1∶2×10^n$ (1∶4) $(1∶4×10^n)$	$1∶5×10^n$ (1∶6) $(1∶6×10^n)$

注：n为正整数，优先选用不带括号的比例。

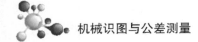

为了看图方便，绘图时应优先采用原值比例。若机件太大或太小，则采用缩小或放大比例绘制。不论放大或缩小，标注尺寸时必须注出机件的实际尺寸。图1—5所示为用不同比例画出的同一图形。

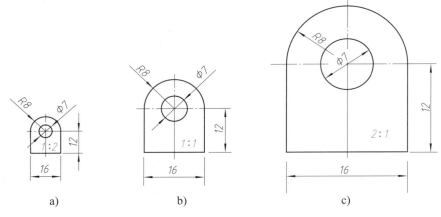

a)   b)   c)

图1—5　用不同比例画出的同一图形

三、字体（GB/T 14691—1993）

图样中书写的汉字、数字和字母，必须做到字体工整、笔画清楚、间隔均匀、排列整齐。字体的号数即字体的高度 h 分为8种：20 mm、14 mm、10 mm、7 mm、5 mm、3.5 mm、2.5 mm、1.8 mm。

汉字应写成长仿宋体，并采用国家正式公布的简化字。汉字的高度不应小于3.5 mm，其宽度一般为 $h/\sqrt{2}$。

长仿宋体汉字的书写要领是：横平竖直，注意起落，结构均匀，填满方格。汉字常由几个部分组成，为了使字体结构匀称，书写时应恰当分配各组成部分的比例。

数字和字母可写成直体或斜体（常用斜体），斜体字字头向右倾斜，与水平基准线约成75°。字体示例如下：

汉字

10 号字

字体工整笔画清楚间隔均匀排列整齐

7 号字

横平竖直注意起落结构均匀填满方格

5 号字

技术制图机械电子汽车船舶土木建筑矿山井坑港口纺织服装

3.5 号字

螺纹齿轮端子接线飞行指导驾驶舱位挖填施工引水通风闸阀坝棉麻化纤

变 $\frac{1/2}{1/2}$ 材 章 $\frac{1/3}{1/3}$ 锻 符 $\frac{1/3}{2/3}$ 塑 $\frac{2/5}{3/5}$ 泵 锌

$\frac{1/2}{1/2}$ $\frac{1/3}{1/3}$ $\frac{2/5}{3/5}$

汉字的结构分析示例

阿拉伯数字 0123456789

大写拉丁字母 ABCDEFGHIJKLMNO

PQRSTUVWXYZ

小写拉丁字母 abcdefghijklmnopq

rstuvwxyz

罗马数字 ⅠⅡⅢⅣⅤⅥⅦⅧⅨⅩ

四、图线（GB/T 17450—1998、 GB/T 4457.4—2002）

1. 图线的线型及应用

绘图时应采用国家标准规定的图线线型和画法。国家标准《技术制图 图线》（GB/T 17450—1998）规定了绘制各种技术图样的 15 种基本线型。根据基本线型及其变形，国家标准《机械制图 图样画法 图线》（GB/T 4457.4—2002）中规定了 9 种图线，其名称、线型及应用示例见表 1—3 和图 1—6。

表 1—3　　　　图线的线型及应用（根据 GB/T 4457.4—2002）

图线名称	图线型式	图线宽度	一般应用举例
粗实线	———————	粗（d）	可见轮廓线

第1章　制图基本知识与技能

续表

图线名称	图线型式	图线宽度	一般应用举例
细实线	———————————	细（$d/2$）	尺寸线及尺寸界线 剖面线 重合断面的轮廓线 过渡线
细虚线	— — — — — — —	细（$d/2$）	不可见轮廓线
细点画线	— · — · — · —	细（$d/2$）	轴线 对称中心线
粗点画线	——— · ——— · ———	粗（d）	限定范围的表示线
细双点画线	— ·· — ·· — ·· —	细（$d/2$）	相邻辅助零件的轮廓线 轨迹线 可动零件极限位置的轮廓线 中断线
波浪线	〜〜〜〜〜	细（$d/2$）	断裂处的边界线 视图与剖视图的分界线
双折线	—／\／\—	细（$d/2$）	同波浪线
粗虚线	▬ ▬ ▬ ▬ ▬ ▬	粗（d）	允许表面处理的表示线

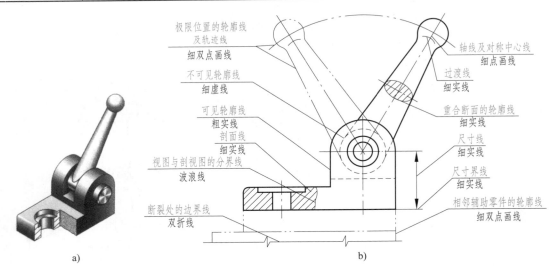

图1—6　图线的应用

　　机械制图中通常采用两种线宽，粗、细线的比例为2∶1，粗线宽度（d）优先采用0.5 mm、0.7 mm。为了保证图样清晰、便于复制，应尽量避免出现线宽小于0.18 mm的图线。

　　2. 图线画法

　　（1）细虚线、细点画线、细双点画线与其他图线相交时尽量交于长画处。如图1—7a所示，画圆的中心线时，圆心应是长画的交点，细点画线两端应超出轮廓 3~5 mm；当细点画线较短时（如小圆直径小于 8 mm），允许用细实线代替细点画线，如图 1—7b 所示。图 1—7c 所示为错误画法。

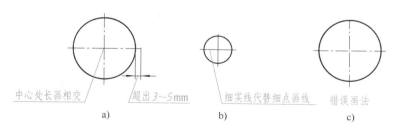

图 1—7　圆中心线的画法

（2）细虚线直接在粗实线延长线上相接时，细虚线应留出空隙，如图 1—8a 所示；细虚线与粗实线垂直相接时则不留空隙，如图 1—8b 所示；细虚线圆弧与粗实线相切时，细虚线圆弧应留出空隙，如图 1—8c 所示。

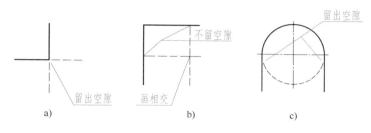

图 1—8　细虚线的画法

第2节　尺寸注法

图形只能表示物体的形状，而其大小由标注的尺寸确定。尺寸是图样中的重要内容之一，是制造机件的直接依据。因此，在标注尺寸时，必须严格遵守国家标准中的有关规定，做到正确、齐全、清晰和合理。

一、标注尺寸的基本规则

1. 机件的真实大小应以图样上标注的尺寸数值为依据，与图形的大小及绘图的准确度无关。
2. 图样中的尺寸以"mm"为单位时，不必标注计量单位的符号（或名称）。如采用其他单位，则应注明相应的单位符号。
3. 图样中所标注的尺寸为该图样所示机件的最后完工尺寸，否则应另加说明。
4. 机件上的每一尺寸一般只标注一次，并应标注在表示该结构最清晰的图形上。

二、标注尺寸的要素

标注尺寸由尺寸界线、尺寸线和尺寸数字三个要素组成，如图 1—9 所示。

第 **1** 章　制图基本知识与技能

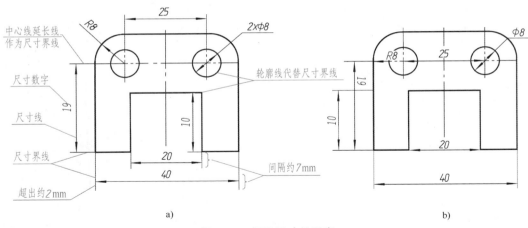

图 1—9　标注尺寸的要素

a）正确注法　b）错误注法

1. 尺寸界线

尺寸界线表示所注尺寸的起始和终止位置，用细实线绘制，并应从图形的轮廓线、轴线或对称中心线引出，也可以直接利用轮廓线、轴线或对称中心线作为尺寸界线。尺寸界线一般应与尺寸线垂直，并超出尺寸线约 2 mm。

2. 尺寸线

尺寸线用细实线绘制，应平行于被标注的线段，相同方向的各尺寸线之间的间隔约7 mm。尺寸线一般不能用图形上的其他图线代替，也不能与其他图线重合或画在其延长线上，并应尽量避免与其他尺寸线或尺寸界线相交。

尺寸线终端有箭头（图 1—10a）和斜线（图 1—10b）两种形式。通常，机械图样的尺寸线终端画箭头，土木建筑图的尺寸线终端画斜线。当没有足够的位置画箭头时，可用小圆点（图 1—10c）或斜线代替（图 1—10d）。

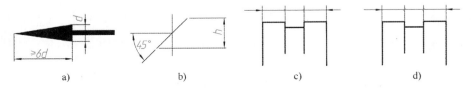

图 1—10　尺寸线的终端

a）箭头形式　b）斜线形式　c）小圆点代替　d）斜线代替

3. 尺寸数字

线性尺寸数字一般应注写在尺寸线的上方或左方，也允许注写在尺寸线的中断处。注写线性尺寸数字，如尺寸线为水平方向时，尺寸数字规定由左向右书写，字头朝上；如尺寸线为竖直方向时，尺寸数字规定由下向上书写，字头朝左；在倾斜的尺寸线上注写尺寸数字时，必须使字头方向有向上的趋势。线性尺寸、角度尺寸、圆及圆弧尺寸、小尺寸等的注法见表 1—4。

内容	图例及说明
线性尺寸数字方向	当尺寸线在图示30°范围内时，可采用右边几种形式标注，同一张图样中标注形式要统一
线性尺寸注法	第一种方法　　第二种方法　　必要时尺寸界线与尺寸线允许倾斜 优先采用第一种方法，同一张图样中标注形式要统一
圆及圆弧尺寸注法	圆的直径数字前面加注"φ"。当尺寸线的一端无法画出箭头时，尺寸线要超过圆心一段　　圆弧半径数字前面加注"R"。半径尺寸线一般应通过圆心
小尺寸注法	当无足够位置标注小尺寸时，箭头可外移或用小圆点代替两个箭头，尺寸数字也可注写在尺寸界线外或引出标注

表 1—4　　尺寸注法示例

第1章 制图基本知识与技能

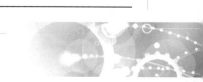

内容	图例及说明

避免图线通过尺寸数字

当尺寸数字无法避免被图线通过时，图线必须断开。　图中"3x*φ4EQS*"表示3个*φ4*孔均布

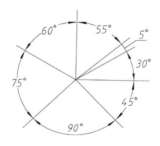

角度和弧长尺寸注法

角度的尺寸界线应沿径向引出，尺寸线画成圆弧，其圆心是该角的顶点。角度的尺寸数字一律水平书写，一般注写在尺寸线的中断处，必要时也可注写在尺寸线的上方、外侧或引出标注

弧长的尺寸线是该圆弧的同心圆弧，尺寸界线平行于对应弦长的垂直平分线。"⌒*28*"表示弧长28mm

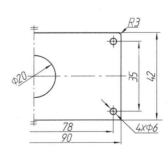 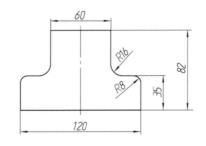

对称机件的尺寸注法

78、90两尺寸线的一端无法注全时，它们的尺寸线要超过对称线一段。图中"*4xφ6*"表示有4个*φ6*孔

分布在对称线两侧的相同结构，可仅标注其中一侧的结构尺寸

注：尺寸注法的依据是国家标准《机械制图　尺寸注法》（GB/T 4458.4—2003）和《技术制图　简化表示法　第2部分：尺寸注法》（GB/T 16675.2—1996）。

第3节 尺规绘图

一、尺规绘图工具及其使用

尺规绘图是指用铅笔、丁字尺、三角板、圆规等绘图工具绘制图样的方法。虽然目前技术图样已逐步由计算机绘制，但尺规绘图既是工程技术人员的必备基本技能，又是学习和巩固图学理论知识不可缺少的方法，必须熟练掌握。

常用的绘图工具有以下几种：

1. 图板和丁字尺

画图时，先将图纸用胶带纸固定在图板上，丁字尺头部要靠紧图板左边，画线时铅笔垂直于纸面并向右倾斜约 40°（图1—11）。丁字尺上下移动到画线位置，自左向右画水平线（图1—12）。

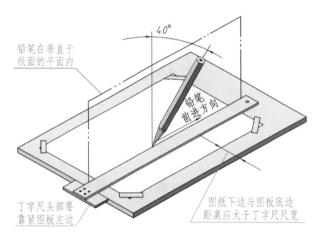

图1—11 图板和丁字尺

2. 三角板

一副三角板由 45°和 30°（60°）两块直角三角板组成。三角板与丁字尺配合使用可画垂直线（图1—12），还可画出与水平线成 30°、45°、60°以及 15°的任意整倍数倾斜线（图1—13）。

两块三角板配合使用，可画任意已知直线的垂直线或平行线，如图1—14所示。

3. 圆规和分规

圆规用来画圆和圆弧。画圆时，圆规的钢针应使用有台阶的一端（避免图纸上的针孔不断扩大），并使笔尖与纸面垂直。圆规使用方法如图1—15所示。

分规（图1—16a）是用来截取线段和等分直线（图1—16b）或圆周，以及量取尺寸的工具。分规的两个针尖并拢时应对齐。

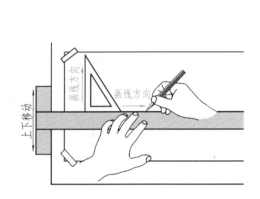

图1—12　丁字尺和三角板

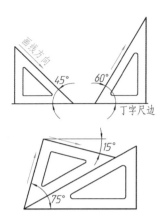

图1—13　用三角板画常用角度斜线

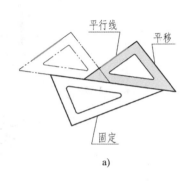

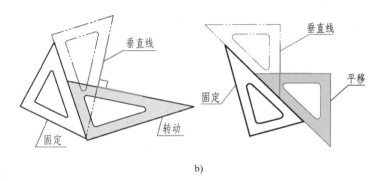

a)

b)

图1—14　两块三角板配合使用
a）作平行线　b）作垂直线

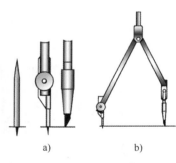

图1—15　圆规的使用

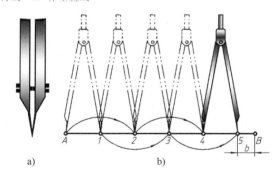

图1—16　分规的使用

4. 铅笔

　　绘图铅笔用"B"和"H"代表铅芯的软硬程度。"B"表示软性铅笔，"B"前面的数字越大，表示铅芯越软（黑）；"H"表示硬性铅笔，"H"前面的数字越大，表示铅芯越硬（淡）。"HB"表示铅芯硬度适中。

　　通常画粗实线用B或2B铅笔，铅笔铅芯部分削成矩形，如图1—17a所示；画细实线用H或2H铅笔，并将铅笔削成圆锥状，如图1—17b所示；写字铅笔选HB或H。值得注意的是，画圆或圆弧时，圆规上的铅芯比铅笔铅芯软一档为宜。

除了上述工具外，绘图时还要备有削铅笔的小刀、磨铅芯的砂纸、橡皮以及固定图纸的胶带纸等。有时为了画非圆曲线，还要用到曲线板。如果要描图，则要用到直线笔（鸭嘴笔）或针管笔。

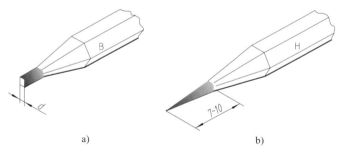

图1—17　铅笔的削法

二、常见平面图形画法

机件的轮廓形状基本上都是由直线、圆弧和其他曲线组成的几何图形，绘制几何图形称为几何作图。

1. 常见几何图形的作图方法 （表1—5）

表1—5　　　　　　　　　　常见几何图形的作图方法

种类	图示作图方法	说明
圆周四、八等分		用45°三角板与丁字尺或与另一只三角板配合作图，可直接将圆周分为四、八等份，连接各等分点即可得到正四边形和正八边形
圆周三、六等分		用圆规将圆周分为三、六等份，连接各等分点，即可作出正三角形和正六边形
圆周三、六等分		分别用30°、60°三角板与丁字尺配合作图，可作出不同位置的正三角形或正六边形

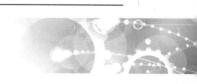

第1章　制图基本知识与技能

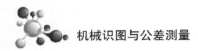
续表

种类	图示作图方法	说明
圆周五等分		1. 作半径 *OF* 的中点 *G* 2. 以 *G* 为圆心，*AG* 为半径画弧，与水平直径线交于点 *H* 3. 以 *AH* 为半径，将圆周分为五等份，顺次连接各等分点即可得到正五边形（或五角星）
斜度		1. 已知图形 2. 在水平方向取 6 单位长度，垂直方向取 1 单位长度，作斜度 1：6 的辅助线 3. 以平行线方式完成作图及标注 注意：斜度符号要与斜度方向一致
锥度		1. 已知图形 2. 在水平方向取 3 单位长度，垂直方向取 1 单位长度，作锥度 1：3 的辅助线 3. 以平行线方式完成作图及标注 注意：锥度符号要与锥度方向一致

续表

种类	图示作图方法	说明
椭圆	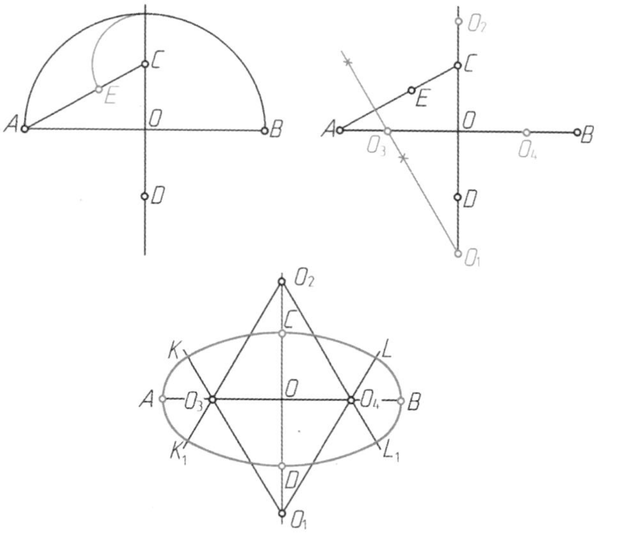	1. 画出长、短轴 AB、CD，截取长半轴与短半轴之差于 CE 2. 作 AE 中垂线与长、短轴交于 O_3、O_1 点，并作出其对称点 O_4、O_2 3. 分别以 O_1、O_2、O_3、O_4 为圆心，O_1C、O_3A 为半径画弧，切于 K、K_1、L、L_1，即得椭圆

2. 圆弧连接

用一段圆弧光滑地连接另外两条已知线段（直线或圆弧）的作图方法称为圆弧连接。要保证圆弧连接光滑，就必须使线段与线段在连接处相切，作图时应先求作连接圆弧的圆心及确定连接圆弧与已知线段的切点。作图方法见表 1—6。

表 1—6　　　　　　　　　　　圆　弧　连　接

已知条件	作图方法和步骤		
	求连接圆弧圆心	求切点	画连接弧
圆弧连接两已知直线 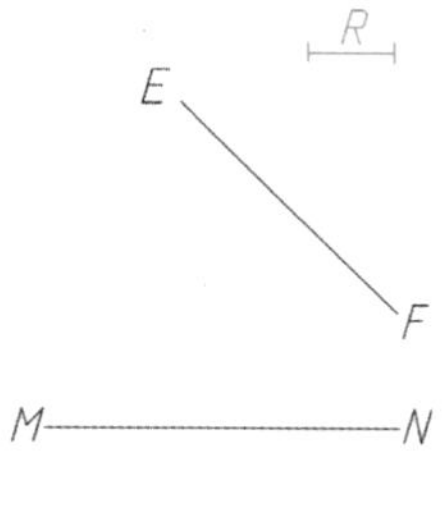 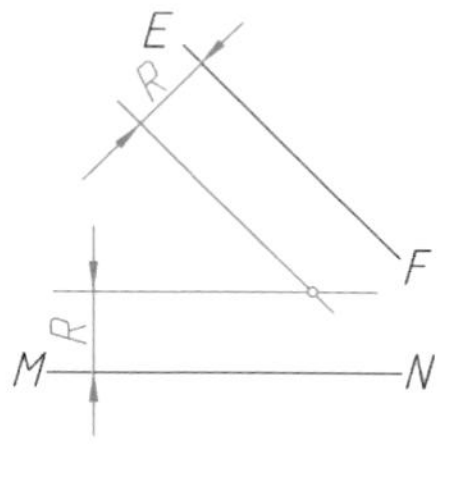 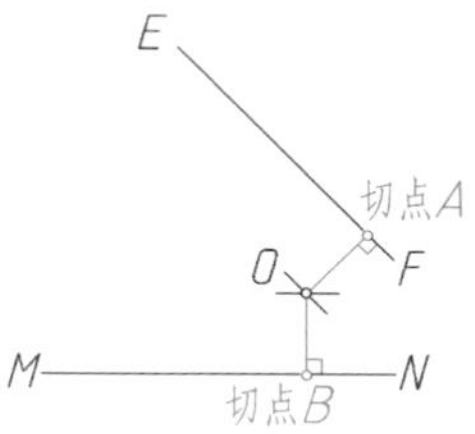 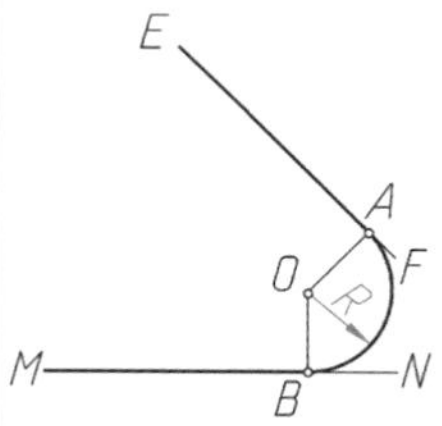			
圆弧内连接已知直线和圆弧 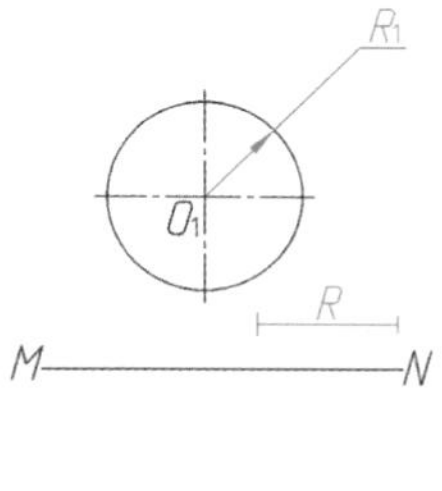 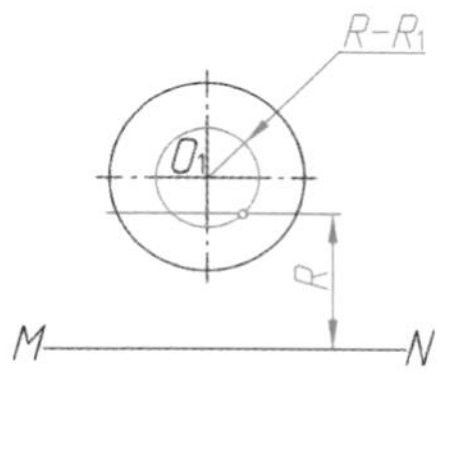 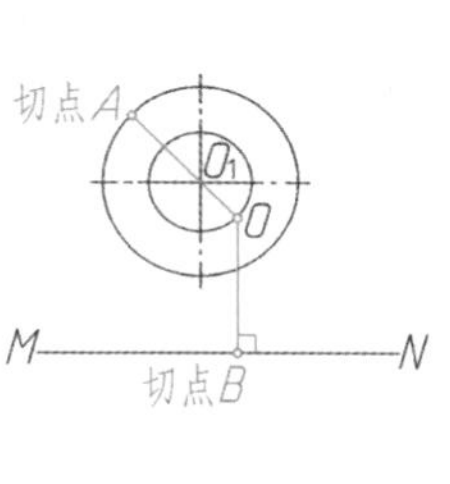 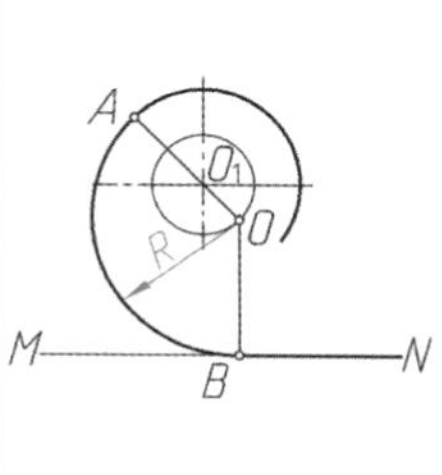			

续表

已知条件	作图方法和步骤		
	求连接圆弧圆心	求切点	画连接弧
圆弧外连接两已知圆弧			
圆弧内连接两已知圆弧			
圆弧分别内外连接两已知圆弧			

三、平面图形的分析与作图

平面图形是由若干直线和曲线封闭连接组合而成。画平面图形时，要通过对这些直线或曲线的尺寸及连接关系的分析，才能确定平面图形的作图步骤。

下面以图 1—18 所示手柄为例说明平面图形的分析方法和作图步骤。

1. 尺寸分析

平面图形中所注尺寸按其作用可分为定形尺寸和定位尺寸两类，确定定位尺寸的起点是基准。

（1）尺寸基准。尺寸基准是确定尺寸位置的几何元素。如图 1—18 所示，手柄长度方向的尺寸基准是矩形的右边线。

（2）定形尺寸。定形尺寸指确定形状大小的尺寸，如图 1—18 中的 $\phi20$、$\phi5$、15、$R15$、$R50$、

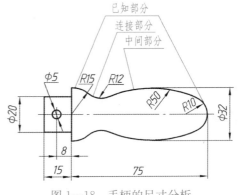

图 1—18　手柄的尺寸分析

$R10$、$\phi32$ 等尺寸。

（3）定位尺寸。定位尺寸指确定各组成部分之间相对位置的尺寸，如图 1—18 中的 8 是确定 $\phi5$ 小圆位置的定位尺寸。有的尺寸既有定形尺寸的作用，又有定位尺寸的作用，如图 1—18 中的 75。

2. 线段分析

平面图形中的各图线，有的尺寸齐全，可以根据其定形、定位尺寸直接作图画出；有的尺寸不齐全，必须根据其连接关系用几何作图的方法画出。按尺寸是否齐全，线段分为三类：

（1）已知图线。已知图线指定形、定位尺寸均齐全的图线，如手柄的 $\phi5$、$R10$、$R15$。

（2）中间图线。中间图线指只有定形尺寸和一个定位尺寸，而缺少另一个定位尺寸的图线。要在其相邻一端的图线画出后，再根据连接关系（如相切）用几何作图的方法画出，如手柄的 $R50$。

（3）连接图线。连接图线指只有定形尺寸而缺少定位尺寸的图线，如手柄的 $R12$。

图 1—19 所示为手柄的作图步骤。

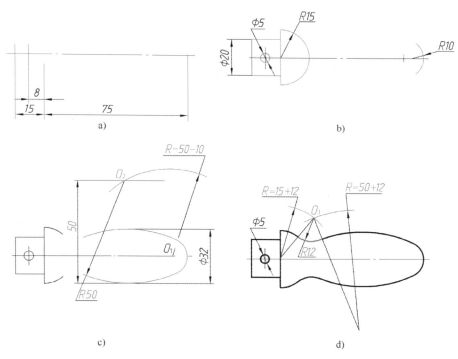

图 1—19　手柄的作图步骤

a）画基准线　b）画已知图线　c）画中间图线（求出圆心、切点）

d）画连接图线（求出圆心、切点）并描深

四、尺规作图基本流程

1. 准备

作图前应准备好必要的绘图工具和仪器。按要求选择合适幅面的图纸，根据所画图形形状确定图纸方向，并将其固定在图板适当位置，以确保绘图时丁字尺、三角板移动自如，从而保证绘图质量。

2．布置图形

绘制边框和标题栏。根据所画图形大小合理布图，以尽可能使图形居中、匀称，并兼顾标注尺寸的位置，确定图形的基准线（一般选择对称线、中心线、轴线、较长直线段）。

3．分析图形

根据给定图形及尺寸，分析明确基准线和已知图线（可以先画）、中间图线（其次画）、连接图线（最后画）。

4．画底稿

宜采用较硬的 H 或 2H 铅笔清淡地绘制底稿。其绘图的一般步骤是：先画中心线等基准线，再画主要轮廓线，然后画其他局部轮廓线。

5．描深

认真检查底稿线准确无误后，用 HB 或 B 铅笔进行描深粗实线，圆规铅芯用 B 或 2B 为宜。描深粗实线应遵循的顺序原则是：先描深圆和圆弧，后描深直线；先描深小圆和圆弧，后描深大圆和圆弧；先描深水平线，后描深垂直线和斜线；由左至右。

6．标注尺寸和填写标题栏

用 H 或 HB 铅笔，按照国家标准有关规定标注尺寸和填写标题栏。

第 2 章

正投影作图基础

第 1 节　投影法与三视图

投射线通过物体投射到预定面上得到图形的方法，称为投影法。根据投射方向不同，可分为中心投影法和平行投影法。

一、投影法

1. 中心投影法

投射线汇交于投射中心的投影方法称为中心投影法。如图 2—1 所示，设 S 为投射中心，SA、SB、SC 为投射线，平面 P 为投影面。延长 SA、SB、SC 与投影面 P 相交，交点 a、b、c 即为三角形顶点 A、B、C 在 P 面上的投影。日常生活中的照相、放映电影都是中心投影的实例。透视图就是用中心投影原理绘制的，它与人的视觉习惯相符，能体现近大远小的效果，形象逼真，具有强烈的立体感，广泛用于绘制建筑、机械产品等效果图。

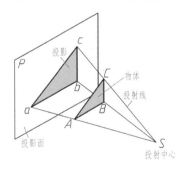

图 2—1　中心投影法

2. 平行投影法

投射线互相平行的投影方法称为平行投影法。按投射线与投影面倾斜或垂直，平行投影法分为斜投影法和正投影法两种。

（1）斜投影法。斜投影法指投射线与投影面倾斜的平行投影法，如图 2—2a 所示。斜二

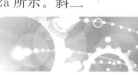

轴测图就是采用斜投影法绘制的。

（2）正投影法。正投影法指投射线与投影面垂直的平行投影法，如图 2—2b 所示。

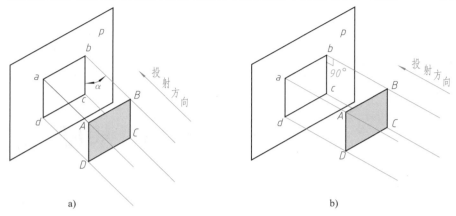

图 2—2　平行投影法
a）斜投影法　b）正投影法

根据正投影法所得到的图形，称为正投影图或正投影，简称投影。机械图样主要用正投影法绘制，多面正投影图也简称为视图。

二、正投影法的特性

1. 实形性

物体上平行于投影面的平面 P，其投影反映实形；平行于投影面的直线段 AB 的投影 ab 反映实长（$ab=AB$），如图 2—3a 所示。

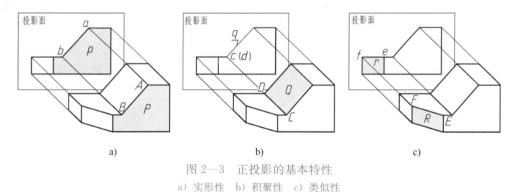

图 2—3　正投影的基本特性
a）实形性　b）积聚性　c）类似性

2. 积聚性

物体上垂直于投影面的平面 Q，其投影 q 积聚成一条直线，垂直于投影面的直线段 CD 的投影积聚成一点 $c(d)$，如图 2—3b 所示。

3. 类似性

物体上倾斜于投影面的平面 R，其投影 r 是原图形的类似形（类似形是指两图形相应线段间保持定比关系，即边数、平行关系、凹凸关系不变），倾斜于投影面的直线段 EF 的投影 ef 比实长短（$ef<EF$），如图 2—3c 所示。

可见，按正投影法所得到的正投影能准确反映物体的形状和大小，度量性好，作图简单。因此，工程图样主要采用正投影法绘制。

三、三视图

1. 三投影面体系的建立

通常，一个视图不能准确地表示物体的完整形状，如图 2—4 所示的三个不同物体，它们在同一方向上的视图却相同。因此，要正确、完整、清楚地反映某一物体的形状，必须增加不同方向的视图，工程上常用三视图来表示。

如图 2—5 所示，三个互相垂直的投影面构成三投影面体系，即正立投影面（简称正面，用 V 表示）、水平投影面（简称水平面，用 H 表示）和侧立投影面（简称侧面，用 W 表示）。三个投影面的交线 OX、OY、OZ 称为投影轴，其恰是空间笛卡尔坐标系的三个相互垂直的坐标轴 X、Y、Z，且分别代表空间的长、宽、高三个方向，三个投影轴汇交于一点 O，称为原点。

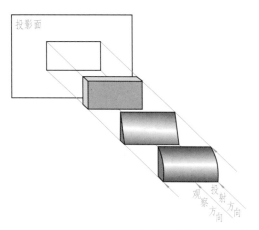

图 2—4　一个视图不能准确表示物体的完整形状

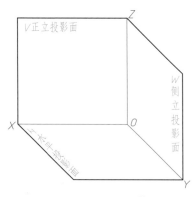

图 2—5　三投影面体系

2. 三视图的形成

如图 2—6a 所示，将物体放在三投影面体系中，按正投影法分别向 V、H、W 三个投影面投射，得到正面投影、水平投影和侧面投影，即三个视图。根据国家标准有关基本视图的规定，三个视图的名称分别为：

主视图：由前向后投射，在正面上所得到的视图。

俯视图：由上向下投射，在水平面上所得到的视图。

左视图：由左向右投射，在侧面上所得到的视图。

为了便于画图和满足读图的实际需要，必须将空间的三个视图展平在同一投影面上。如图 2—6b 所示，规定正面固定不动，先将水平面和侧面沿 OY 轴分开，将水平面绕 OX 轴向下旋转 $90°$，将侧面绕 OZ 轴向右旋转 $90°$，使它们与正面同处一个平面。如图 2—6c 所示，旋转中 OY 轴一分为二，随 H 面旋转的 OY 轴用 Y_H 表示，随 W 面旋转的 OY 轴用 Y_W 表示。画三视图时不必画出投影轴和投影面边框，这样，就得到图 2—6d 所示的三视图。

3. 三视图的投影对应关系

（1）三视图的投影规律。从三视图的形成过程和结果可以看出三视图的配置，其中俯视

第❷章　正投影作图基础

图位于主视图下方，左视图位于主视图右侧，此时，不需注写名称。

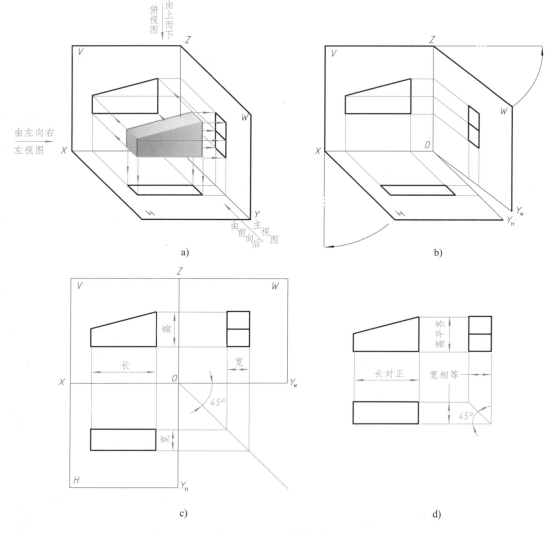

图 2—6　三视图的形成

　　物体有长、宽、高三个方向的尺寸。通常规定：物体的左右之间的距离为长，用 X 表示；前后之间的距离为宽，用 Y 表示；上下之间的距离为高，用 Z 表示。分析图 2—6d 可以看出，每个视图能反映两个方向的尺寸。主视图反映物体的长和高，俯视图反映物体的长和宽，左视图反映物体的宽和高。从三视图的配置位置可以归纳出三视图的投影规律：

　　1）长对正：即主视图与俯视图上的投影长度（X）分别对正——主、俯长对正。

　　2）高平齐：即主视图与左视图上的投影高度（Z）分别平齐——主、左高平齐。

　　3）宽相等：即俯视图与左视图上的投影宽度（Y）分别相等——俯、左宽相等。

　　"长对正、高平齐、宽相等"的投影对应规律是三视图的重要特性，也是画图与读图的依据。

　　（2）三视图与物体的方位对应关系。如图 2—7 所示，物体有上、下、左、右、前、后六个方位，其中：

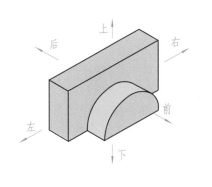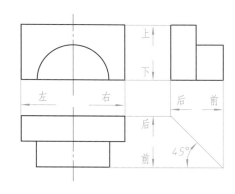

图 2—7　三视图的方位对应关系

主视图反映物体的上、下和左、右的相对位置关系。

俯视图反映物体的前、后和左、右的相对位置关系。

左视图反映物体的前、后和上、下的相对位置关系。

画图和读图时要特别注意俯视图与左视图的前、后对应关系。在三个投影面展开过程中，水平面向下旋转，原来向前的 OY 轴成为向下的 OY_H 轴，即俯视图的下方实际表示物体的前方，俯视图的上方则表示物体的后方。而侧面向右旋转时，原来向前的 OY 轴成为向右的 OY_W 轴，即左视图的右方实际表示物体的前方，左视图的左方则表示物体的后方。换言之，俯、左视图中靠近主视图一侧为物体的后方，远离主视图一侧为物体的前方。所以，物体俯、左视图不仅宽度相等，还应保持前、后位置的对应关系。

例 2—1　根据长方体（缺角）的立体图和主、俯视图（图 2—8a），补画左视图，并分析长方体表面间的相对位置。

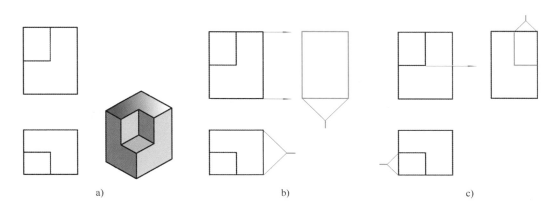

　　a)　　　　　　　　　　　　b)　　　　　　　　　　　　c)

图 2—8　由主、俯视图补画左视图

作图步骤

（1）按长方体的主、左视图高平齐，俯、左视图宽相等的投影关系，补画长方体的左视图（图 2—8b）。

（2）用同样方法补画长方体缺角的左视图，此时必须注意前、后位置的对应关系（图

2—8c)。

提示

在分析长方体表面间的相对位置时应注意：主视图不能反映物体的前、后方位关系；俯视图不能反映物体的上、下方位关系；左视图不能反映物体的左、右方位关系。因此，如果用主视图来判断长方体前、后两个表面的相对位置时，必须从俯视图或左视图上找到前、后两个表面的位置，才能确定哪个表面在前，哪个表面在后，如图 2—9a 所示。

用同样方法在俯视图上判断长方体上、下两个表面的相对位置，在左视图上判断长方体左、右两个表面的相对位置，如图 2—9b、c 所示。

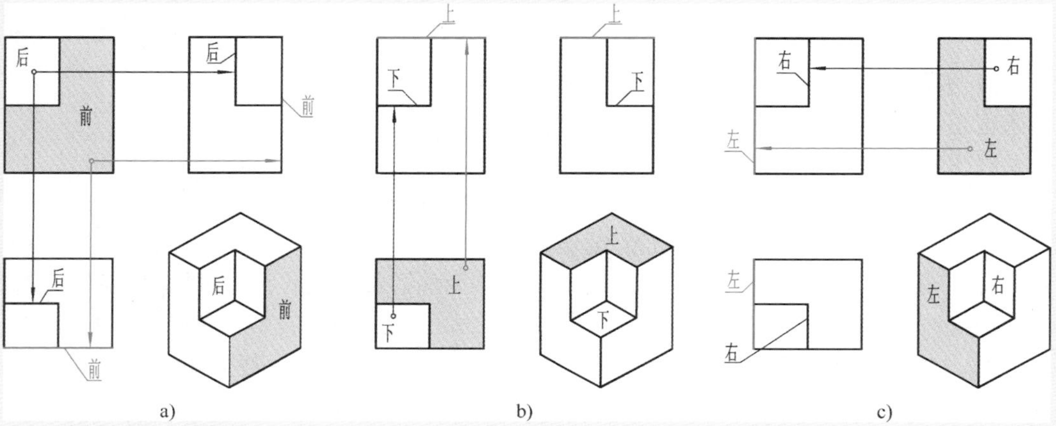

图 2—9　长方体表面相对位置分析

第 2 节　基本几何元素的投影

任何平面立体的表面都包含点、直线和平面等基本几何元素，要完整、准确地绘制物体的三视图，就要进一步研究这些几何元素的投影特性和作图方法，这对画图和读图具有十分重要的意义。

一、点的投影

图 2—10a 所示的三棱锥，是由四个面、六条线和四个点组成。点是最基本的几何元素，下面分析锥顶 S 的投影规律。

1. 点的投影规律

图 2—10b 表示空间点 S 在三投影面体系中的投影。将点 S 分别向三个投影面投射，得到的投影分别为 s（水平投影）、s'（正面投影）、s''（侧面投影）。通常空间点用大写字母表示，对应的投影用小写字母表示。投影面展开后得到图 2—10c 所示的投影图。由投影图可看出点 S 的投影有以下规律：

（1）点 S 的 V 面投影和 H 面投影的连线垂直于 OX 轴，即 $s's \perp OX$。

（2）点 S 的 V 面投影和 W 面投影的连线垂直于 OZ 轴，即 $s's'' \perp OZ$。

（3）点 S 的 H 面投影到 OX 轴的距离等于其 W 面投影到 OZ 轴的距离，即 $ss_X = s''s_Z$。
由此可见，点的投影仍符合"长对正、高平齐、宽相等"的投影规律。

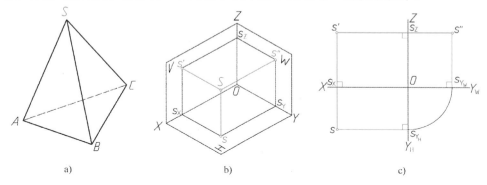

图 2—10 点的投影

2. 点的坐标与投影关系

在三投影面体系中，点的位置可由点到三个投影面的距离来确定。如果将三个投影面作为三个坐标面，投影轴作为坐标轴，则点的投影和点的坐标关系如图 2—11 所示。

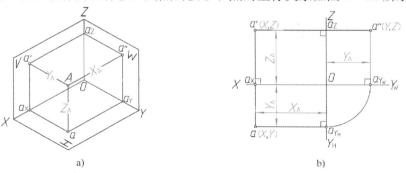

图 2—11 点的投影和点的坐标关系

点 A 到 W 面的距离 X_A 为：$Aa'' = a'a_Z = aa_Y = a_XO = X$。

点 A 到 V 面的距离 Y_A 为：$Aa' = a''a_Z = aa_X = a_YO = Y$。

点 A 到 H 面的距离 Z_A 为：$Aa = a''a_Y = a'a_X = a_ZO = Z$。

空间点的位置可由该点的坐标 (X, Y, Z) 确定，A 点三投影的坐标分别为 a (X, Y)、a' (X, Z)、a'' (Y, Z)。任一投影都包含了两个坐标，所以一个点的两个投影就包含了确定该点空间位置的三个坐标，即确定了点的空间位置。换言之，若已知某点的两个投影，则可求出第三投影。

例 2—2 如图 2—12a 所示，已知点 A 的 V 面投影 a' 和 W 面投影 a''，求作 H 面投影 a。

作图步骤

（1）根据点的投影规律可知，$a'a \perp OX$，过 a' 作 $a'a_X \perp OX$，并延长，如图 2—12b 所示。

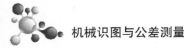
(2) 量取 $aa_X = a''a_Z$，可求得 a。

(3) 也可如图 2—12c 所示，利用 45°线作图。

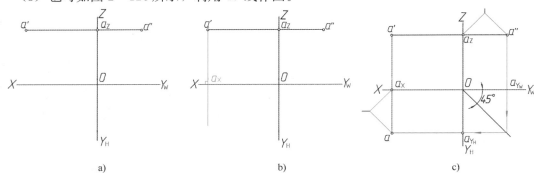

图 2—12　已知点的两投影求第三投影

3. 两点的相对位置

两点的相对位置是指两点的左右、前后和上下位置关系，由其两点对应坐标大小确定，如图 2—13 所示。

X 坐标大者在左，小者在右；Y 坐标大者在前，小者在后；Z 坐标大者在上，小者在下。两点的对应坐标差决定了两点之间的同向距离。

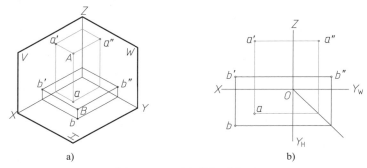

图 2—13　两点的相对位置

例 2—3　已知空间点 C（16，5，6），点 D 在点 C 之右 10 mm、之前 7 mm、之上 8 mm，求作 C、D 两点的三面投影，如图 2—14a 所示。

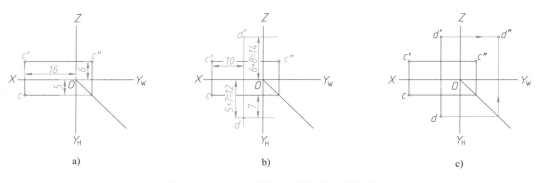

图 2—14　由点坐标关系求作其三面投影

作图步骤

（1）根据点 C 的三个坐标作出其三面投影 c、c'、c''（图 2—14a）。

（2）在点 c 右侧 10 mm 处作 X 轴垂线，并沿垂线在 Y_{H} 轴方向量取 5＋7＝12，或与水平投影 c 对齐并沿垂线在 Y_{H} 轴方向直接量取 7 mm，即得点 D 的水平投影 d；沿垂线在 Z 轴方向量取 6＋8＝14，即得点 D 的正面投影 d'（图 2—14b）。

（3）按"三等"投影规律，作出 d''，完成三面投影（图 2—14c）。

4. 重影点与可见性

若空间两点在某一投影面上的投影重合，称为重影，如图 2—15 所示，点 B 和点 A 在 H 面上的投影 $b(a)$ 重影，称为重影点。根据投影原理可知：两点重影时，远离投影面的一点为可见点，另一点则为不可见点，通常规定在不可见点的投影符号外加圆括号表示，如图 2—15b 俯视图所示。重影点的可见性可通过该点的另外两个投影来判别，在图 2—15b 中，由 V 面投影和 W 面投影可知，点 B 在点 A 之上，由此可判断在 H 面投影中 b 为可见，a 为不可见。

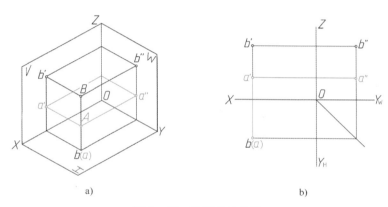

图 2—15　重影点的投影

二、直线的投影

按照与投影面的相对位置空间直线有三种：投影面平行线、投影面垂直线和一般位置直线。

1. 投影面平行线

只平行于一个投影面，与另外两个投影面倾斜的直线，称为投影面平行线，包括水平线、正平线、侧平线三种。投影面平行线的投影特性见表 2—1。

直线与投影面所夹的角，即直线对投影面的倾角。α、β、γ 分别表示直线对 H、V、W 面的倾角。

2. 投影面垂直线

垂直于一个投影面，与另外两个投影面平行的直线，称为投影面垂直线，包括铅垂线、正垂线、侧垂线三种。投影面垂直线的投影特性见表 2—2。

第**②**章　正投影作图基础

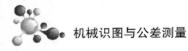

表 2—1 　　　　　　　　　　　　　　投影面平行线的投影特性

水平线	正平线	侧平线
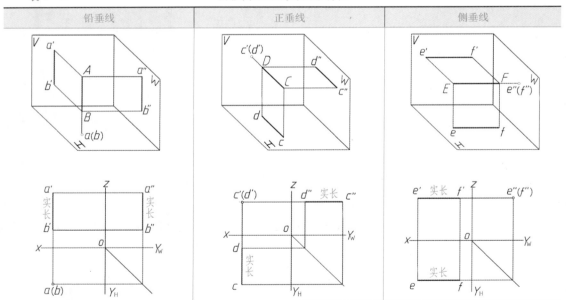		

投影特性：

1. 投影面平行线的三个投影都是直线，其中在与直线平行的投影面上的投影反映线段实长，而且与投影轴倾斜，与投影轴的夹角等于直线对另外两个投影面的实际倾角。

2. 另外两个投影都短于线段实长，且分别平行于相应的投影轴，其到投影轴的距离反映空间线段到线段实长投影所在投影面的真实距离。

表 2—2 　　　　　　　　　　　　　　投影面垂直线的投影特性

铅垂线	正垂线	侧垂线

投影特性：

1. 投影面垂直线在所垂直的投影面上的投影积聚成为一个点。

2. 另外两个投影都反映线段实长，且垂直于相应的投影轴。

3. 一般位置直线

既不平行于也不垂直于任何一个投影面，即与三个投影面都处于倾斜位置的直线，称为一般位置直线，如图 2—16 所示直线 AB。一般位置直线的投影特性如下：

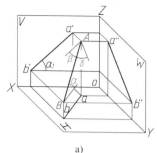 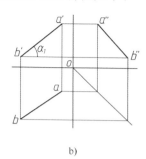

图 2—16　一般位置直线

（1）三个投影均不反映实长。

（2）三个投影均对投影轴倾斜，且直线的投影与投影轴的夹角不反映空间直线对投影面的倾角。如图 2—16 所示，AB 的 V 面投影 $a'b'$ 与 OX 轴所夹的角 α_1 是倾角 α 在 V 面上的投影，由于角 α 不平行于 V 面，所以角 α_1 不等于角 α。同理，直线与其他投影面的倾角也是如此。

例 2—4　分析正三棱锥各棱线和底边与投影面的相对位置（图 2—17）。

（1）棱线 SB。sb 与 $s'b'$ 分别平行于 OY_H 轴和 OZ 轴，可确定 SB 为侧平线，侧面投影 $s''b''$ 反映实长，如图 2—17a 所示。

（2）底边 AC。侧面投影 $a''(c'')$ 重影，可判断 AC 为侧垂线，$a'c'=ac=AC$，如图 2—17b 所示。

（3）棱线 SA。三个投影 sa、$s'a'$、$s''a''$ 对投影轴均倾斜，所以必定是一般位置直线，如图 2—17c 所示。

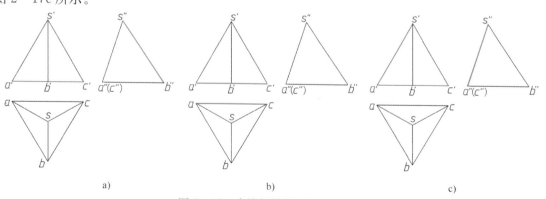

图 2—17　直线与投影面的相对位置
a）棱线 SB　b）底边 AC　c）棱线 SA

三、平面的投影

平面对投影面的相对位置有三种：投影面平行面、投影面垂直面和一般位置平面。

1. 投影面平行面

平行于一个投影面，垂直于另外两个投影面的平面称为投影面平行面，包括水平面、正平面、侧平面三种。投影面平行面的投影特性见表2—3。

表2—3　　　　　　　　　　　　　投影面平行面的投影特性

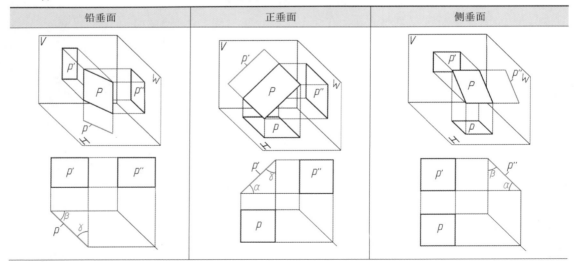

水平面	正平面	侧平面

投影特性：

1. 在与平面平行的投影面上，该平面的投影反映实形。

2. 其余两个投影为水平线段或铅垂线段，都具有积聚性。

2. 投影面垂直面

垂直于一个投影面而倾斜于另外两个投影面的平面称为投影面垂直面，包括铅垂面、正垂面、侧垂面三种。投影面垂直面的投影特性见表2—4。

表2—4　　　　　　　　　　　　　投影面垂直面的投影特性

铅垂面	正垂面	侧垂面

投影特性：

1. 在与平面垂直的投影面上，该平面的投影为一斜线段，具有积聚性，且反映与另外两个投影面的倾角。

2. 其余两个投影都是缩小的类似形。

3. 一般位置平面

与三个投影面都倾斜的平面称为一般位置平面。

如图 2—18 所示，△ABC 与 V、H、W 面都倾斜，所以在三个投影面上的投影 △a'b'c'、△abc、△a"b"c" 均为原三角形的类似形。三个投影面上的投影都不能直接反映该平面对投影面的倾角。

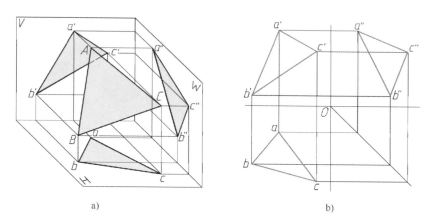

图 2—18　一般位置平面

例 2—5　分析正三棱锥各棱面和底面与投影面的相对位置（图 2—19）。

（1）底面 ABC。V 面和 W 面投影积聚为水平线，分别平行于 OX 轴和 OY_w 轴，可确定底面 ABC 是水平面，水平投影反映实形，如图 2—19a 所示。

（2）棱面 SAB。三个投影 sab、s'a'b'、s"a"b" 都没有积聚性，均为棱面 SAB 的类似形，可判断棱面 SAB 是一般位置平面，如图 2—19b 所示。

（3）棱面 SAC。由 W 面投影中的重影点 a"(c") 可知，棱面 SAC 的一边 AC 是侧垂线。根据几何定理，一个平面上的任意一条直线垂直于另一个平面，则两平面互相垂直。因此，可确定棱面 SAC 是侧垂面，W 面投影积聚成一条直线，如图 2—19c 所示。

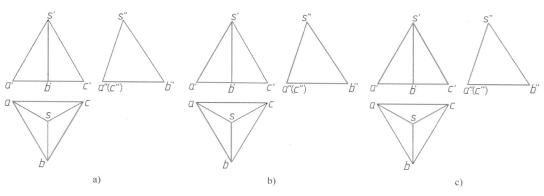

图 2—19　平面与投影面的相对位置
a）底面 ABC　b）棱面 SAB　c）棱面 SAC

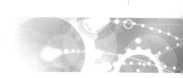

第**②**章　正投影作图基础

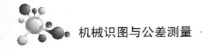
第3节　基本体的视图

任何物体均可以看成是由若干基本体组合而成。基本体包括平面体和曲面体两类。平面体的每个表面都是平面，如棱柱、棱锥等；曲面体至少有一个表面是曲面，如圆柱、圆锥、圆球等（图2—20）。

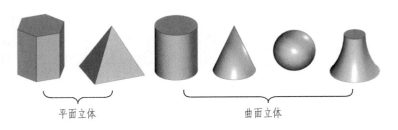

平面立体　　　　　　　　　　　曲面立体

图2—20　常见基本体

下面分别讨论几种常见的基本体视图的画法及其尺寸标注。

一、棱柱

棱柱的棱线互相平行，常见的棱柱有三棱柱、四棱柱、五棱柱和六棱柱等。下面以图2—21a所示正六棱柱为例，分析其投影特征和作图方法。

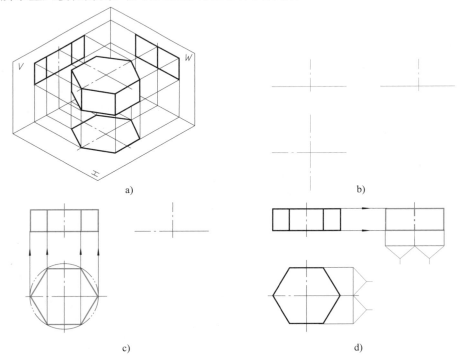

a)　　　　　　　　　　　　　　　　b)

c)　　　　　　　　　　　　　　　　d)

图2—21　正六棱柱三视图的作图步骤

图示正六棱柱的两端面（顶面和底面）平行于水平面，前、后两个棱面平行于正面，与其余棱面均垂直于水平面，为铅垂面。在这种位置下，正六棱柱的投影特征是：顶面和底面的水平投影重合，并反映实形——正六边形。六个棱面的水平投影分别积聚为正六边形的六条边，另外两个方向投影外轮廓均为矩形，其内部包含若干个小矩形。

1. 作正六棱柱的对称中心线和底面基线，确定各视图的位置（图2—21b）。

2. 先画出反映主要形状特征的视图即俯视图的正六边形。按长对正的投影关系及正六棱柱的高度画出主视图（图2—21c）。

3. 按高平齐、宽相等的投影关系画出左视图（图2—21d）。

二、棱锥

棱锥的棱线交于一点，常见的棱锥有三棱锥、四棱锥和五棱锥等。下面以图2—22a所示四棱锥为例，分析其投影特征和作图方法。

图示四棱锥的底面平行于水平面，其水平投影反映实形；左、右两个棱面是正垂面，均垂直于正面，其正面投影积聚成直线，同时与H、W面倾斜，其投影为类似的三角形；前、后两个棱面为侧垂面，其侧面投影积聚成直线，同时与V、H面倾斜，其投影均为类似的三角形。与锥顶相交的四条棱线既不平行于也不垂直于任意一个投影面，所以它们在三投影面上的投影均不反映实长。

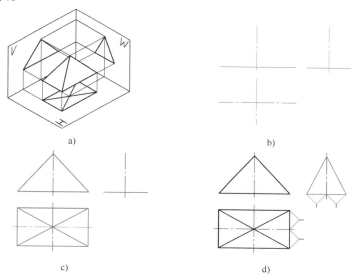

图2—22 四棱锥三视图的作图步骤

由此可见，四棱锥的投影特征是：与底面平行的水平投影反映底面实形——矩形，其内部包含四个三角形棱面的投影；另外两个投影均为三角形。

1. 作四棱锥的对称中心线和底面基线（图2—22b）。

2. 画底面的水平投影（矩形）和正面投影（水平线）。根据四棱锥的高度在主视图上定出锥顶的投影位置，然后在主、俯视图上分别将锥顶及底面各顶点的投影用直线连接，即得四条棱线的投影（图2—22c）。

3. 按高平齐、宽相等的投影关系画出左视图（图2—22d）。

第2章 正投影作图基础

例 2—6 已知物体的主、俯视图，补画左视图（图 2—23a）。

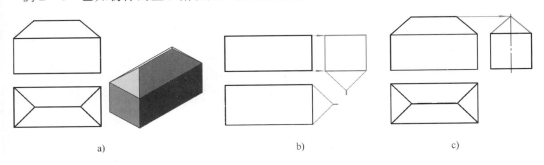

a)   b)   c)

图 2—23 已知主、俯视图，补画左视图

作图步骤

（1）从已知物体的主、俯视图（参照立体图）可想象出该物体由两部分组成：下部为四棱柱，上部为左右各切去一角的三棱柱。三棱柱的棱线垂直于侧面，它的一个侧面与四棱柱的顶面重合。如图 2—23b 所示，先补画出下部四棱柱的左视图。

（2）作三棱柱上面中间棱线的侧面投影。由于该棱线垂直于侧面，是侧垂线，其侧面投影积聚为一点（在图形中间），过该点与矩形两端点连线，即完成左视图（图 2—23c）。应该注意：左视图上的三角形为三棱柱左、右两个斜面（正垂面）在侧面上的投影；两条斜线为三棱柱前、后两个棱面（侧垂面）的积聚性投影。

三、圆柱

圆柱体是由圆柱面与上、下两端面所围成。圆柱面可看作由一条直母线绕与其平行的轴线回转而成，如图 2—24a 所示。圆柱面上任意一条平行于轴线的直线，称为圆柱面的素线。

图 2—24c 所示为正圆柱的三视图。由于圆柱轴线垂直于水平面，且圆柱上、下端面为水平面，因此圆柱上、下端面的水平投影反映实形且重合，正、侧面投影积聚成直线。圆柱面的水平投影积聚为一圆，与两端面的水平投影重合。在正面投影中，前、后两半圆柱面的投影重合为一矩形，矩形的两条竖线分别是圆柱面最左、最右素线的投影，也是圆柱面前、后分界的转向轮廓线。在侧面投影中，左、右两半圆柱面的投影重合为一矩形，矩形的两条竖线分别是圆柱面最前、最后素线的投影，也是圆柱面左、右分界的转向轮廓线。

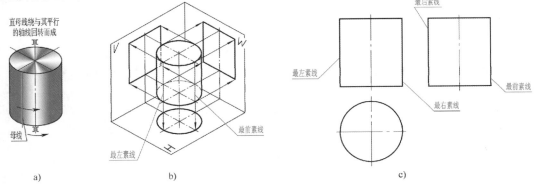

a)   b)   c)

图 2—24 正圆柱及其三视图

作圆柱的三视图时，应先画出圆的中心线和圆柱轴线的各投影，然后从投影特征为圆的视图画起，再按投影关系逐步完成其他视图。

四、圆锥

圆锥是由圆锥面和底面所围成。如图 2—25a 所示，圆锥面可看作由一条直母线绕与其相交的轴线回转而成。

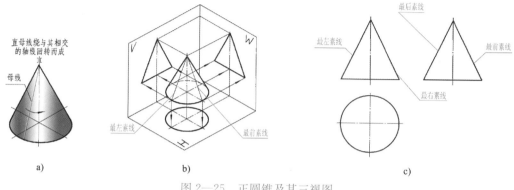

图 2—25　正圆锥及其三视图

图 2—25c 所示为轴线垂直于水平面的正圆锥的三视图。锥底平行于水平面，水平投影反映实形，正面和侧面投影积聚成直线。圆锥面的三个投影都没有积聚性，其水平投影与底面投影重合，全部可见；在正面投影中，前、后两半圆锥面的投影重合为一等腰三角形，三角形的两腰分别是圆锥最左、最右素线的投影，也是圆锥面前、后分界的转向轮廓线；在侧面投影中，左、右两半圆锥面的投影重合为一等腰三角形，三角形的两腰分别是圆锥最前、最后素线的投影，也是圆锥面左、右分界的转向轮廓线。

作圆锥的三视图时，应先画圆的中心线和圆锥轴线的各投影，再从投影为圆的视图画起，按圆锥的高度确定锥顶，逐步画出其他视图。

五、圆球

圆球的表面可看作由一条圆母线绕其直径回转而成（图 2—26a）。

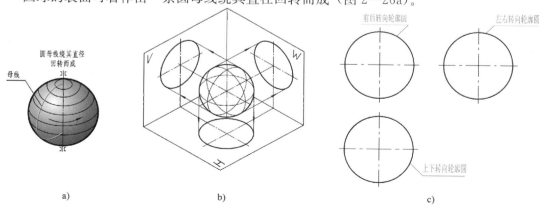

图 2—26　圆球及其三视图

第❷章　正投影作图基础

从图 2—26c 中可以看出，圆球的三个视图都为等径圆，并且是球面上平行于相应投影面的三个不同位置的最大轮廓圆。正面投影的轮廓圆是前、后两半球面可见与不可见的分界线；水平投影的轮廓圆是上、下两半球面可见与不可见的分界线；侧面投影的轮廓圆是左、右两半球面可见与不可见的分界线。

提示

> 表达一个立体的形状和大小，不一定要画出三个视图，有时画一个或两个视图即可。当然，有时三个视图也不能完整表达物体的形状，则要画更多的视图。例如表示上述圆柱、圆锥时，若只表达形状，不标注尺寸，则需用主、俯两个视图。若标注尺寸，上述圆柱、圆锥和圆球仅画一个视图即可。

六、基本体的尺寸标注

视图用来表达物体的形状，物体的大小则要由视图上所标注的尺寸数字来确定。任何物体都具有长、宽、高三个方向的尺寸。在视图上标注基本体的尺寸时，应将三个方向的尺寸标注齐全，既不能缺少也不允许重复。表 2—5 列举了一些常见基本体及其尺寸的标注方法。

表 2—5　　　　　　　　　　常见基本体及其尺寸的标注方法

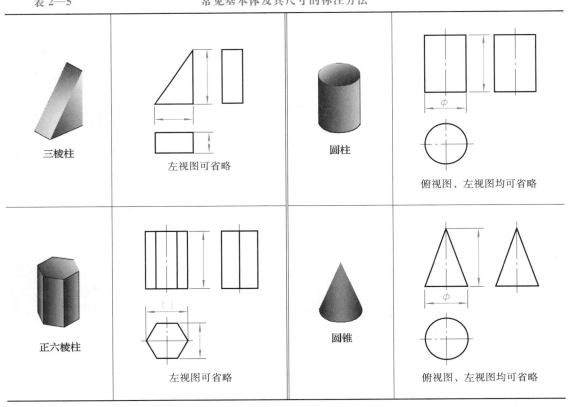

续表

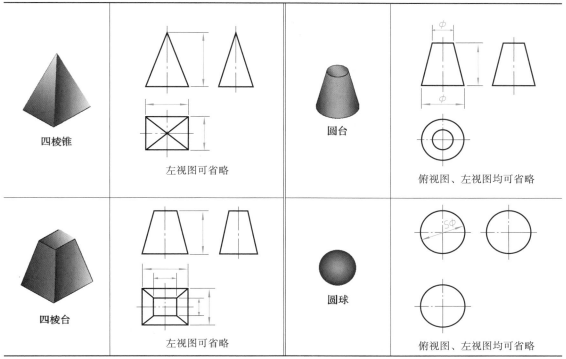

	左视图可省略	圆台	俯视图、左视图均可省略
四棱锥			
四棱台	左视图可省略	圆球	俯视图、左视图均可省略

从表2—5可以看出，在表达物体的一组三视图中，尺寸应尽量标注在反映基本体形状特征的视图上，而圆的直径一般标注在投影为非圆的视图上。需要说明的是，一个径向尺寸包含两个方向。

第4节 立体表面交线的投影作图

机件表面是由一些平面或曲面构成的，机件上两个表面相交形成表面交线。在这些交线中，有的是平面与立体表面相交而产生的截交线（图2—27a、b），有的是两立体表面相交且两部分形体互相贯穿而形成的相贯线（图2—27c）。了解这些交线的性质并掌握交线的画法，有助于正确表达机件的结构、形状及读图时对机件进行形体分析。

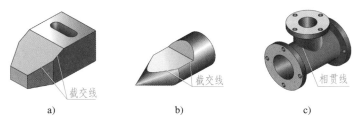

图2—27 立体表面交线示例
a）压板 b）顶尖 c）三通管

第❷章 正投影作图基础

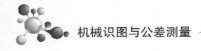

一、立体表面上点的投影

无论是截交线还是相贯线，它们都是由立体表面上一系列的点连接而成的，掌握常见立体表面上点的投影作图方法是解决立体表面交线投影作图问题的基础和关键。在此先要明确一个从属关系：若点在直线或平面上，则点的投影一定在点所在直线或平面的投影上。

1. 棱柱表面上点的投影

若棱柱各表面均处于特殊位置，则棱柱表面上点的投影可利用平面投影的积聚性求得。在三个视图中，若平面处于可见位置，则该面上点的同面投影也是可见的；反之，为不可见。

如图 2—28 所示，已知正六棱柱棱面 $ABCD$ 上点 M 的 V 面投影 m'，要求作该点 H 面投影 m 和 W 面投影 m''。由于点 M 所在棱面 $ABCD$ 为铅垂面，其 H 面的投影积聚为直线 $a(d)b(c)$，因此，点 M 的 H 面投影 m 必定在直线 $a(d)b(c)$ 上，由此求出 m，然后由 m' 和 m 求出 m''。由于棱面 $ABCD$ 的 W 面投影为可见，故 m'' 为可见。

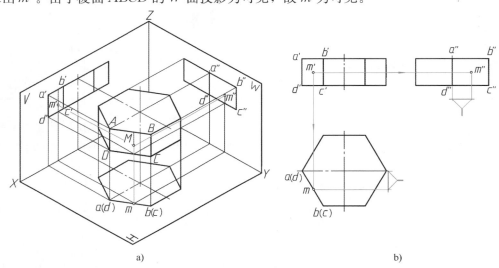

图 2—28　棱柱表面上点的投影

2. 棱锥表面上点的投影

棱锥的表面可能是特殊位置平面，也可能是一般位置平面。凡属特殊位置表面上的点，其投影可利用平面投影的积聚性直接求得；对于一般位置表面上点的投影，则可通过在该面作辅助线的方法求得。

图 2—29 所示为已知三棱锥棱面上点 M 的 V 面投影 m'，求其另外两面投影的作图过程。

由于点 M 所在表面△SAB 为一般位置平面，因此要用辅助线法作图。在图 2—29a 中，辅助线为过锥顶 S 和点 M 的直线 SD。作图步骤：连接 $s'm'$，并延长交 $a'b'$ 于 d'，得辅助线 SD 的 V 面投影 $s'd'$，再求出 SD 的 H 面投影 sd，则 m 必在 sd 上，由此求得 M 点的 H 面投影 m。点 M 的 W 面投影 m'' 可通过 $s''d''$ 求得，也可由 m' 和 m 直接求得。

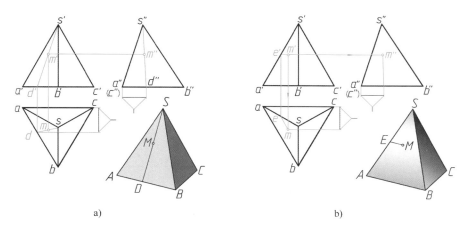

图 2—29　棱锥表面上点的投影

3. 圆柱表面上点的投影

如图 2—30 所示，已知圆柱面上两点 M、N 的 V 面投影 m'、n'，求作它们的 H 面投影和 W 面投影。

由于圆柱体的轴线垂直于 H 面，所以点 M、N 的 H 面投影可利用圆柱面的 H 面投影积聚性直接求得。由于 m' 是可见的，所以点 M 在前半圆柱面上，即在 H 面投影圆前半圆的圆周上。求得 m 后，可根据 m' 和 m 求出 m''。同理可求出 n 和 n''。由于点 N 在圆柱面最右素线上，即圆柱面前、后分界的转向轮廓线上，所以 n'' 为不可见。

4. 圆锥表面上点的投影

由于圆锥面的投影没有积聚性，因此必须在圆锥面上作一条包含该点的辅助线（直线或圆），先求出辅助线的投影，再利用线上点的投影关系求出圆锥表面上点的投影。

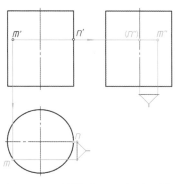

图 2—30　圆柱表面上点的投影

如图 2—31 所示，已知圆锥面上点 M 的 V 面投影 m'，求作点 M 的 H 面投影 m 和 W 面投影 m''。

方法一：辅助素线法

如图 2—31a 所示，过锥顶作包含点 M 的素线 SA（$s'a'$、sa、$s''a''$），则 m、m'' 必定分别在 sa、$s''a''$ 上，由 m' 便可作出 m 和 m''，如图 2—31b 所示。

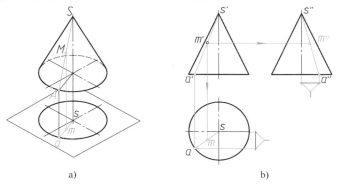

图 2—31　用辅助素线法求圆锥面上点的投影

第❷章　正投影作图基础

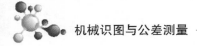

方法二：辅助纬圆法

如图 2—32a 所示，在锥面上过点 M 作一辅助纬圆（垂直于圆锥轴线的圆），则点 M 的各投影必在该圆的同面投影上。

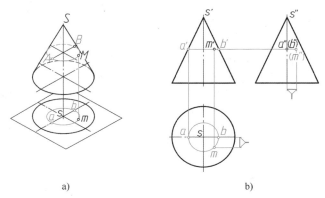

图 2—32　用辅助纬圆法求圆锥面上点的投影

具体作图方法如图 2—32b 所示，过 m' 作圆锥轴线的垂直线，交圆锥左、右轮廓线于 a'、b'，得辅助纬圆的 V 面投影。作辅助纬圆的 H 面投影（以 s 为圆心，$a'b'$ 为直径画圆）。由 m' 求得 m，因 m' 是可见的，所以 m 在前半圆锥面上，再由 m' 和 m 求得 m''。由于 M 点在右半圆锥面上，所以 m'' 为不可见。

辅助纬圆法也称辅助平面法，因为纬圆相当于辅助平面与立体表面的交线。

5. 球面上点的投影

如图 2—33 所示，已知球面上点 M 的 V 面投影（m'），求 m 和 m''。

球面的三个投影都没有积聚性，要利用辅助纬圆法求解。

如图 2—33a 所示为作水平辅助纬圆：过 m' 作水平圆 V 面的积聚投影 $1'2'$，再作出其 H 面的投影（以 O 为圆心，$1'2'$ 为直径画圆），在该圆的 H 面投影上求得 m。由于 m' 不可见，则 M 必定在后半球面上。然后由 m' 和 m 求出 m''，由于点 M 在右半球面上，所以 m'' 不可见。

如图 2—33b 所示为通过平行于侧面的辅助纬圆求球面上点的投影的作图过程。

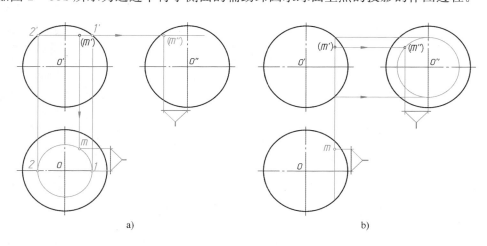

图 2—33　球面上点的投影

求立体表面上点的投影的关键是利用点与线、面的从属关系，即点在某一立体的线、面上，点的投影一定落在点所处的线、面的同面投影上。

（1）若点在特殊位置平面，可直接根据其表面有积聚性的投影求得。

（2）若点在一般位置平面或曲面的一般位置，则需用辅助素线法或辅助纬圆法，先作辅助线或辅助纬圆的投影，再按投影关系求得点的投影。

二、截交线的投影作图

截交线的形状虽有多种，但均具有以下两个基本特性：

（1）封闭性：截交线为封闭的平面图形。

（2）共有性：截交线既在截平面上，又在立体表面上，是截平面与立体表面的共有线，截交线上的点均为截平面与立体表面的共有点。

因此，求作截交线就是求截平面与立体表面的共有点和共有线。

1. 平面切割平面体

以正六棱柱被切割为例：

作图步骤

（1）如图 2—34a 所示，正六棱柱被正垂面切割，截平面 P 与正六棱柱的六个棱面都相交，所以截交线是一个六边形。六边形的顶点为各棱线与截平面 P 的交点。截交线的正面

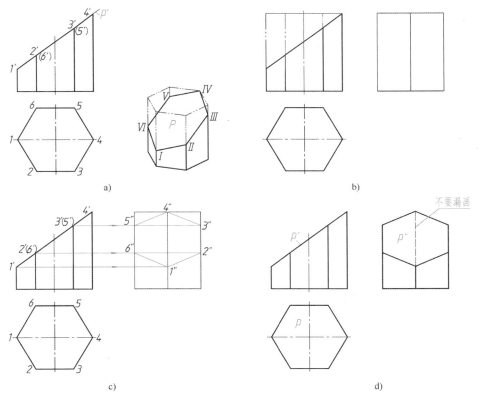

图 2—34　平面切割正六棱柱

投影积聚在 p' 上，$1'$、$2'$、$3'$、$4'$、$5'$、$6'$ 分别为各棱线与 p' 的交点。画出被切割前正六棱柱的左视图（图 2—34b）。

（2）根据截交线（六边形）各顶点的正面和水平投影作出截交线的侧面投影 $1''$、$2''$、$3''$、$4''$、$5''$、$6''$（图 2—34c）。

（3）顺次连接 $1''$、$2''$、$3''$、$4''$、$5''$、$6''$、$1''$，补画遗漏的虚线（注意：正六棱柱上最右棱线的侧面投影为不可见，左视图上不要漏画这一段虚线），擦去多余的作图线并描深。作图结果如图 2—34d 所示。

例 2—7　图 2—35a 所示正四棱锥被正垂面 P 切割，完成其三视图。

作图步骤

（1）如图 2—35a 所示，正四棱锥被正垂面切割，截交线是一个四边形，四边形的顶点是四条棱线与截平面 P 的交点。由于正垂面的正面投影具有积聚性，所以截交线的正面投影积聚在 p' 上，$1'$、$2'$、$3'$、$4'$ 分别为四条棱线与 p' 的交点，水平投影与侧面投影应为类似的四边形。画出被切割前正四棱锥的左视图（图 2—35b）。

（2）根据截交线的正面投影作水平投影和侧面投影（图 2—35c）。截交线的侧面投影可由正面投影按高平齐的投影关系作出。水平投影 1、3 可由正面投影按长对正的投影关系作出；水平投影 2、4 可由侧面投影 $2''$、$4''$ 按俯、左视图宽相等的投影关系作出。

（3）在俯视图及左视图上顺次连接各交点的投影，擦去多余的作图线并描深。注意不要漏画左视图上的虚线（图 2—35d）。

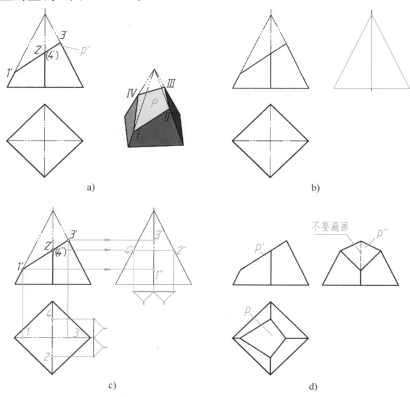

图 2—35　平面切割正四棱锥

例 2—8   图 2—36a 所示凹形柱体被侧垂面 P 切割，求其切割后的三视图。

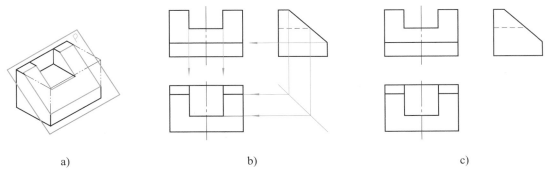

<table>
<tr><td>a)</td><td>b)</td><td>c)</td></tr>
</table>

图 2—36   侧垂面切割凹形柱体的交线作图方法

侧垂面 P 与凹形柱体的 7 个侧面和前面相交，所得交线为八边形围成的凹形截断面。如图 2—36b 所示，平面 P 垂直于侧面，交线的侧面投影积聚在 p'' 上，即凹形截断面的侧面投影为一条斜线；交线的正面投影有 7 条与凹形柱体的 7 个侧面的有积聚性的投影重合，另一条为侧垂线（正面投影为水平线），即凹形截断面与正面倾斜投影为类似形。同理可知其水平投影也是类似形。由正面投影和侧面投影可求作水平投影。

作图过程如图 2—36b 所示，其结果如图 2—36c 所示。值得注意的是截断面的正面投影和水平投影均为八边凹形的类似形。

2. 平面切割回转曲面体

平面切割曲面体时，截交线的形状取决于曲面体表面的形状以及截平面与曲面体的相对位置。当截平面与曲面体相交时，截交线的形状和性质见表 2—6。

平面与回转曲面体相交时，其截交线一般为封闭的平面曲线，特殊情况下是直线，或直线与平面曲线组成的封闭的平面图形。作图的基本方法是求出曲面体表面若干条素线与截平面的交点，然后顺次光滑连接即得截交线。截交线上一些能确定其形状和范围的点，如最高与最低点、最左与最右点、最前与最后点以及可见与不可见的分界点等，均称为特殊点。作图时通常先作出截交线上的特殊点，再按需要作出一些中间点，最后依次连接各点，并注意投影的可见性。

表 2—6   平面切割回转曲面体

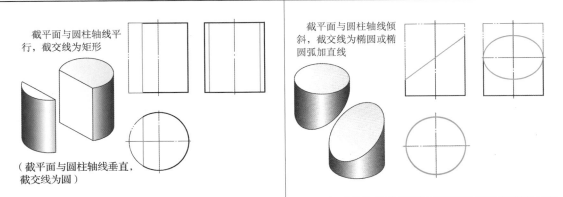

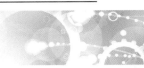

第❷章   正投影作图基础

续表

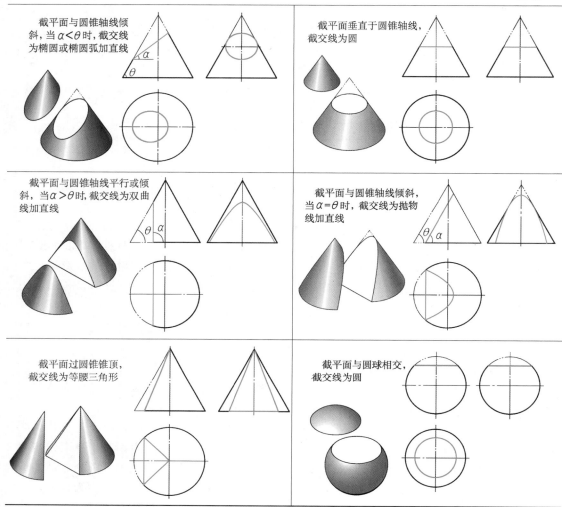

截平面与圆锥轴线倾斜,当 $\alpha<\theta$ 时,截交线为椭圆或椭圆弧加直线	截平面垂直于圆锥轴线,截交线为圆
截平面与圆锥轴线平行或倾斜,当 $\alpha>\theta$ 时,截交线为双曲线加直线	截平面与圆锥轴线倾斜,当 $\alpha=\theta$ 时,截交线为抛物线加直线
截平面过圆锥锥顶,截交线为等腰三角形	截平面与圆球相交,截交线为圆

（1）平面与圆柱相交。平面与圆柱轴线相对位置不同可形成三种不同形状的截交线：矩形、圆、椭圆（或椭圆弧加直线），见表 2—7。

表 2—7 平面切割圆柱体

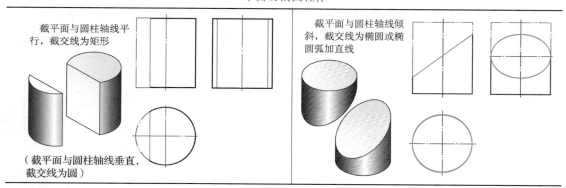

| 截平面与圆柱轴线平行,截交线为矩形（截平面与圆柱轴线垂直,截交线为圆） | 截平面与圆柱轴线倾斜,截交线为椭圆或椭圆弧加直线 |

图 2—37a 所示为圆柱被正垂面斜切，已知主、俯视图，求作左视图。

截平面 P 与圆柱轴线倾斜，截交线为椭圆。由于 P 面是正垂面，所以截交线的正面投影积聚在 p' 上；因为圆柱面的水平投影具有积聚性，所以截交线的水平投影积聚在圆周上；截交线的侧面投影一般情况下仍为椭圆。

1）求特殊点。由图 2—37a 可知，最低点 A 和最高点 B 是椭圆长轴的两端点，也是位于圆柱最左、最右素线上的点。最前点 C 和最后点 D 是椭圆短轴的两端点，也是位于圆柱最前、最后素线上的点。A、B、C、D 的正面和水平投影可利用积聚性直接作出。然后由正面投影 a'、b'、c'、d' 和水平投影 a、b、c、d 作出侧面投影 a''、b''、c''、d''（图 2—37b）。

2）求中间点。为了准确作图，还必须在特殊点之间作出适当数量的中间点，如 E、F、G、H 各点。可先作出它们的水平投影 e、f、g、h 和正面投影 $e'(f')$、$g'(h')$，再作出侧面投影 e''、f''、g''、h''（图 2—37c）。

3）依次光滑连接 a''、e''、c''、g''、b''、h''、d''、f''、a''，即为所求截交线椭圆的侧面投影，圆柱的轮廓线在 c''、d'' 处与椭圆相切。描深切割后的图形轮廓如图 2—37d 所示。

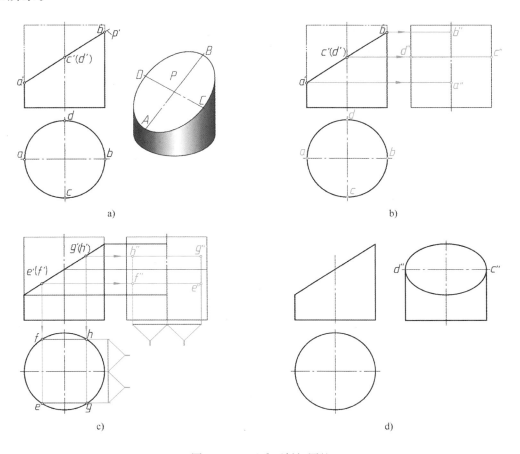

a)　　　　　　　　　　　　b)

c)　　　　　　　　　　　　d)

图 2—37　正垂面斜切圆柱

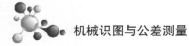

例 2—9 求作带切口圆柱的侧面投影（图 2—38a）。

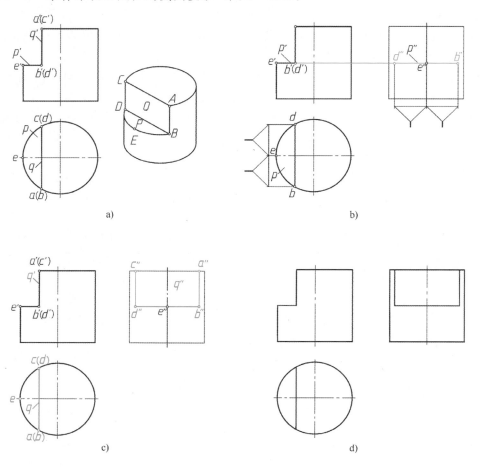

图 2—38 求作带切口圆柱的侧面投影

圆柱切口由水平面 P 和侧平面 Q 切割而成。如图 2—38a 所示，由截平面 P 所产生的截交线是一段圆弧，其正面投影是一段水平线（积聚在 p' 上），水平投影是一段圆弧（积聚在圆柱的水平投影上）。截平面 P 与 Q 的交线是一条正垂线 BD，其正面投影积聚成点 $b'(d')$，水平投影 b 和 d 在圆周上。由截平面 Q 所产生的截交线是两段铅垂线 AB 和 CD（圆柱面上的两段素线）。它们的正面投影 $a'b'$ 与 $c'd'$ 积聚在 q' 上，水平投影分别为圆周上的两个点 $a(b)$、$c(d)$。Q 面与圆柱顶面的截交线是一条正垂线 AC，其正面投影 $a'(c')$ 积聚成点，水平投影 ac、bd 重合。

作图步骤

1）由 p' 向右引投影连线，再从俯视图上量取宽度定出 b''、d''（图 2—38b）。

2）由 b''、d'' 分别向上作竖线与顶面交于 a''、c''，即得由截平面 Q 所产生的截交线 AB、CD 的侧面投影 $a''b''$、$c''d''$（图 2—38c）。

3）作图结果如图 2—38d 所示。

例 2—10 补全接头的三面投影（图 2—39a）。

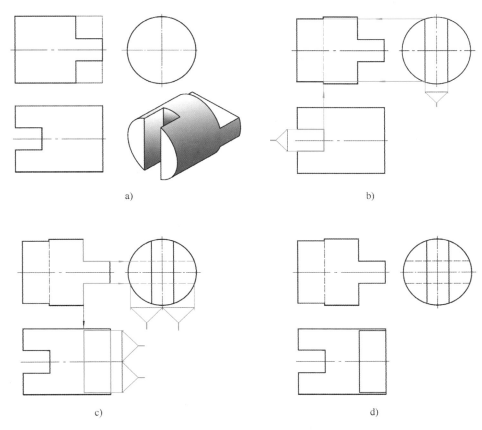

图 2—39　接头表面截交线的作图步骤

作图步骤

1）根据槽口的宽度，作出槽口的侧面投影（两条竖线），再按投影关系作出槽口的正面投影（图 2—39b）。

2）根据切肩的厚度，作出切肩的侧面投影（两条虚线），再按投影关系作出切肩的水平投影（图 2—39c）。

3）擦去多余的作图线并描深。图 2—39d 所示为完整的接头三视图。

由图 2—39d 的正面投影可以看出，圆柱体最高、最低两条素线因左端开槽而各截去一段，所以正面投影的外形轮廓线在开槽部位向轴线收缩，其收缩程度与槽宽有关。又由水平投影可以看出，圆柱右端切肩被切去上、下对称的两块，其截交线的水平投影为矩形，因为圆柱体最前、最后素线的切肩部位未被切去，所以圆柱体水平投影的外形轮廓线是完整的。

（2）平面与圆球相交。平面切割圆球时，其交线均为圆，圆的大小取决于平面与球心的距离。当平面平行于投影面时，在该投影面上的交线圆的投影反映实形，另外两个投影面上的投影积聚成直线。图 2—40 所示为圆球被水平面和侧平面切割后的三面投影图。

例 2—11　如图 2—41a 所示，已知半球开槽的主视图，补全俯视图，并作出左视图。

第 **2** 章　正投影作图基础

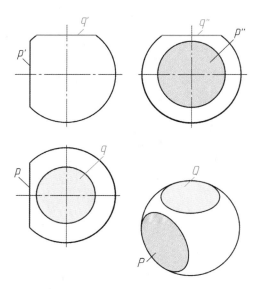

图 2—40　平面切割圆球

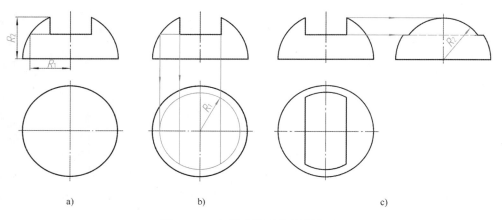

图 2—41　切槽半圆球的投影作图

作图步骤

1）作通槽的水平投影。通槽底面的水平投影由两段相同的圆弧和两段积聚性直线组成，圆弧的半径为 R_1（图 2—41b），可从正面投影中量取。

2）作通槽的侧面投影。通槽的两侧面为侧平面，其侧面投影为圆弧，半径 R_2 可从正面投影中量取。通槽的底面为水平面，侧面投影积聚为一条直线，中间部分不可见，画成虚线（图 2—41c）。

必须注意：在侧面投影中，球面上通槽部分的转向轮廓线被切去。

第5节　正等轴测图

用正投影法绘制的三视图度量性好，能准确表达物体的形状，但缺乏立体感。轴测图（见图2—42）富有立体感，直观性强。在工程上，轴测图常作为辅助图样，用于产品说明书中表示产品的形状等。目前，三维CAD技术已日臻成熟，轴测图表示法正日益广泛地用于产品几何模型的设计。

一、正等轴测图的形成和投影特性

1. 正等轴测图的形成

在一正立方体上，设直角坐标轴 O_0X_0、O_0Y_0、O_0Z_0，如图2—42所示，使三条坐标轴对轴测投影面均处于倾角相等的位置，用正投影法，即用平行的投射线垂直于投影面进行投射，所得到的投影即为正等轴测图，简称正等测。

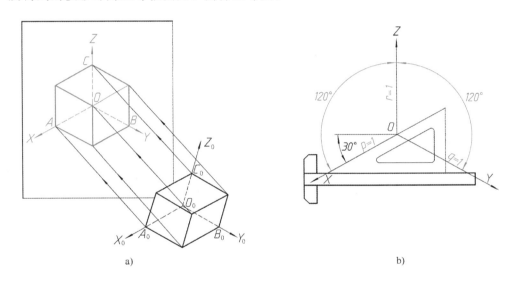

a)　　　　　　　　　　　b)

图 2—42　正等轴测图的形成及轴间角与轴向伸缩系数

2. 轴间角与轴向伸缩系数

直角坐标轴在轴测投影面上的投影 OX、OY、OZ 称为轴测轴，三条轴测轴的交点 O 称为原点。任意两条轴测轴之间的夹角 $\angle XOY$、$\angle XOZ$、$\angle YOZ$ 称为轴间角。正等测图中的轴间角 $\angle XOY=\angle XOZ=\angle YOZ=120°$。作图时，将 OZ 轴画成铅垂线，OX、OY 轴分别与水平线成30°，如图2—42b所示。

正等轴测图三个轴的轴向伸缩系数（轴测轴的单位长度与相应直角坐标轴的单位长度的比值）相等，即 $p_1=q_1=r_1=0.82$（证明略）。为作图方便，通常采用简化的轴向伸缩系数，即 $p=q=r=1$。作图时，在平行于轴测轴方向的线段上，可直接按实际长度量取，不需换算。依此方法画出的正等轴测图，各轴向长度是原长的 $1/0.82≈1.22$ 倍，但形状没有改变。

第 **2** 章　正投影作图基础

3. 轴测图的投影特性

（1）平行性。物体上互相平行的线段，轴测投影仍互相平行。平行于坐标轴的空间线段，轴测投影仍平行于相应的轴测轴，且同一轴向所有线段的轴向伸缩系数相同。应注意：物体上不平行于轴测投影面的平面图形，在轴测图上变成原形的类似形。如正方形的轴测投影为菱形，圆的轴测投影为椭圆等。

（2）度量性。只有当物体上线段与轴测轴平行时方可沿轴向直接量取尺寸。所谓"轴测"就是指沿轴向才能进行测量的意思。

理解和灵活运用轴测投影这两点投影特性是画轴测图的关键。

二、正等轴测图画法

常用的轴测图基本画法是坐标法和切割法。坐标法是指沿坐标轴方向测量画出物体各顶点的轴测投影，并根据线段平行关系画出各线段，以完成物体的轴测图；切割法是指对于不完整的切割型基本体，在先采用坐标法画出物体的完整基本体基础上，再用切割的方法画出其切割部分。

画轴测图的一般方法步骤是：根据物体的形体特征，确定原点，画轴测轴；利用线段平行关系和坐标法确定物体各顶点；连线，画出完整基本体轴测图；再按坐标法和切割法画出物体的不完整部分，从而完成物体的轴测图。

例 2—12 作直角三棱柱的正等测图。

如表 2—8 中图 a 所示，三棱柱前后两端面为直角三角形，侧面均为矩形，侧面棱边平行且相等。

作图步骤

表 2—8　　　　　　　　　　　画直角三棱柱正等测图的方法步骤

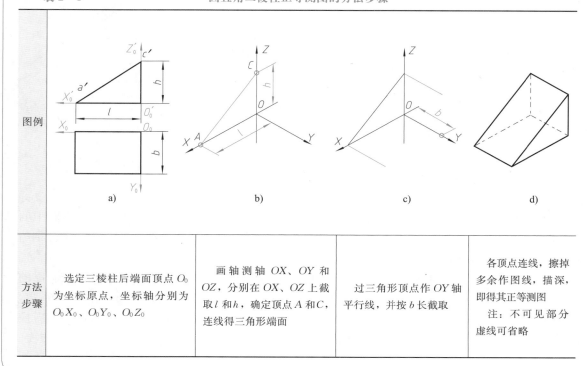

	a)	b)	c)	d)
方法步骤	选定三棱柱后端面顶点 O_0 为坐标原点，坐标轴分别为 O_0X_0、O_0Y_0、O_0Z_0	画轴测轴 OX、OY 和 OZ，分别在 OX、OZ 上截取 l 和 h，确定顶点 A 和 C，连线得三角形端面	过三角形顶点作 OY 轴平行线，并按 b 长截取	各顶点连线，擦掉多余作图线，描深，即得其正等测图　注：不可见部分虚线可省略

例 2—13 作楔形块正等轴测图。

对于表 2—9 中图 a 所示的楔形块，可采用切割法作图，将它看成是由一个长方体斜切一角而成。对于切割后的斜面中与三个坐标轴都不平行的线段，在轴测图上不能直接按主视图中尺寸量取，而应先按坐标求出其端点，然后再连线，并利用平行性完成轴测图。

作图步骤

表 2—9   画楔形块正等测图的方法步骤

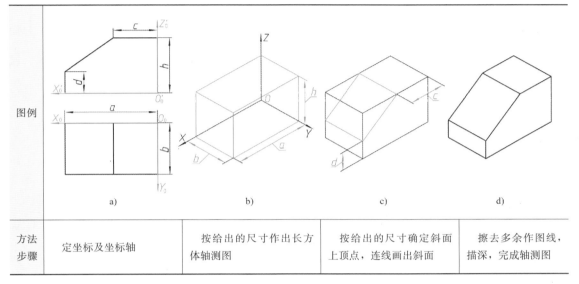

图例	a)	b)	c)	d)
方法步骤	定坐标及坐标轴	按给出的尺寸作出长方体轴测图	按给出的尺寸确定斜面上顶点，连线画出斜面	擦去多余作图线，描深，完成轴测图

例 2—14 作圆柱正等轴测图。

如图 2—43a 所示，直立正圆柱的轴线垂直于水平面，上、下底为两个与水平面平行且大小相同的圆，在轴测图中均为椭圆。可按圆柱的直径 ϕ 和高度 h 作出两个形状和大小相同、中心距为 h 的椭圆，再作两椭圆的公切线。

作图步骤

(1) 选定坐标轴及坐标原点。根据圆柱上底圆与坐标轴的交点定出点 a、b、c、d（图 2—43a）。

(2) 画轴测轴，定出四个切点 A、B、C、D，过四点分别作 X、Y 轴的平行线，得外切正方形的轴测图（菱形）。沿 Z 轴量取圆柱高度 h，用同样方法作出下底菱形（图 2—43b）。

(3) 过菱形两顶点 1、2，连 1C、2B 得交点 3，连 1D、2A 得交点 4。1、2、3、4 即为形成近似椭圆的四段圆弧的圆心。分别以 1、2 为圆心，以 1C 为半径作 $\overset{\frown}{CD}$[①]和 $\overset{\frown}{AB}$；分别以 3、4 为圆心，以 3B 为半径作 $\overset{\frown}{BC}$ 和 $\overset{\frown}{AD}$，得圆柱上底轴测图（椭圆）。将三个圆心 2、3、4 沿 Z 轴平移距离 h，作出下底椭圆，不可见的圆弧不必画出（图 2—43c）。

(4) 作两椭圆的公切线，擦去多余的作图线并描深，完成圆柱轴测图（图 2—43d）。

[①] 按新的国家标准规定，圆弧符号应在字母的左边（$\frown CD$），为方便起见，本书后面沿用原来的形式（$\overset{\frown}{CD}$）。

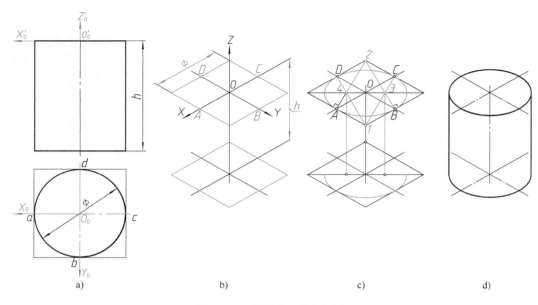

图 2—43　圆柱的正等测画法

例 2—15　作半圆头板的正等轴测图。

根据图 2—44a 给出的尺寸，先作出包括半圆头的长方体，再以包含 X、Z 轴的一对共轭轴作出半圆头和圆孔的轴测图。

作图步骤

（1）画出长方体的轴测图，并标出切点 1、2、3，如图 2—44b 所示。

（2）过切点 1、2、3 作相应棱边的垂线，得交点 O_1、O_2。以 O_1 为圆心、$O_1$2 为半径作

圆弧 $\overset{\frown}{12}$，以 O_2 为圆心、$O_2$2 为半径作圆弧 $\overset{\frown}{23}$，如图 2—44c 所示。将 O_1、O_2 和 1、2、3 各点向后平移板厚 t，作相应的圆弧，再作小圆弧公切线，如图 2—44d 所示。

（3）作圆孔椭圆，后壁椭圆只画出可见部分的一段圆弧，擦去多余的作图线并描深，如图 2—44e 所示。

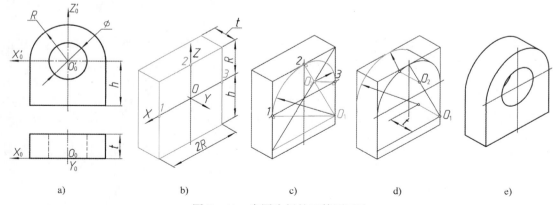

| a) | b) | c) | d) | e) |

图 2—44　半圆头板的正等测画法

🌀 知识链接

常用的轴测图有正等测图和斜二测图。

顾名思义，正等测即用正投影法，所得投影其轴间角和轴向伸缩系数都相等，且只能沿轴测轴方向测量尺寸。斜二测图则是采用斜投影法，所得投影有两个轴测轴的轴间角和轴向伸缩系数相等，且同样只能沿轴测轴方向测量尺寸。比较正等测画法，可自行分析图2—45所示的斜二测画法，其突出特点是物体正面反映实形。

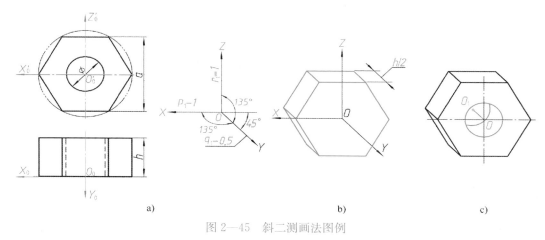

图2—45　斜二测画法图例

第6节　草图画法

不用绘图仪器和工具，通过目测形体各部分之间的相对比例，徒手画出的图样称为草图。草图是创意构思、技术交流、测绘机器常用的绘图方法，具有很大的实用价值。草图虽然是徒手绘制，但绝不是潦草的图，仍应做到图形正确、线型粗细分明、字迹工整、图面清洁。

徒手画草图基本技法如下：

一、徒手画直线

徒手画直线时，在运笔过程中，小手指轻抵纸面，视线略超前一些，不宜盯着笔尖，而要用眼睛的余光瞄向运笔的前方和笔尖运行的终点。如图2—46所示，画水平线时宜自左向右运笔，画垂直线时宜自上而下运笔。画斜线的运笔方向以顺手为原则，若与水平线相近，则自左向右；若与垂直线相近，则自上而下。如果将图纸沿运笔方向略为倾斜，则画线更加顺手。若所画线段比较长，不便于一笔画成，可分几段画出，但切忌一小段一小段画出。

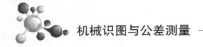
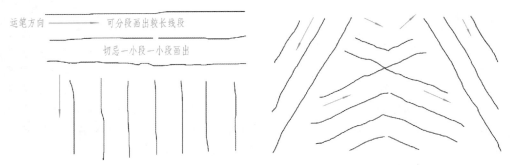

图 2—46 徒手画直线

二、等分线段和常用角度示例

1. 八等分线段（图 2—47a）

先目测取得中点 4，再取等分点 2、6，最后取等分点 1、3、5、7。

2. 五等分线段（图 2—47b）

先目测以 2∶3 的比例将线段分成不相等的两段，然后将较短段平分，较长段三等分。

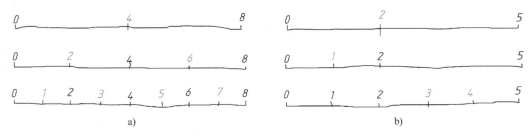

图 2—47 等分线段

　　画常用角度时，可利用直角三角形两条直角边的长度比定出两端点，连成直线，如图 2—48a 所示。也可以如图 2—48b 所示，将半圆弧二等分或三等分后画出 45°、30° 或 60° 斜线。

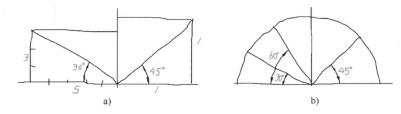

图 2—48 画常用角度

三、徒手画圆、 圆角和圆弧

　　画直径较小的圆时，可如图 2—49a 所示，在已绘中心线上按半径目测定出四点，徒手画成圆。也可以过四点先作正方形，再作内切的四段圆弧。画直径较大的圆时，只取四点不易准确作圆，可如图 2—49b 所示，过圆心再画 45° 和 135° 斜线，并在斜线上也目测定出四点，过八点画圆。

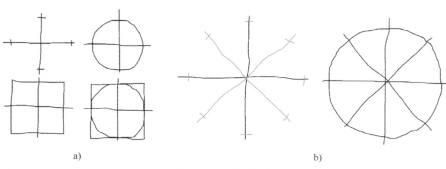

图 2—49　徒手画圆

画圆角时，徒手先将直线画成相交，作分角线，再在分角线上定出圆心位置，使它与角两边的距离等于圆角半径的大小（图 2—50a）。过圆心向两边引垂线定出圆弧的起点和终点，在分角线上也定出圆周上的一点，然后徒手把三点连成圆弧（图 2—50b）。用类似的方法还可画圆弧连接（图 2—50c）。

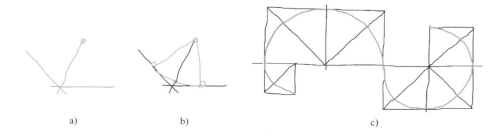

图 2—50　徒手画圆角和圆弧

四、徒手画椭圆

画较小的椭圆时，先在中心线上定出长、短轴或共轭轴的四个端点，作矩形或平行四边形，再作四段椭圆弧，如图 2—51a 所示。画较大的椭圆时，可按图 2—51b 所示方法，在平行四边形的四条边上取中点 1、3、5、7，在对角线上再取四点 2、4、6、8（如图 2—51b 所示，过 $O7$ 的中点 K 作 $MN /\!/ AD$，连 $M7$、$N7$ 与 AC、BD 交于点 8、6，并作出它们的对称点 4、2），将椭圆分为八段，然后顺次连接画出（图 2—51c）。

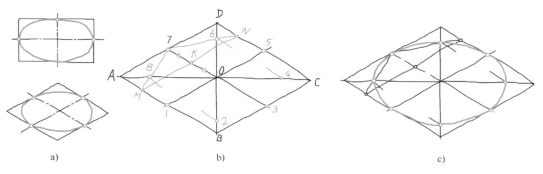

图 2—51　徒手画椭圆

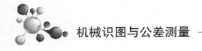
五、徒手画正六边形

徒手画正六边形的方法如图2—52所示。以正六边形的对角距（1和4的连线）为直径作圆，取半径O1的中点K作垂线与圆周交于点2、6，再作出对称点3、5，连接各点即为正六边形（图2—52a）。用类似方法可作出正六边形的正等轴测图（图2—52b）。

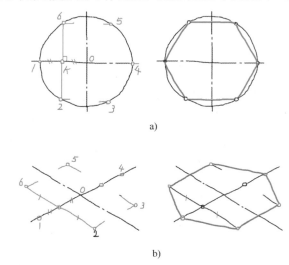

图 2—52 徒手画正六边形

例2—16 根据卵形底板轴测图，徒手画出其主、俯视图。

底板由中间圆柱和两边的部分圆柱通过切平面构成其基本外形，然后在其中间开一大孔，两边各开一小孔。徒手画视图同样应遵循画三视图的方法步骤：先画基准线，再画轮廓线；先整体，后局部；先主后次。具体画法步骤如图2—53所示。

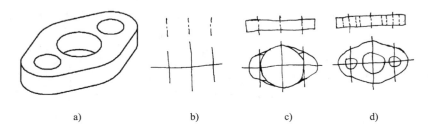

图 2—53 徒手画底板主、俯两视图

例2—17 画螺栓毛坯的正等测草图。

螺栓毛坯由六棱柱、圆柱和圆台组成，基本体的底面中心均在O_0Z_0轴上（图2—54a）。作图时可先画出轴测轴，在OZ轴上定出各底面的中心O_1、O_2、O_3，过各中心点作平行轴测轴（X，Y）的直线（图2—54b）。按图2—51和图2—52所示方法画出各底面的图形（图2—54c），最后画出六棱柱、圆柱和圆台的外形轮廓（图2—54d）。

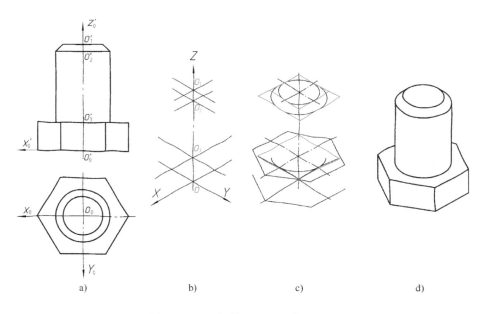

a)　　　　　b)　　　　　c)　　　　　d)

图 2—54　画螺栓毛坯的正等测草图

第 3 章

组 合 体

第 1 节　组合体的组合形式与表面连接关系

一、组合体的组合形式

组合体的组合形式有叠加型、切割型和综合型三种。叠加型组合体可看成是由若干基本形体叠加而成，如图 3—1a 所示。切割型组合体可看成是一个完整的基本体经过切割或穿孔后形成，如图 3—1b 所示。多数组合体则是既有叠加又有切割的综合型，如图 3—1c 所示。

a)　　　　　　　　　　　b)　　　　　　　　　　　c)

图 3—1　组合体的组合形式

a）叠加型　b）切割型　c）综合型

二、组合体中相邻形体表面的连接关系

组合体中的基本形体经过叠加、切割或穿孔后，形体的相邻表面之间可能形成共面、相切或相交三种特殊关系，如图 3—2 所示。

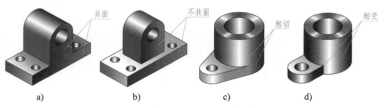

a)　　　　　　　b)　　　　　　　c)　　　　　　　d)

图 3—2　两表面的连接关系

1. 共面

当两形体相邻表面共面时，在共面处不应有相邻表面的分界线，如图3—3a所示。当两形体相邻表面不共面时，两形体的投影间应有线隔开，如图3—3b所示。

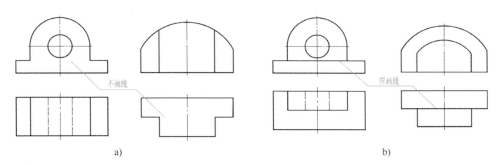

图3—3　两表面共面或不共面的画法
a）共面　b）不共面

2. 相切

当两形体相邻表面相切时，由于相切是光滑过渡，所以切线的投影不必画出（图3—4a）。相切处画线是错误的（图3—4b）。

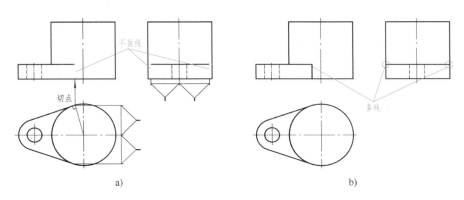

图3—4　相切画法正误对比
a）正确　b）错误

3. 相交

两形体相交称为相贯，其相邻表面产生的交线称为相贯线，在相交处应画出相贯线的投影，如图3—5所示。

相贯线是两立体表面的共有线，相贯线上的点是两立体表面的一系列共有点。所以，画相交的组合体视图，关键是求画相贯线，其作图方法与截交线一样，首先应利用表面取点法求作相交表面上共有点的投影，然后将其光滑连线，即得相贯线的投影（图3—5b）。

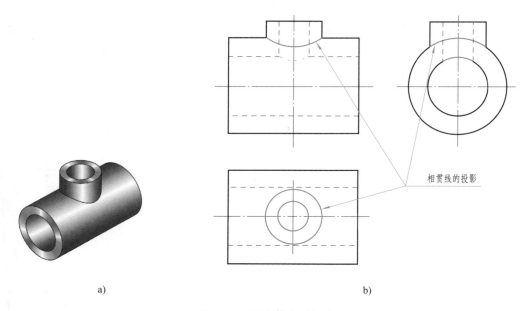

a)

b)

图 3—5　两立体表面相交

三、常见相贯线的特殊情况

一般情况下，相贯线为封闭的空间曲线，但也有特例，下面介绍相贯线为平面曲线的两种特殊情况。

1. 两个同轴回转体相交时，它们的相贯线一定是垂直于轴线的圆，当回转体轴线平行于某投影面时，这个圆在该投影面的投影为垂直于轴线的直线（图 3—6）。

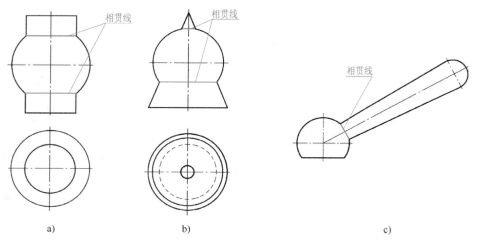

a)

b)

c)

图 3—6　同轴回转体的相贯线——圆

2. 当轴线相交的两圆柱或圆柱与圆锥公切于一个球面时，相贯线是平面曲线——两个相交的椭圆。椭圆所在的平面垂直于两条轴线所决定的平面（图 3—7）。

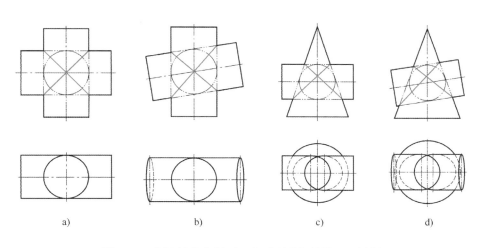

a)　　　　　　　b)　　　　　　　c)　　　　　　　d)

图 3—7　两回转体公切于一个球面的相贯线——椭圆

第 2 节　画组合体视图的方法与步骤

画组合体视图时，首先要运用形体分析法将组合体分解为若干基本形体，分析它们的组合形式和相对位置，判断形体间相邻表面是否存在共面、相切或相交的关系，然后逐个画出各基本形体的三视图。必要时还要对组合体中的投影面垂直面或一般位置平面及其相邻表面关系进行面形分析。

一、叠加型组合体的视图画法

1. 形体分析

如图 3—8a 所示支座，根据形体结构特点，可将其看成是由底板、竖板和肋板三部分叠加而成，如图 3—8b 所示。竖板上部的圆柱面与左、右两侧面相切；竖板与底板的后表面共面，二者前表面错开，不共面，竖板的两侧面与底板上表面相交；肋板与底板、竖板的相邻表面都相交；底板、竖板上有通孔且底板前面为圆角。

2. 选择视图

如图 3—8a 所示，将支座按自然位置安放后，经过比较箭头 A、B、C、D 所指四个不同投射方向可以看出，选择 A 向作为主视图的投射方向要比其他方向好。因为组成支座的基本形体及其整体结构特征在 A 向表达最清晰。

3. 画图步骤

选择适当的比例和图纸幅面，确定视图位置。先画出各视图的主要中心线和基线，然后按形体分析法，从主要形体（如底板、竖板）着手，先画有形状特征的视图，且先画主要部分再画次要部分，再按各基本形体的相对位置和表面连接关系及其投影关系，逐个画出它们的三视图，具体作图步骤如图 3—9 所示。

第 ❸ 章　组合体

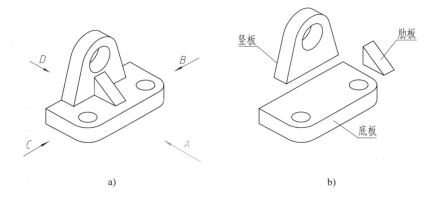

图 3—8　支座轴测图

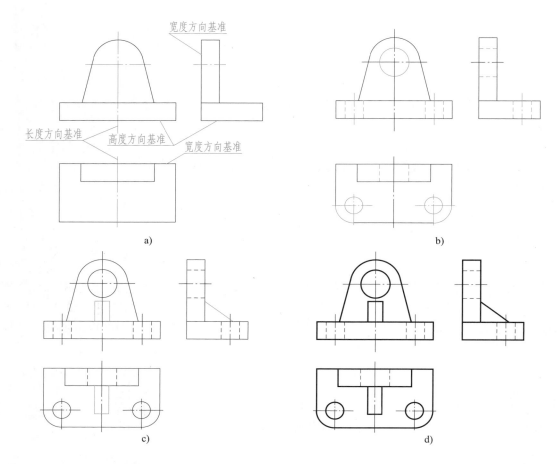

图 3—9　支座三视图的画法步骤

a）布置视图，画基准线、底板和竖板　b）画圆柱孔和圆角　c）画肋板　d）描深，完成三视图

二、切割型组合体的视图画法

图 3—10a 所示组合体可看成是由长方体切去基本形体 1、2、3 而形成。画切割型组合

体的视图可在形体分析的基础上结合面形分析法进行。

所谓面形分析法，是根据表面的投影特性来分析组合体表面的性质、形状和相对位置，从而完成画图和读图的方法。

切割型组合体的作图过程如图 3—10 所示。

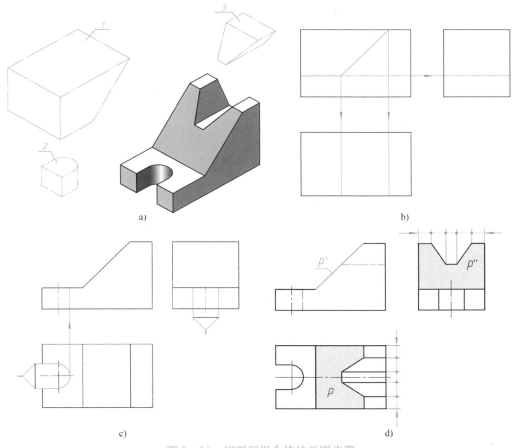

图 3—10　切割型组合体的画图步骤

a）切割型组合体　b）第一次切割　c）第二次切割　d）第三次切割

画图时应注意：

1. 作每个切口投影时，应先从反映形体特征轮廓且具有积聚性投影的视图开始，再按投影关系画出其他视图。例如第一次切割时（图 3—10b），先画切口的主视图，再画出俯、左视图中的图线；第二次切割时（图 3—10c），先画圆槽的俯视图，再画出主、左视图中的图线；第三次切割时（图 3—10d），先画梯形槽的左视图，再画出主、俯视图中的图线。

2. 注意切口截面投影的类似性。如图 3—10d 中的梯形槽与斜面 P 相交而形成的截面，其水平投影 p 与侧面投影 p'' 应为类似形。

三、相交线的投影作图

下面介绍工程上最常见的圆柱体相贯的投影画法。

第**3**章　组合体

两圆柱轴线垂直相交称为正交，当直立圆柱轴线为铅垂线、水平圆柱轴线为侧垂线时，直立圆柱面的水平和水平圆柱面的侧面投影都具有积聚性，所以相贯线的水平和侧面投影分别积聚在它们的圆周上（图3—11b）。因此，只要根据已知的水平和侧面投影，求作相贯线的正面投影即可。两不等径圆柱正交形成的相贯线为空间曲线，如图3—11a所示。因为相贯线前后对称，在其正面投影中，可见的前半部分与不可见的后半部分重合，且左右也对称。因此，求作相贯线的正面投影，只需作出前面的一半。

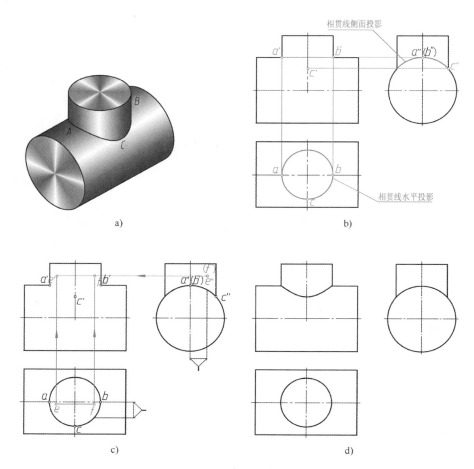

图 3—11 不等径两圆柱正交

作图步骤如下：

1. 求特殊点。水平圆柱最高素线与直立圆柱最左、最右素线的交点 A、B 是相贯线上的最高点，也是最左、最右点。a'、b'，a、b 和 a''、b'' 均可直接作出。点 C 是相贯线上的最低点，也是最前点，c'' 和 c 可直接作出，再由 c''、c 求得 c'（图3—11b）。

2. 求中间点。利用积聚性，在侧面投影和水平投影上定出 e''、f'' 和 e、f，再作出 e'、f'（图3—11c）。

3. 光滑连接 a'、e'、c'、f'、b'，即为相贯线的正面投影，作图结果如图3—11d所示。

如图3—12a所示，若在水平圆柱上穿孔，就会出现圆柱外表面与圆柱孔内表面的相贯

线。这种相贯线可以看成是直立圆柱与水平圆柱相贯后，再把直立圆柱抽去而形成的。

如图 3—12b 所示，若要求作两圆柱孔内表面的相贯线，作图方法与求作两圆柱外表面相贯线的方法相同。

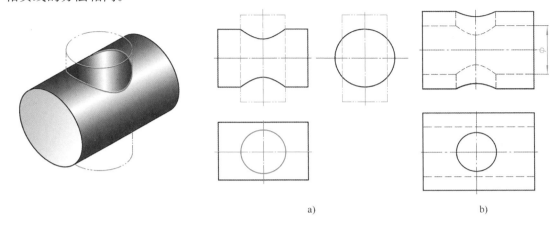

a)   b)

图 3—12　圆柱穿孔后相贯线的投影

如图 3—13 所示，当正交两圆柱的相对位置不变，而相对大小发生变化时，相贯线的形状和位置也将随之变化。

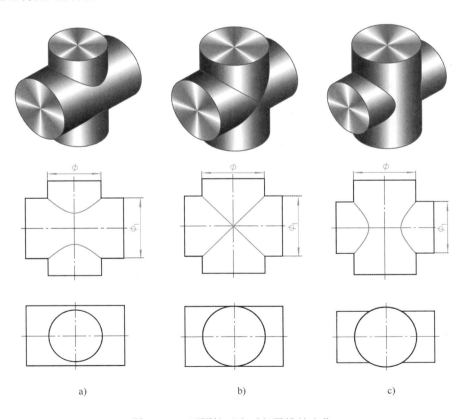

a)   b)   c)

图 3—13　两圆柱正交时相贯线的变化

第❸章　组合体

当 $\phi_1 > \phi$ 时，相贯线的正面投影为上下对称的曲线（图 3—13a）。

当 $\phi_1 = \phi$ 时，相贯线在空间上为两相交椭圆，其正面投影为两相交直线（图 3—13b）。

当 $\phi_1 < \phi$ 时，相贯线的正面投影为左右对称的曲线（图 3—13c）。

从图 3—13a、c 可以看出，在相贯线的非积聚性投影上，相贯线的弯曲方向总是朝向较大圆柱的轴线。

第 3 节　组合体的尺寸标注

一、尺寸标注的基本要求

组合体尺寸标注的基本要求是：正确、齐全和清晰。正确是指符合国家标准的规定；齐全是指标注尺寸既不遗漏也不多余；清晰是指尺寸注写布局整齐、清楚，便于看图。本节着重讨论如何保证尺寸标注齐全和清晰。

为掌握组合体的尺寸标注，在掌握基本体尺寸标注的基础上，还应熟悉几种带切口形体的尺寸标注。对于带切口的形体，除了标注基本形体的尺寸外，还要注出确定截平面位置的尺寸。必须注意，由于形体与截平面的相对位置确定后，切口的交线已完全确定，因此不应在交线上标注尺寸。图 3—14 中画"×"的为多余尺寸。

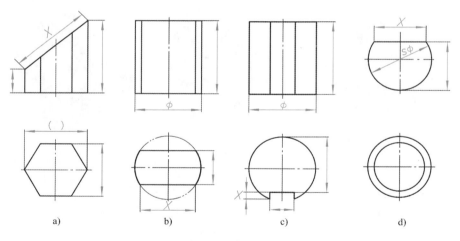

图 3—14　带切口形体的尺寸标注示例

二、组合体的尺寸标注

下面以图 3—15 为例，说明标注组合体尺寸的基本方法。

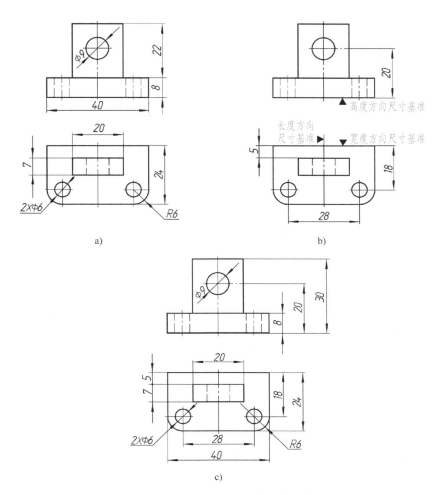

图 3—15　组合体的尺寸标注示例

1. 尺寸齐全

要保证尺寸齐全，既不遗漏，也不重复，应先按形体分析法注出各基本形体的大小定形尺寸，再确定它们之间相对位置的定位尺寸，最后根据组合体的结构特点注出总体尺寸。

（1）定形尺寸。确定组合体中各基本形体大小的尺寸（图 3—15a），如底板的长、宽、高尺寸（40、24、8），底板上圆孔和圆角尺寸（$2 \times \phi6$、R6）。必须注意，相同圆孔 $\phi6$ 要注写数量，如 $2 \times \phi6$，但相同圆角 R6 不注数量，二者均不必重复标注。

（2）定位尺寸。确定组合体中各基本形体之间相对位置的尺寸（图 3—15b）。标注定位尺寸时，须在长、宽、高三个方向分别选定尺寸基准，每个方向至少有一个尺寸基准，以便确定各基本形体在各方向上的相对位置。通常选择组合体底面、端面或对称平面以及回转轴线等作为尺寸基准。如图 3—15b 所示，组合体左右对称平面为长度方

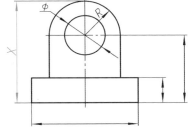

图 3—16　不注总高尺寸示例

向尺寸基准；后端面为宽度方向尺寸基准；底面为高度方向尺寸基准（图中用符号"▼"表示基准位置）。

由长度方向尺寸基准注出底板上两圆孔的定位尺寸28；由宽度方向尺寸基准注出底板上圆孔与后端面的定位尺寸18，竖板与后端面的定位尺寸5；由高度方向尺寸基准注出竖板上圆孔与底面的定位尺寸20。

（3）总体尺寸。确定组合体在长、宽、高三个方向的总长、总宽和总高尺寸（图3—15c）。组合体的总长和总宽尺寸即底板的长40和宽24，不再重复标注。总高尺寸30应从高度方向尺寸基准处注出。总高尺寸标注以后，原来标注的竖板高度尺寸22取消。必须注意：当组合体一端为同心圆孔的回转体时，通常仅标注孔的定位尺寸和外端圆柱面的半径，不标注总体尺寸。图3—16所示为不注总高尺寸示例。

2. 尺寸清晰

为了便于读图和查找相关尺寸，尺寸的布置必须整齐清晰，下面以尺寸已经标注齐全的组合体为例，说明尺寸布置应注意的几个方面（图3—15c）。

（1）突出特征。定形尺寸尽量标注在反映该部分形状特征的视图上，如底板的圆孔和圆角尺寸应标注在俯视图上。

（2）相对集中。形体某一部分的定形尺寸及有联系的定位尺寸尽可能集中标注，便于读图时查找。例如在长度和宽度方向上，底板的定形尺寸及两小圆孔的定形和定位尺寸集中标注在俯视图上；而在长度和高度方向上，竖板的定形尺寸及圆孔的定形和定位尺寸集中标注在主视图上。

（3）布局整齐。尺寸尽可能布置在两视图之间，便于对照。同方向的平行尺寸，应使小尺寸在内，大尺寸在外，间隔均匀，避免尺寸线与尺寸界线相交（如俯视图上的尺寸18、24与主视图上的尺寸8、20）。主、俯视图上同方向的尺寸应排列在同一直线上（如俯视图上的尺寸7、5），这样既整齐，又便于画图。

第4节　读组合体视图

画图是把空间形体按正投影方法绘制在平面上。读图则是根据画出的视图进行形体分析，想象空间形体形状的过程。读图是画图的逆过程，因此，读图时必须以画图的投影理论为指导，掌握读图的基本要领和基本方法。

一、读图的基本要领

1. 各个视图联系起来读图

在机械图样中，机件形状一般是通过几个视图来表达的，每个视图只能反映机件一个方向的形状。因此，仅由一个或者两个视图往往不能唯一地表达机件形状。如图3—17所示的六组图形，它们的俯视图均相同，但实际上是六种不同形状物体的俯视图。所以，只有把俯视图与主视图联系起来识读，才能判断它们的形状。又如图3—18所示的四组图形，它们的主、俯视图均相同，但同样是四种不同形状的物体。

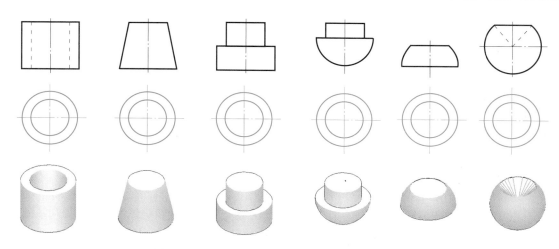

图 3—17　一个视图不能唯一确定物体形状的示例

由此可见，读图时必须将给出的全部视图联系起来分析，才能想象出物体的形状。

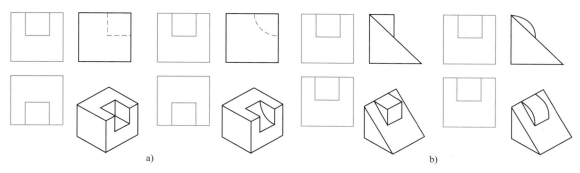

图 3—18　两个视图不能唯一确定物体形状的示例

2. 明确视图中线框和图线的含义

（1）视图上的每个封闭线框，通常表示物体上一个表面（平面或曲面）的投影。如图 3—19a 所示主视图中有四个封闭线框，对照俯视图可知，线框 a'、b'、c' 分别是六棱柱前三个棱面的投影，线框 d' 则是前圆柱面的投影。

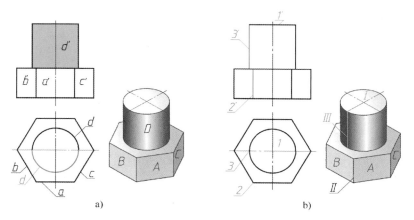

a)　　　　　　　　　　　　b)

图 3—19　视图中线框和图线的含义

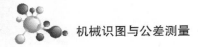

（2）相邻两线框或大线框中有小线框，则表示物体不同位置的两个表面。可能是两表面相交，如图 3—19a 中的 A、B、C 面依次相交；也可能是平行关系（如上下、前后、左右），如图 3—19a 所示俯视图中大线框六边形中的小线框圆，就是六棱柱顶面与圆柱顶面的投影。

（3）视图中的每条图线可能是立体表面具有积聚性的投影，如图 3—19b 所示主视图中的 $1'$ 是圆柱顶面 I 的投影；或者是两平面交线的投影，如图 3—19b 所示主视图中的 $2'$ 是 A 面与 B 面交线 II 的投影；也可能是曲面转向轮廓线的投影，如图 3—19b 所示主视图中的 $3'$ 是圆柱面前后转向轮廓线 III 的投影。

3. 抓住特征视图，确定物体形状

一组视图中能清楚地表达物体结构形状特征的视图称为特征视图。特征视图又可分为形状特征视图和位置特征视图。读图时首先要抓住特征视图，这是快速识读组合体视图的前提和基础。

形状特征视图是指能清楚地反映物体主要形状特征的视图。一般情况下，主视图能较多地反映组合体整体形状特征。如图 3—20 所示支座，主视图反映了组合体的竖板形状以及与底板、肋板之间的位置关系，但是这三部分的形状特征并非完全集中在主视图上，底板和肋板的主要形状特征分别反映在俯视图和左视图中。

位置特征视图是指能清楚地反映物体各部分相对位置特征的视图。如图 3—20a 所示组合体，主视图的三个线框反映了组合体三个组成部分的形状特征，其中两线框圆和长方形之间前后方向的相对位置不确定，具体哪个是孔，哪个是凸出的实体，主、俯视图均无法确定，可能的形体如图 3—20b 或 c；而对照左视图可以清楚地反映出上方圆柱孔和下方长方体的位置关系，可确定是图 3—20b 所示的物体，左视图就是位置特征视图。换句话说，该物体可用有形状特征的主视图和位置特征的左视图唯一表达。

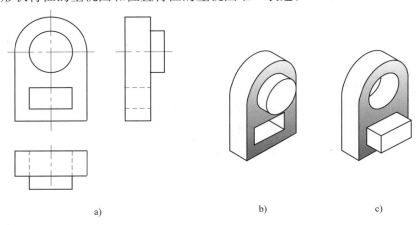

a)　　　　　　　　　　　b)　　　　　　　　　c)

图 3—20　分析反映位置的特征视图

二、读图的基本方法

1. 形体分析法

读图的基本方法与画图一样，主要也是运用形体分析法。其基本思路是：在反映形状特征比较明显的主视图上按线框将组合体划分为几个部分，即几个基本体；然后通过投影关系，找到各线框在其他视图中的投影，从而分析各部分的形状及它们之间的相对位置；最后综合起来，想象出组合体的整体形状。现以识读表 3—1 中图 a 所示支座的主、俯视图为例，

说明运用形体分析法识读组合体视图的方法与步骤。

表 3—1 识读支座视图的方法和步骤

方法与步骤	图 例
1. 画线框，分形体 　从反映该组合体形状特征的主视图入手，将其划分成 I 、II 、III 、IV 四个部分，每一对应线框理解为一部分形体	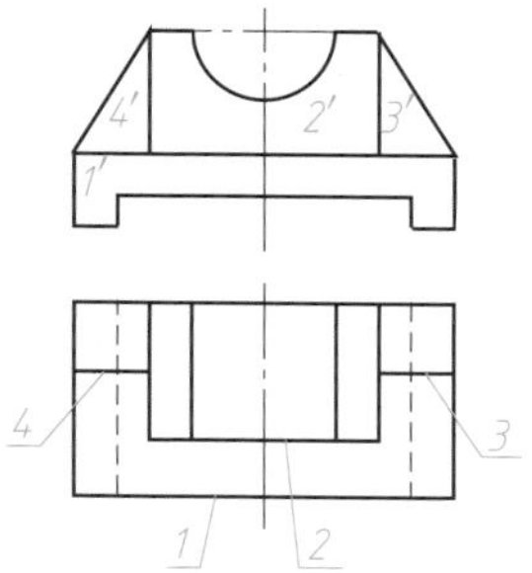 a)
	 b)
2. 对投影，想形状 　运用投影规律，分别找出主视图上的四个线框对应俯视图上的投影，然后逐一想象它们的形状，并绘制左视图	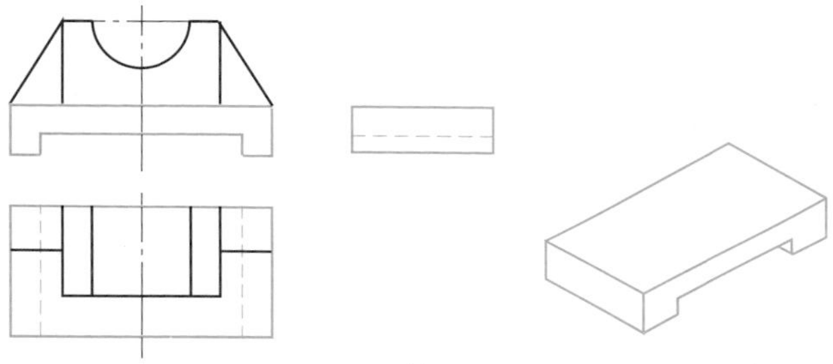 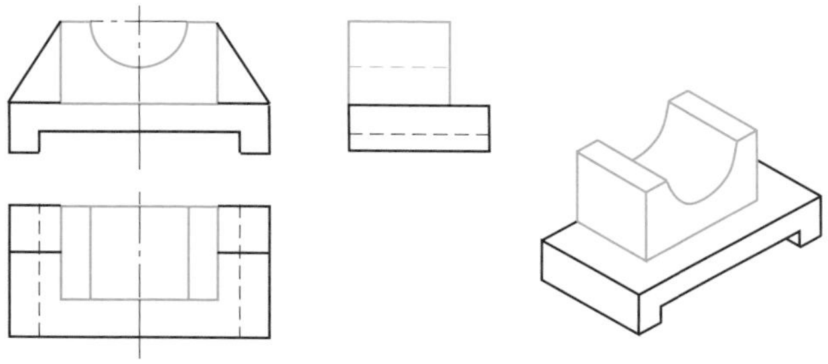 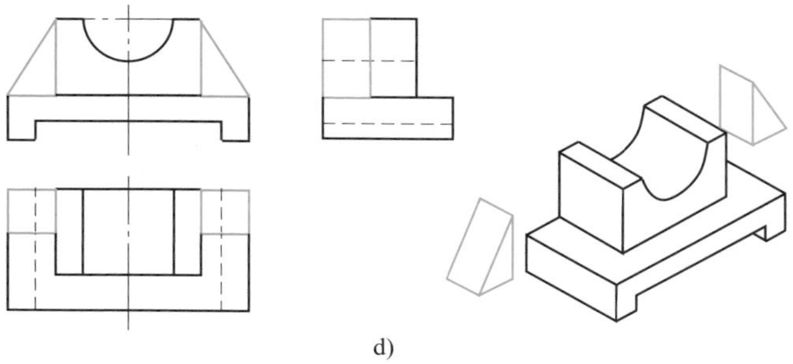 c)
	 d)

第 3 章　组合体

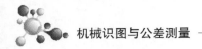

续表

方法与步骤	图　例
3. 合起来，想整体 在看懂每个基本形体的基础上，想象它们的相互位置，逐渐形成一个整体的结构形状	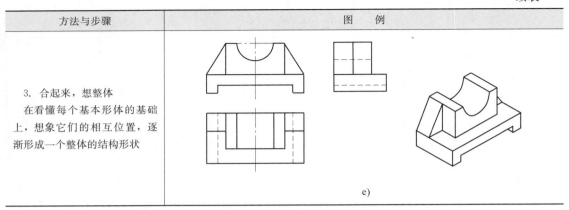 <div align="right">e)</div>

2. 面形分析法

面形分析法是指分析投影图上线面的投影特征和相对位置，进而确定物体形状的方法。识读形状比较复杂的组合体的视图时，在运用形体分析法的同时，对不易读懂的部分，还常用面形分析法来帮助想象和读懂这些局部形状。

例 3—1　识读组合体三视图（表 3—2 中图 a），想出其整体形状。

表 3—2　　　　　　　　　　　　　识读支座视图的方法和步骤

方法与步骤		图　例
形体分析	面形分析	
由三视图的基本外形轮廓近似于长方形，可以判断其基本体为长方体		*（见图示）* 形体分析 <div align="right">a)</div>
由主视图缺角，可判断段长方体左上方被切掉一角	根据投影面垂直面的投影特性，可判断截断面 A 是正垂面（主视图为线段，俯、左视图为类似形）	*（见图示）* 形体分析 面形分析 A <div align="right">b)</div>

续表

方法与步骤		图　例
形体分析	面形分析	
由俯视图两缺角，可判断长方体左端前后对称各切去一角	根据投影面垂直面的投影特性，可判断截断面 B 是前后两对称的铅垂面（俯视图为线段，主、左视图为类似形）	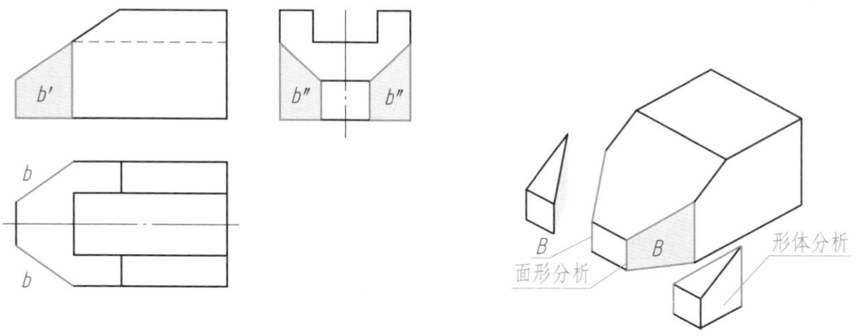 c)
由左视图缺口，可判断在长方体前后方向的中上部，沿长度方向开一长方形槽	在中上部用前后两个正平面和一个水平面切割出一个侧垂矩形槽	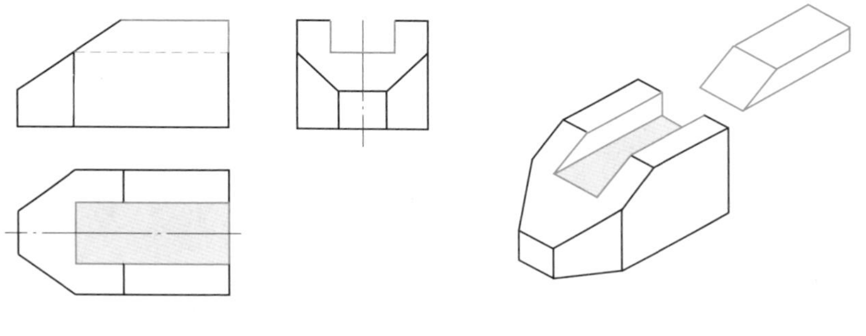 d)
综合起来，想象出在长方体上切角和开槽后的整体结构形状		

例 3—2　补画三视图中的漏线（图 3—21a）。

三个视图中均没有圆或圆弧，可采用正等测画法徒手在坐标纸上绘制轴测草图。

作图步骤

（1）由左视图上的斜线可知，长方体被侧垂面切去一角。补画主、俯视图中相应的漏线（图 3—21b）。

（2）由主视图上的凹槽可知，长方体上部被一个水平面和两个侧平面开了一个槽。补画俯、左视图中相应的漏线（图 3—21c）。

（3）由俯视图可知，长方体前面被两组正平面和侧平面左右对称地各切去一角。补画主、左视图中相应的漏线（图 3—21d）。按徒手画出的轴测草图检查三视图。

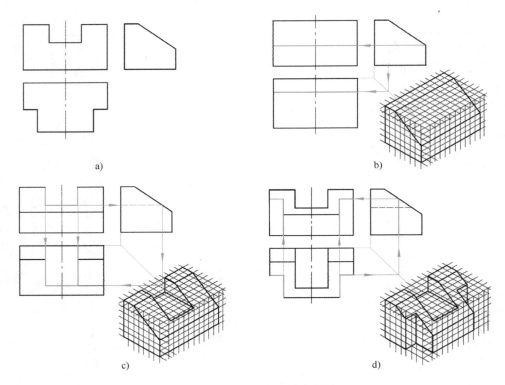

图 3—21　补画三视图中的漏线

第 4 章

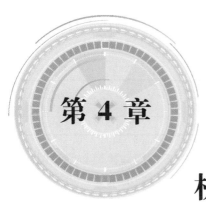

机械图样的基本表示法

第1节 视 图

根据有关标准规定，绘制出物体的多面正投影图形称为视图。视图主要用于表达机件的外部结构形状。

视图分为基本视图、向视图、局部视图和斜视图四种。

一、基本视图

将机件向基本投影面投射所得的视图称为基本视图。

如图 4—1a 所示，基本视图是物体向六个基本投影面投射所得的视图。空间的六个基本投影面可设想围成一个正六面体，为使其上的六个基本视图位于同一平面内，可将六个基本投影面按图 4—1b 所示方法展开。

六个基本投射方向及视图名称见表 4—1。

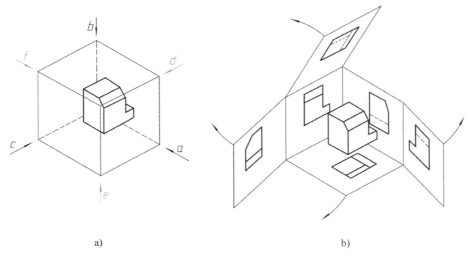

a)   b)

图 4—1 六个基本视图的形成

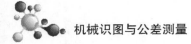

在机械图样中，六个基本视图的名称和配置关系如图4—2所示。符合图4—2的配置规定时，图样中一律不注视图名称。

表4—1　　　　　　　　　　　　　　六个基本投射方向及视图名称

方向代号	a	b	c	d	e	f
投射方向	由前向后	由上向下	由左向右	由右向左	由下向上	由后向前
视图名称	主视图	俯视图	左视图	右视图	仰视图	后视图

六个基本视图仍保持"长对正、高平齐、宽相等"的三等关系，即仰视图与俯视图同样反映物体长、宽方向的尺寸，右视图与左视图同样反映物体高、宽方向的尺寸，后视图与主视图同样反映物体长、高方向的尺寸。

六个基本视图的方位对应关系如图4—2所示，除后视图外，在围绕主视图的俯、仰、左、右四个视图中，远离主视图的一侧表示机件的前方，靠近主视图的一侧表示机件的后方。

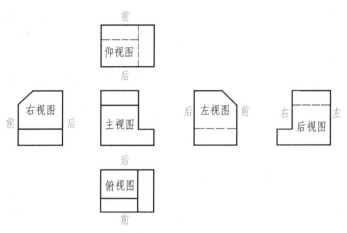

图4—2　六个基本视图的配置和方位对应关系

实际画图时，无须将六个基本视图全部画出，应根据机件的复杂程度和表达需要，选用其中必要的几个基本视图。若无特殊情况，优先选用主、俯、左视图。

二、向视图

向视图是可以移位配置的基本视图。当某视图不能按投影关系配置时，可按向视图绘制，如图4—3中的向视图 D、向视图 E 和向视图 F。

向视图必须在图形上方中间位置处注出视图名称"×"（"×"为大写拉丁字母，下同），并在相应的视图附近用箭头指明投射方向，注写相同的字母。

三、局部视图

局部视图是将机件的某一部分向基本投影面投射所得的视图。如图4—4所示的机件，

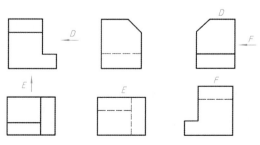

图4—3　向视图及其标注

用主、俯两个基本视图表达了主体形状，但左、右两边凸缘形状若用左视图和右视图表达，则显得烦琐和重复。采用 A 和 B 两个局部视图来表达这两个凸缘形状，既简练又突出重点。

局部视图的配置、标注及画法如下：

（1）局部视图按基本视图位置配置，中间若没有其他图形隔开时，则不必标注，如图 4—4 中的局部视图 A，图中的字母 A 和相应的箭头均不必注出。

（2）局部视图也可按向视图的配置形式配置在适当位置，如图 4—4 中的局部视图 B。

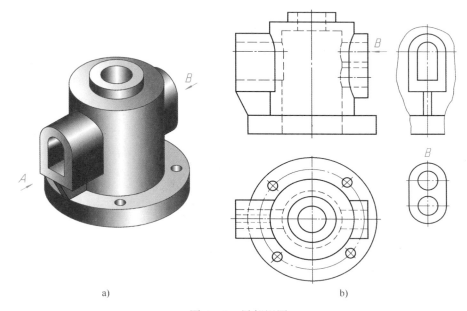

a)   b)

图 4—4   局部视图

（3）局部视图的断裂边界通常用波浪线或双折线表示，如图 4—4 中的 A 向局部视图。但当所表示的局部结构是完整的，其图形的外轮廓线呈封闭状时，波浪线或双折线可省略不画，如图 4—4 中的局部视图 B。

（4）按第三角画法（详见本章第五节）配置在视图上需要表示的局部结构附近，并用细点画线连接两图形，此时无须另行标注，如图 4—5 所示。

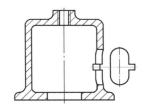

图 4—5   局部视图按第
三角画法配置

四、斜视图

将机件向不平行于基本投影面的平面投射所得的视图称为斜视图。

如图 4—6a 所示，当机件上某局部结构不平行于任何基本投影面，在基本投影面上不能反映该部分的实形时，可增加一个新的辅助投影面，使其与机件上倾斜结构的主要平面平行，并垂直于一个基本投影面，然后将倾斜结构向辅助投影面投射，就可得到反映倾斜结构实形的视图，即斜视图。画斜视图时应注意：

（1）斜视图常用于表达机件上的倾斜结构。画出倾斜结构的实形后，机件的其余部分不必画出，此时可在适当位置用波浪线或双折线断开即可，如图 4—6b 所示。

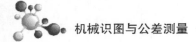

（2）斜视图的配置和标注一般遵照向视图相应的规定，必要时允许将斜视图旋转配置。此时仍按向视图标注，且加注旋转符号，如图4—6c所示。旋转符号为半径等于字体高度的半圆弧，表示斜视图名称的大写拉丁字母应靠近旋转符号的箭头端，也允许将旋转角度标注在字母之后。

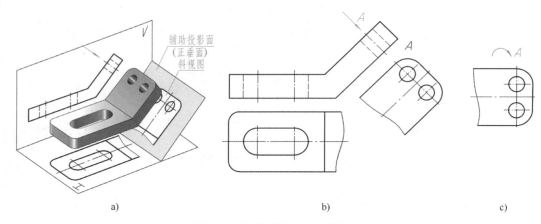

图4—6　倾斜结构斜视图的形成

五、视图表达方案选择

以上介绍了基本视图、向视图、局部视图和斜视图，在实际画图时，并不是每个机件的表达方案中都有这四种视图，而是根据需要灵活选用。下面以图4—7b压紧杆为例，选择合适的表达方案。

图4—7a所示为压紧杆的三视图，由于压紧杆左端耳板是倾斜的，所以俯视图和左视图均不反映实形，不仅画图比较困难，而且表达不清楚，因此这种表达方案不可取。为了表达倾斜结构，可按图4—7b所示在平行于耳板的正垂面上作出耳板的斜视图，以反映耳板的实形。因为斜视图只表达压紧杆倾斜结构的局部形状，所以画出耳板的实形后，用波浪线断开，其余部分的轮廓线不必画出。

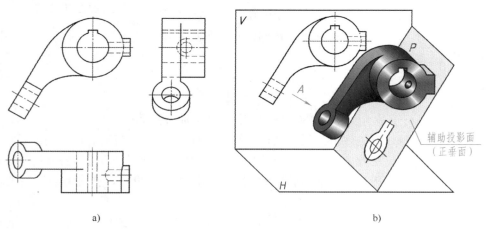

图4—7　压紧杆

方案一：

如图4—8a所示，采用一个基本视图（主视图）、一个斜视图（A），再加上两个局部视图（其中位于右视图位置上的不必标注）。

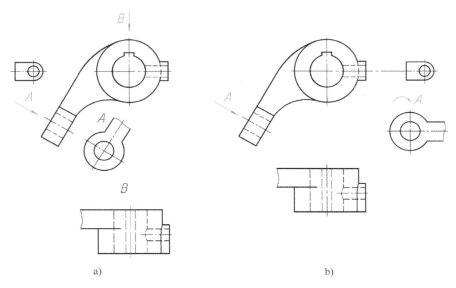

a)   b)

图4—8 压紧杆的表达方案
a) 方案一 b) 方案二

方案二：

如图4—8b所示，采用一个基本视图（主视图）、一个配置在俯视图位置上的局部视图（不必标注）、一个旋转配置的斜视图A，以及画在右端凸台附近的、按第三角画法配置的局部视图（用细点画线连接，不必标注）。

比较压紧杆的两种表达方案，显然方案二不仅形状结构表达清楚、作图简单，而且视图布置更加紧凑，是最佳表达方案。

第2节 剖 视 图

视图主要用来表达机件的外部形状。图4—9a所示支座内部结构比较复杂，视图上会出现较多虚线而使图形不清晰，不便于看图和标注尺寸。为了清晰地表达其内部结构，常采用国家标准规定的剖视图画法。

一、剖视图的形成、 画法及标注

1. 剖视图的形成

假想用剖切面剖开机件，将处在观察者与剖切面之间的部分移去，将其余部分向投影面投射所得的图形称为剖视图，简称剖视。剖视图的形成过程如图4—9b、c所示，图4—9d中的主视图即为机件的剖视图。

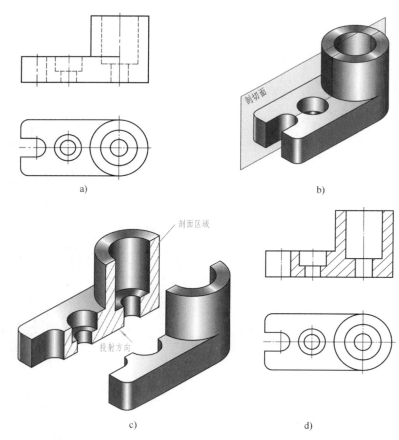

图 4—9 剖视图的形成

2. 剖面符号

机件被假想剖切后，在剖视图中，剖切面与机件接触部分称为剖面区域。为使具有材料实体的切断面（即剖面区域）与其余部分（含剖切面后面的可见轮廓线及原中空部分）明显地区别开来，应在剖面区域内画出剖面符号，如图 4—9d 主视图所示。国家标准规定了各种材料类别的剖面符号（表 4—2）。

表 4—2   剖面符号（摘自 GB/T 4457.5—1984）

材料名称	剖面符号	材料名称	剖面符号
金属材料 （已有规定剖面符号者除外）		线圈绕组元件	
非金属材料 （已有规定剖面符号者除外）		转子、变压器等的迭钢片	
型砂、粉末冶金、 陶瓷刀片、硬质合金刀片等		玻璃及其他透明材料	

续表

材料名称	剖面符号	材料名称	剖面符号
木质胶合板 （不分层数）		格网 （筛网、过滤网等）	
木材 纵剖面		液体	
木材 横剖面			

注：1. 剖面符号仅表示材料的类别，材料的名称和代号必须另行注明。

2. 迭钢片的剖面线方向应与束装中迭钢片的方向一致。

3. 液面用细实线绘制。

在机械设计中，金属材料使用最多，为此，国家标准规定用简明易画的平行细实线作为剖面符号，且特称为剖面线。绘制剖面线时，同一机械图样中的同一零件的剖面线应方向相同、间隔相等。剖面线的间隔应按剖面区域的大小确定。剖面线的方向一般与主要轮廓或剖面区域的对称线成45°角，如图4—10所示。

图4—10 剖面线的方向

3. 剖视图画法的注意事项

（1）剖切机件的剖切面必须垂直于所剖切的投影面。

（2）机件的一个视图画成剖视后，其他视图的完整性不应受其影响，如图4—9d中的主视图画成剖视图后，俯视图一般仍应完整画出。

（3）剖切面后面的可见结构一般应全部画出（图4—11）。

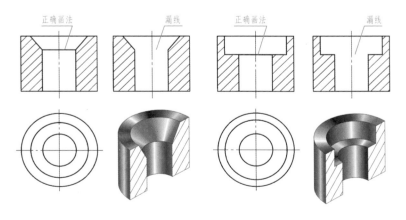

图4—11 剖视图画法的常见错误

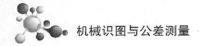

（4）一般情况下，尽量避免用细虚线表示机件上的不可见结构。

4. 剖视图的标注

（1）剖视图标注三要素。为便于读图，剖视图应进行标注，以标明剖切位置和指示视图间的投影关系。剖视图的标注有三个要素：

1）剖切位置。用粗实线的短线段表示剖切面起讫和转折位置。

2）投射方向。将箭头画在剖切位置线外侧指明投射方向。

3）对应关系。将大写拉丁字母注写在剖切面起讫和转折位置旁边，并在所对应的剖视图上方注写相同字母名称。

（2）剖视图的标注方法。可分为三种情况，即全标、不标和省标。

1）全标。指上述三要素全部标出，这是基本规定（参见图 4—21 中的 A—A）。

2）不标。指上述三要素均不必标注。但是，必须同时满足三个条件方可不标，即单一剖切平面通过机件的对称平面或基本对称平面剖切；剖视图按投影关系配置；剖视图与相应视图间没有其他图形隔开。图 4—9d 同时满足了三个不标条件，故未加任何标注。

3）省标。指仅满足不标条件中的后两个条件，则可省略表示投射方向的箭头，如图 4—13 中的 A—A。

二、剖视图的种类

根据剖切范围的大小，剖视图可分为全剖视图、半剖视图和局部剖视图。

1. 全剖视图

用剖切面完全地剖开机件所得的剖视图称为全剖视图。全剖视图一般适用于外形比较简单、内部结构较为复杂的机件，如图 4—12 所示。

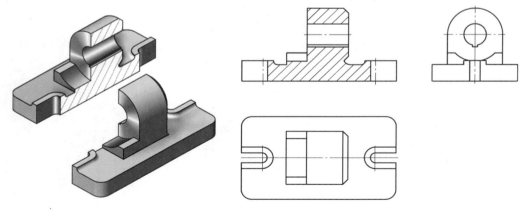

图 4—12　全剖视图

2. 半剖视图

当机件具有对称平面时，以对称平面为界，用剖切面剖开机件的一半所得的剖视图称为半剖视图。图 4—13 所示机件左右对称，前后也对称，所以主视图和俯视图均采用剖切右半部分表达。

半剖视图既表达了机件的内部形状，又保留了外部形状，所以常用于表达内、外形状都比较复杂的对称机件。

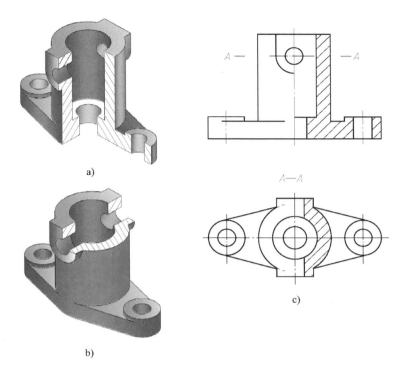

图 4—13　半剖视图（一）

当机件的形状接近对称且不对称部分已另有图形表达清楚时，也可以画成半剖视，如图 4—14 所示。

画半剖视图时应注意以下几点：

（1）半个视图与半个剖视图的分界线用细点画线表示，而不能画成粗实线。

（2）机件的内部形状已在半剖视图中表达清楚，在另一半表达外形的视图中一般不再画出细虚线。

3. 局部剖视图

用剖切面局部地剖开机件所得的剖视图称为局部剖视图。如图 4—15 所示机件，虽然上下、前后都对称，但由于主视图中的方孔轮廓线与对称中心线重合，所以不宜采用半剖视，这时应采用局部剖视。这样，既可表达中间方孔内部的轮廓线，又保留了机件的部分外形。

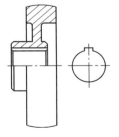

图 4—14　半剖视图（二）

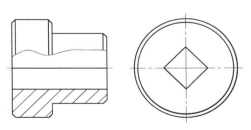

图 4—15　局部剖视图（一）

第**4**章　机械图样的基本表示法

画局部剖视图时应注意以下几点：

（1）局部剖视图可用波浪线分界，波浪线应画在机件的实体上，不能超出实体轮廓线，也不能画在机件的中空处，如图4—16所示。

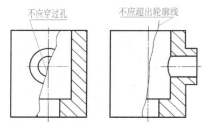

图4—16　局部剖视图（二）

（2）一个视图中，局部剖视的数量不宜过多，在不影响外形表达的情况下，可在较大范围内画成局部剖视，以减少局部剖视的数量。如图4—17所示机件，主、俯视图分别用两个和一个局部剖视表达其内部结构。

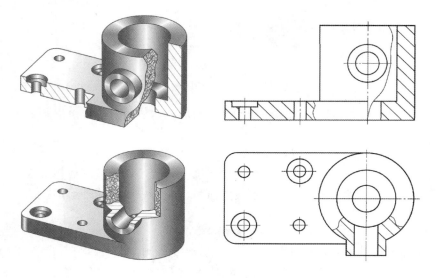

图4—17　局部剖视图（三）

（3）波浪线不应画在轮廓线的延长线上，也不能用轮廓线代替，或与图样上的其他图线重合。

三、剖切面的种类

剖视图是假想将机件剖开后投射而得到的视图。前面叙述的全剖视、半剖视和局部剖视都是用平行于基本投影面的单一剖切平面剖切机件而得到的。由于机件内部结构形状的多样性和复杂性，常需选用不同数量和位置的剖切面来剖开机件，才能把机件的内部形状表达清楚。国家标准规定，根据机件的结构特点，可选择以下剖切面：单一剖切面、几个平行的剖切面、几个相交的剖切面（交线垂直于某一投影面）。

1. 单一剖切面

单一剖切面可以是平行于基本投影面的剖切平面，也可以是不平行于基本投影面的斜剖切平面，如图4—18中的 $B—B$。这种剖视图一般应与倾斜部分保持投影关系，但也可配置在其他位置。为了画图和读图方便，可把视图转正，但必须按规定标注，如图4—18所示。

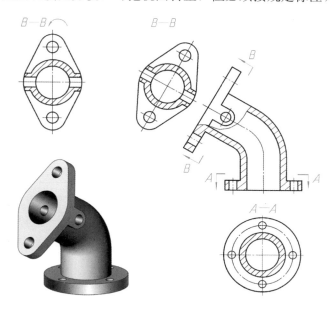

图4—18　单一剖切面

2. 几个平行的剖切面

这种剖切面可以用来剖切表达位于几个平行平面上的机件内部结构。如图4—19a所示轴承挂架，左右对称，如果用单一剖切面在机件的对称平面处剖开，则上部两个小圆孔不能剖到；若采用两个平行的剖切面将机件剖开，可同时将机件上下部分的内部结构表达清楚，如图4—19b中的 $A—A$ 剖视。

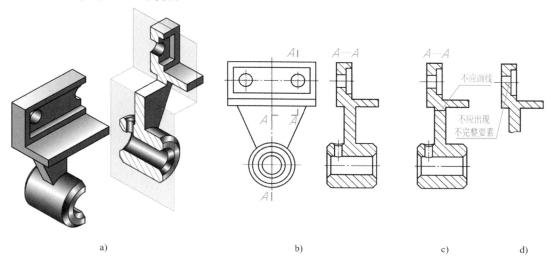

a)　　　　　　　　　　b)　　　　　　　　　　c)　　　　　d)

图4—19　用两个平行的剖切面剖切时剖视图的画法

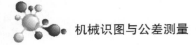

用这类剖切面画剖视图时应注意以下几点：

（1）因为剖切面是假想的，所以不应画出剖切面转折处的投影，如图 4—19c 所示。

（2）剖视图中不应出现不完整结构要素，如图 4—19d 所示。

（3）必须在相应视图上用剖切符号表示剖切位置，在剖切面的起讫和转折处注写相同字母。

3. 几个相交的剖切面

如图 4—20 所示为一圆盘状机件，为了在主视图上同时表达机件的这些结构，只有用两个相交的剖切面剖开机件。图 4—21 所示是用三个相交的剖切面剖开机件来表达内部结构的实例。

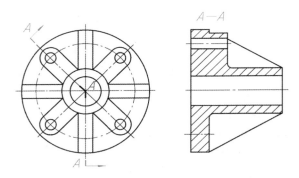

图 4—20　用两个相交的剖切面获得的剖视图

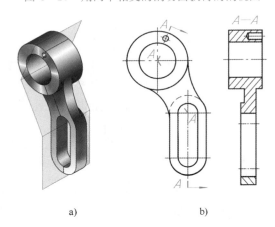

a)　　　　　　　　　　b)

图 4—21　用三个相交的剖切面获得的剖视图

采用这种剖切面的剖视图绘制时应注意以下几点：

（1）相邻两剖切平面的交线应垂直于某一投影面。

（2）用几个相交的剖切面剖开机件绘图时，应先剖切后旋转，使剖开的结构及其有关部分旋转至与某一选定的投影面平行后再投射。此时旋转部分的某些结构与原图形不再保持投影关系，如图 4—22 所示机件中倾斜部分的剖视图。在剖切面后面的其他结构一般仍应按原来位置投影，如图 4—22 中剖切面后面的小圆孔。

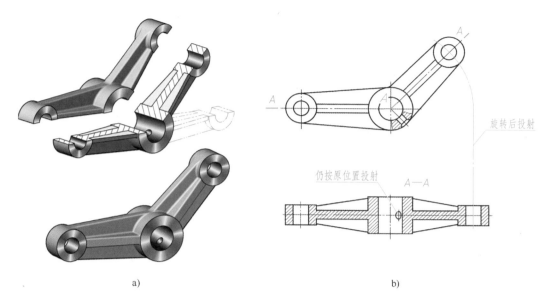

图4—22 用相交剖切面剖切应注意的问题

（3）采用相交剖切面剖切后，应对剖视图加以标注。

应该指出，上述三种剖切面可以根据机件内部形状特征的表达需要供三种剖视图任意选用。

第3节 断 面 图

一、断面图的概念

假想用剖切面将机件的某处切断，仅画出其断面的图形，称为断面图，简称断面。

如图4—23a所示的轴，为了表示键槽的深度和宽度，假想在键槽处用垂直于轴线的剖切平面将轴切断，只画出断面的形状，并在断面上画出剖面线，如图4—23b所示。

断面图与剖视图是两种不同的表示法，二者虽然都是先假想剖开机件后再投射，但是，剖视图不仅要画出被剖切面切到的部分，一般还应画出剖切面后面的可见部分，如图4—23d所示，而断面图则仅画出被剖切面切断的断面形状，如图4—23c所示。按断面图的位置不同，可分为移出断面图和重合断面图。

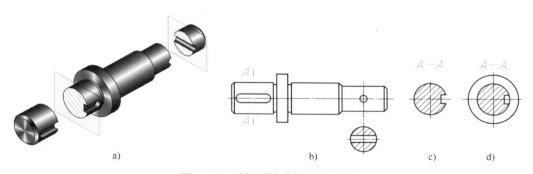

图4—23 断面图与剖视图的比较

第❹章 机械图样的基本表示法

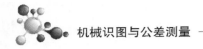

二、移出断面图

画在视图之外的断面图称为移出断面图。移出断面图的轮廓线用粗实线绘制。由两个或多个相交的剖切面获得的移出断面，中间一般应断开，如图4—24所示。

当剖切面通过回转面形成的孔或凹坑的轴线（图4—25a），或通过非圆孔会导致出现完全分离的断面时（图4—25b），则这些结构按剖视图要求绘制。

图4—24　由两个相交的剖切面获得的移出断面

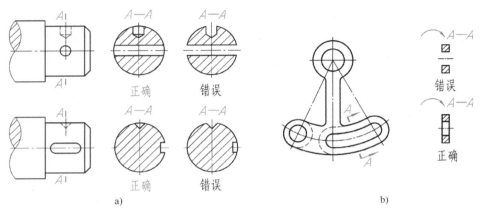

图4—25　断面图的特殊画法

画出移出断面图后应按国家标准规定进行标注。剖视图标注的三要素同样适用于移出断面图。移出断面图的配置及标注方法见表4—3。

表4—3　　　　　　　　　　　移出断面图的配置及标注方法

配置	对称的移出断面	不对称的移出断面
配置在剖切线或剖切符号延长线上	剖切线（细点画线）	
	不必标注字母和剖切符号	不必标注字母
按投影关系配置	A ... A $A—A$	A ... A $A—A$
	不必标注箭头	不必标注箭头

配置	对称的移出断面	不对称的移出断面
配置在其他位置		
	不必标注箭头	应标注剖切符号（含箭头）和字母

三、重合断面图

将断面图形画在视图之内的断面图称为重合断面图，如图 4—26a 所示。重合断面图的轮廓线用细实线绘制。当视图中的轮廓线与重合断面图形重叠时，视图中的轮廓线仍应连续画出，不可间断，如图 4—26b 所示。

重合断面的标注规定不同于移出断面。对称的重合断面不必标注，如图 4—26a 所示；不对称的重合断面，在不致引起误解时可省略标注，如图 4—26b 所示。

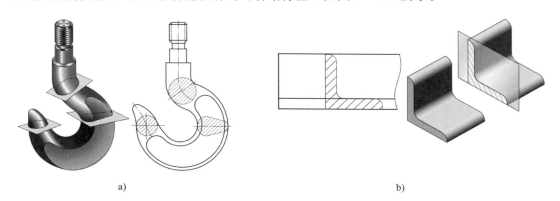

a)   b)

图 4—26　重合断面图

第 4 节　局部放大图和简化表示法

一、局部放大图（GB/T 4458.1—2002）

当按一定比例画出机件的视图时，其上的细小结构常常会表达不清，且难以标注尺寸，此时可局部地另行画出这些结构的放大图，如图 4—27 所示，这种将机件的部分结构用大于原图形的比例画出的图形称为局部放大图。局部放大图可画成视图，也可画成剖视图或断面图，与被放大部分的表示法无关。

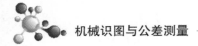

局部放大图应尽量配置在被放大部位的附近。绘制局部放大图时，除螺纹牙型、齿轮和链轮的齿形外，应用细实线圈出被放大部位，如图 4—27 所示。当同一机件上有几处被放大时，应用罗马数字编号，并在局部放大图上方标注出相应的罗马数字和所采用的比例。

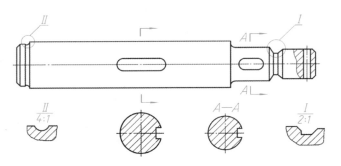

图 4—27　局部放大图

二、简化画法（GB/T 16675.1—1996）

1. 对称机件的视图可只画一半或 1/4，并在对称中心线的两端画两条与其垂直的平行细实线，如图 4—28 所示。这种简化画法（用细点画线代替波浪线作为断裂边界线）是局部视图的一种特殊画法。

2. 在不致引起误解时，图形中用细实线绘制的过渡线（图 4—29a）和用粗实线绘制的相贯线（图 4—29b），可以用圆弧或直线代替非圆曲线（图 4—29c），也可以用模糊画法表示相贯线（图 4—29d）。

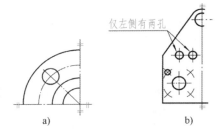

图 4—28　对称机件的局部视图

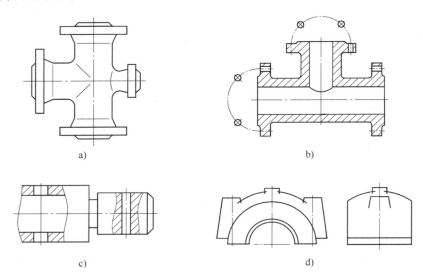

图 4—29　过渡线和相贯线的简化画法

圆柱形法兰和类似零件上均匀分布的孔，可按图4—29b所示方法表示（由机件外向该法兰端面方向投射）。

3. 当机件上有较小结构及斜度等已在一个图形中表达清楚时，在其他图形中可简化表示或省略，如图4—30所示。图4—30a中的主视图省略了平面斜切圆柱面后截交线的投影，图4—30b中的俯视图简化了锥孔的投影。

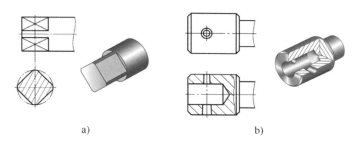

图4—30　机件上较小结构的简化表示

4. 当不能充分表达回转体零件表面上的平面时，可用平面符号（相交的两条细实线）表示，如图4—31所示。

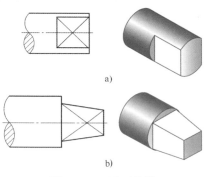

5. 对于机件的肋、轮辐及薄壁等，如按纵向剖切，这些结构都不画剖面符号，而用粗实线将它们与其邻接部分分开（图4—32a）。当零件回转体上均匀分布的肋、轮辐、孔等结构不处于剖切平面上时，可将这些结构旋转到剖切平面上画出（图4—32b）。

图4—31　平面符号

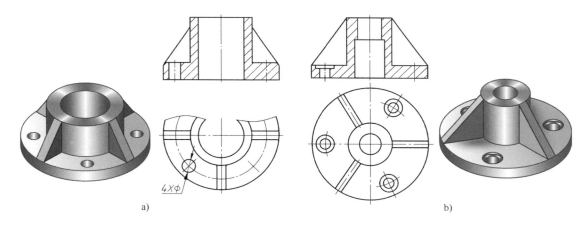

图4—32　机件的肋、轮辐、孔等结构画法

6. 当机件具有若干直径相同且按规律分布的孔（圆孔、螺孔、沉孔等）时，可以仅画出一个或几个，其余只需表示出其中心位置即可（图4—33）。

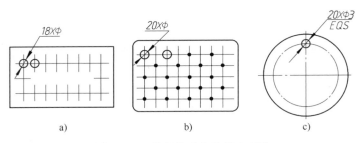

图 4—33　按规律分布的等直径孔

7. 当机件具有相同结构（齿、槽等）并按一定规律分布时，应尽可能减少相同结构的重复绘制，只需画出几个完整的结构，其余可用细实线连接（图 4—34）。

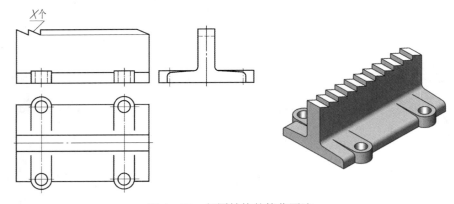

图 4—34　相同结构的简化画法

8. 较长机件（轴、型材、连杆等）沿长度方向的形状一致或按一定规律变化时，可断开后缩短绘制，但尺寸仍按机件的设计要求标注（图 4—35）。

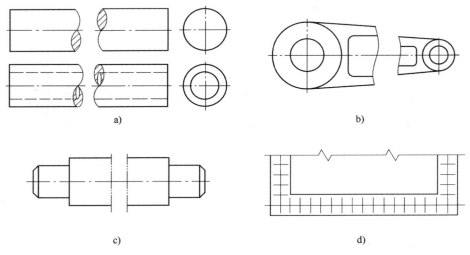

图 4—35　较长机件的简化画法

第5节 第三角画法

《技术制图　图样画法　视图》（GB/T 17451—1998）规定："技术图样应采用正投影法绘制，并优先采用第一角画法。"世界上大多数国家，如中国、法国、英国、德国等都是采用第一角画法。但是，美国、加拿大、日本、澳大利亚等则采用第三角画法。为了便于国际间的技术交流与合作，我国在《技术制图　投影法》（GB/T 14692—2008）中规定："必要时（如按合同规定等），允许使用第三角画法。"

一、第三角画法与第一角画法的区别

图4—36所示为三个互相垂直相交的投影面将空间分为八个部分，每一部分为一个分角，依次为Ⅰ～Ⅷ分角。

1. 投射空间与投射顺序不同。将机件放在第一分角内（H面之上，V面之前，W面之左）得到的多面正投影称为第一角画法；将机件放在第三分角内（H面之下，V面之后，W面之左）得到的多面正投影称为第三角画法。第一角画法投射顺序是：观察者→机件→投影面。而第三角画法的投射顺序是：观察者→投影面（透明的）→机件。如图4—37所示。

2. 三视图形成方式相近，展成方向不同，三视图配置不同。在第三角画法中，在V面上形成自前方投射所得的主视图，在H面上形成自上方投射所得的俯视图，在W面上形成自右方投射所得

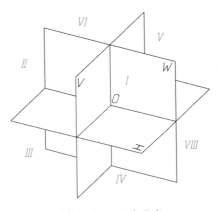

图4—36　八个分角

的右视图，如图4—38b所示。令V面保持正立位置不动，将H面、W面分别绕它们与V面的交线向上、向右旋转90°，与V面展成同一个平面，得到机件的三视图。与第一角画法类似，采用第三角画法的三视图也有下述特性（即多面正投影的投影规律）：主、俯视图长对正，主、右视图高平齐，俯、右视图宽相等。

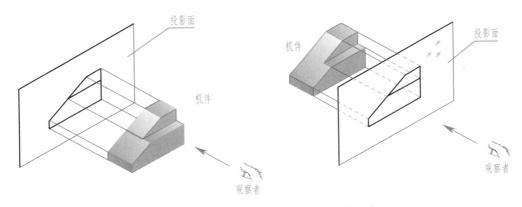

图4—37　第一角画法与第三角画法的投射顺序不同

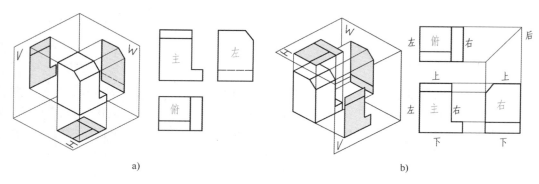

a)   b)

图4—38　第一角画法与第三角画法的对比
a）第一角画法　b）第三角画法

　　3. 基本视图配置不同，但六个视图名称一样。与第一角画法一样，第三角画法也有六个基本视图。将机件向正六面体的六个平面（基本投影面）进行投射，然后按图4—39所示方法展开，即得六个基本视图，它们相应的配置如图4—40a所示。

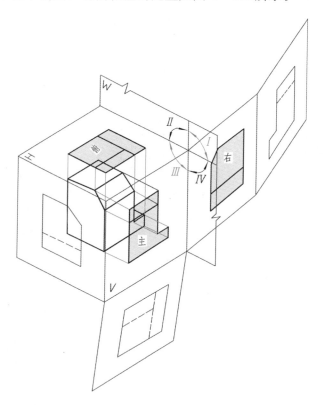

图4—39　第三角画法的六个基本视图及其展开

　　第三角画法与第一角画法在各自的投影面体系中，观察者、机件、投影面三者之间的相对位置不同，决定了它们六个基本视图配置关系的不同，但六个基本视图名称一致。

二、第三角画法与第一角画法的识别符号

为了便于识别不同视角的画法,《技术制图 图纸幅画和格式》(GB/T 14689—2008) 规定采用投影符号(图 4—41)。第三角画法的投影识别符号如图 4—41a 所示,第一角画法的投影识别符号如图 4—41b 所示。该符号一般放在标题栏中名称及代号区的下方。

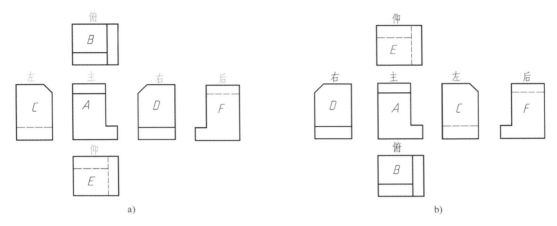

图 4—40 第三角画法与第一角画法的六个基本视图对比
a) 第三角画法 b) 第一角画法

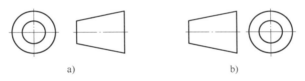

图 4—41 第三角画法与第一角画法的投影识别符号
a) 第三角画法识别符号 b) 第一角画法识别符号

采用第三角画法时,必须在图样中画出投影符号;采用第一角画法时,在图样中一般不必画出投影符号。投影符号采用粗实线和细点画线绘制,其中粗实线的线宽不小于 0.5 mm。

例 4—1 根据弯板轴测图(图 4—42a),按第三角画法画出物体的三视图。

弯板由长方体底板和圆柱拱形竖板组合而成,其中底板缺左前角,竖板中间有通孔。为便于把握视图的方位关系,通常利用 45°线法作图。

作图步骤

(1) 画三个视图的基准线,画各组成部分的基本体轮廓,如图 4—42b 所示,先画有形状特征的视图,再按投影关系画出其他视图。

(2) 画局部结构,如切角、通孔,如图 4—42c 所示。

(3) 描深并擦掉多余的作图线,完成三视图,如图 4—42d 所示。

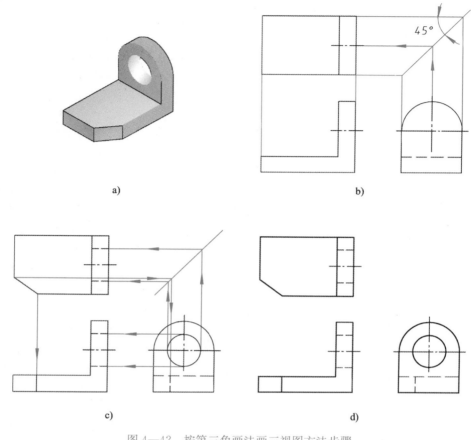

图4—42　按第三角画法画三视图方法步骤
a）轴测图　b）画整体　c）画局部　d）描深

第6节　表示法综合应用实例

　　表达机件常要运用视图、剖视图、断面图、简化画法等各种表示法，将机件的内、外结构形状及形体间的相对位置完整、清晰地展示出来。选择机件的表达方案时，应根据机件的结构特点，首先考虑看图方便，在完整、清晰地表达机件结构形状的前提下，力求作图简便，一般可同时拟订几种方案，经过分析、比较，最后选择一个最佳方案。

　　例4—2　图4—43b用四个图形表达了图4—43a所示机件。主视图采用了局部剖视，它既表达了肋、圆柱和斜板的外部结构形状，又表达了上部圆柱的通孔以及下部斜板上四个小通孔的内部形状。为了表达清楚上部圆柱与十字肋的相对位置关系，采用了一个局部视图；为了表达十字肋的截断面形状，采用了移出断面图；为了表达斜板实形及其与十字肋的相对位置，采用了一个斜视图"A ⌒ "。

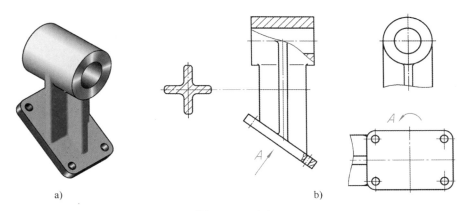

图 4—43 支架

例 4—3 根据图 4—4 所示机件的一组视图，重新选择合适的表达方案。

原方案中用了四个视图表达了较复杂的箱型机件，但其内部结构复杂，用虚线表示四个不同孔贯通在主视图上不够清晰，也不便标注尺寸，可考虑改成全剖视图；俯视图主要应表达法兰盘形状以及其与中间的大圆管和肋板的连接位置关系，改用全剖视表达更清楚、合理。重新选择的表达方案如图 4—44 所示。

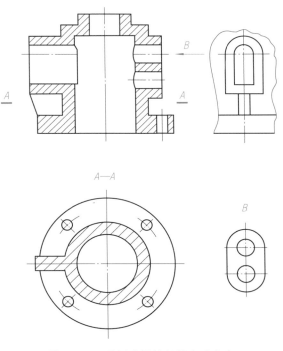

图 4—44 重新选择的机件表达方案

第 **4** 章 机械图样的基本表示法

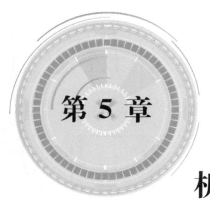

第 5 章

机械图样的特殊表示法

第 1 节　螺纹及螺纹紧固件

一、螺纹的类型及主要参数

1. 螺纹种类及应用

螺纹是指在圆柱表面或圆锥表面上，沿着螺旋线形成的、具有相同断面的连续凸起和沟槽，如图 5—1 所示。在圆柱或圆锥外表面上所形成的螺纹称为外螺纹，而在圆柱或圆锥内表面上所形成的螺纹称为内螺纹。

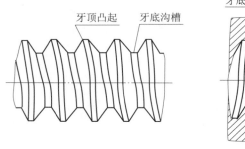

图 5—1　螺纹外形图
a）外螺纹　b）内螺纹

螺纹结合是各种机械中应用最为广泛的一种结合形式。螺纹按其牙型可分为三角形螺纹、梯形螺纹、锯齿形螺纹和矩形螺纹四种；按用途一般可分为连接螺纹和传动螺纹两大类。常用螺纹的牙型及应用见表 5—1。

表 5—1 常用螺纹的牙型及应用

螺纹类型		截面牙型	特征及应用
连接螺纹（三角螺纹）	普通螺纹	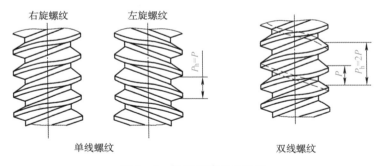	牙型角为 60°，同一直径按螺距大小可分为粗牙和细牙两类，应用最广 一般连接多用粗牙，细牙用于薄壁及受冲击、振动的零件，也常用于微调机构
	管螺纹		牙型角为 55°，可分为圆柱管螺纹和圆锥管螺纹 多用于水、油、气路及电器管路系统的连接
传动螺纹	梯形螺纹		牙型角为 30°，牙顶与牙底在结合时有相等的间隙 广泛应用于传力或螺旋传动机构，加工工艺性好，牙根强度高，螺旋副的对中性好
	锯齿形螺纹		工作面的牙型角为 3°，非工作面的牙型角为 30° 广泛应用于单向受力的传动机构。外螺纹的牙根处有圆角，可减轻应力集中，牙根强度高
	矩形螺纹		牙型为正方形，牙厚为螺距的一半 多应用于传力或螺旋传动机构，传动效率高，牙根强度较弱，螺旋副对中精度低

另外，螺纹按旋向可分为左旋和右旋两种，按螺纹牙（槽）是否分布在一条螺旋线上又可分为单线螺纹和多线螺纹，如图 5—2 所示。

图 5—2 螺纹的旋向及线数

2. 普通螺纹的基本牙型

基本牙型是指在通过螺纹轴线的剖面内，按规定的高度削去原始三角形（形成螺纹牙型的三角形）的顶部和底部后所形成的内、外螺纹共有的理论牙型，是确定螺纹设计牙型（以基本牙型为基础并满足各种间隙和圆弧半径的牙型）的基础。由于理论牙型上的尺寸均为螺纹的公称尺寸，因而称为基本牙型。普通螺纹的基本牙型如图 5—3 所示。

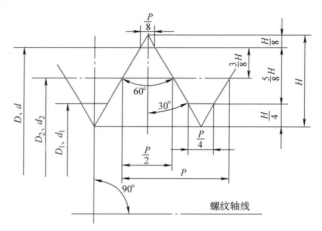

图 5—3　普通螺纹的基本牙型

D—内螺纹大径　d—外螺纹大径　D_2—内螺纹中径　d_2—外螺纹中径
D_1—内螺纹小径　d_1—外螺纹小径　P—螺距　H—原始三角形高度

3. 普通螺纹的主要参数

（1）原始三角形高度（H）、牙型高度

1）原始三角形高度（H）。原始三角形高度是指由原始三角形顶点沿垂直轴线方向到其底边的距离，如图 5—3 中的 H。

2）牙型高度。牙型高度是指在螺纹牙型上，牙顶到牙底在垂直于螺纹轴线方向上的距离，如图 5—3 中的 $\frac{5}{8}H$。

（2）大径（D、d）。普通螺纹的大径是指与外螺纹牙顶或内螺纹牙底相切的假想圆柱的直径。对外螺纹而言，大径为顶径，用"d"表示；对内螺纹而言，大径为底径，用"D"表示，如图 5—4 所示。

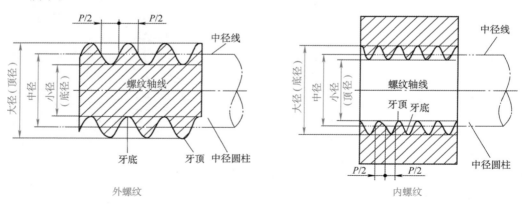

图 5—4　普通螺纹的大径、中径和小径

国家标准规定，对于普通螺纹，大径即为其公称直径。普通螺纹的公称直径已系列化，可按国家标准 GB/T 193—2003《普通螺纹直径与螺距系列（直径 1～600 mm）》中的有关标准选取。

（3）小径（D_1、d_1）。普通螺纹的小径是指与外螺纹牙底或内螺纹牙顶相切的假想圆柱的直径。对外螺纹而言，小径为底径，用"d_1"表示；对内螺纹而言，小径为顶径，用"D_1"表示，如图 5—4 所示。

普通螺纹的小径与其公称直径之间有如下关系：

$$D_1 = D - 2 \times \frac{5}{8} H = D - 1.082\,5P$$

$$d_1 = d - 2 \times \frac{5}{8} H = d - 1.082\,5P$$

(5—1)

（4）中径（D_2、d_2）。在普通螺纹中，假想有一个圆柱，其母线通过牙型上沟槽和凸起宽度相等的地方，这个假想圆柱称为中径圆柱，其直径即为中径。外螺纹的中径用"d_2"表示，内螺纹的中径用"D_2"表示，如图 5—4 所示。

普通螺纹的中径与其公称直径之间有如下关系：

$$D_2 = D - 2 \times \frac{3}{8} H = D - 0.649\,5P$$

$$d_2 = d - 2 \times \frac{3}{8} H = d - 0.649\,5P$$

(5—2)

普通螺纹小径和中径的尺寸可由公式计算，也可在 GB/T 196—2003《普通螺纹　公称尺寸》的相关表格中查取。

（5）单一中径（D_{2a}、d_{2a}）。普通螺纹的单一中径是指一个假想圆柱的直径，该圆柱的母线通过牙型上沟槽宽度等于 $1/2P$ 的地方。

当没有螺距误差时，单一中径与中径的数值相等；有螺距误差的螺纹，其单一中径与中径数值不相等，如图 5—5 所示，图中 ΔP 为螺距误差。

（6）螺距（P）与导程（P_h）。螺距是指相邻两牙在中径线上对应两点间的轴向距离，如图 5—6 所示。螺距已标准化，使用时可查阅 GB/T 193—2003 中的有关数据。

导程是指同一条螺旋线上相邻两牙在中径线上对应两点间的轴向距离，如图 5—6 所示。可以这样理解导程：当螺母不动时，螺栓转一整转，螺栓沿轴线方向移动的距离即为导程。对单线螺纹，导程等于螺距；对多线螺纹，导程等于螺距与螺纹线数 n 的乘积，即 $P_h = P \times n$。

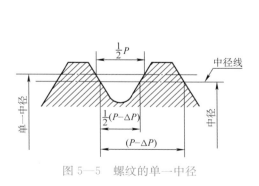

图 5—5　螺纹的单一中径

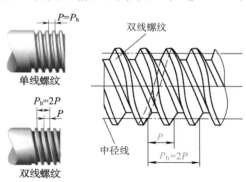

图 5—6　螺纹的螺距和导程

第❺章　机械图样的特殊表示法

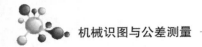

（7）螺纹升角（ϕ）。螺纹升角是指在中径圆柱上，螺旋线的切线与垂直螺纹轴线的平面的夹角，如图5—7中的ϕ。从图中的螺纹中径圆柱展开图可以看出，它与导程和中径之间的关系为

$$\tan\phi = \frac{P_h}{\pi d_2} \tag{5—3}$$

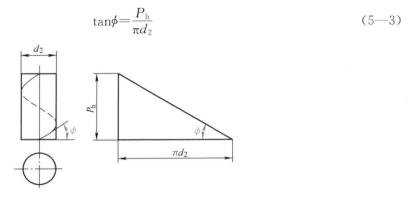

图5—7　螺纹升角

（8）牙型角（α）、牙型半角（$\alpha/2$）和牙侧角（α_1、α_2）

1）牙型角（α）。牙型角是指在螺纹牙型上，两相邻牙侧间的夹角，如图5—8a中的α。

2）牙型半角（$\alpha/2$）。牙型半角是指牙型角的一半，如图5—8a中的$\alpha/2$。

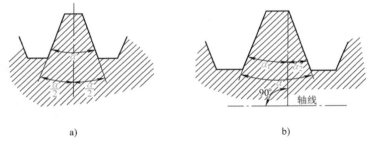

a)　　　　　　　　b)

图5—8　牙型角、牙型半角和牙侧角

3）牙侧角（α_1、α_2）。牙侧角是指在螺纹牙型上，牙侧与螺纹轴线的垂线间的夹角，如图5—8b中的α_1和α_2。

对于普通螺纹，在理论上，$\alpha = 60°$，$\alpha/2 = 30°$，$\alpha_1 = \alpha_2 = 30°$。

（9）螺纹接触高度。螺纹接触高度是指在两个相互配合的螺纹牙型上，牙侧重合部分在垂直于螺纹轴线方向上的距离，如图5—9所示。

（10）螺纹旋合长度。螺纹旋合长度是指两个相互配合的螺纹沿螺纹轴线方向相互旋合部分的长度，如图5—9所示。

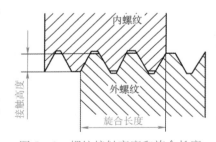

图5—9　螺纹接触高度和旋合长度

二、螺纹的画法规定

螺纹属于标准结构要素，如按其真实投影绘制将会非常烦琐，为此，国家标准《机械制图　螺纹及螺纹紧固件表示法》（GB/T 4459.1—1995）中规定了螺纹的画法（表5—2）。

表示对象	画法规定	说明
外螺纹	牙顶线 牙底线 螺纹终止线 大径 小径 倒角 a) 螺纹终止线 画到牙底处 b)	1. 牙顶线（大径）用粗实线表示 2. 牙底线（小径）用细实线表示，小径按大径的 0.85 倍画出，螺杆的倒角或倒圆部分也应画出 3. 在投影为圆的视图中，表示牙底的细实线只画约 3/4 圈，此时轴上的倒角省略不画 4. 螺纹终止线用粗实线表示
内螺纹	螺纹终止线 大径 小径 a) 1+0.5D D 120° b)	1. 在剖视图中，螺纹牙顶线（小径）用粗实线表示，牙底线（大径）用细实线表示；剖面线画到牙顶线粗实线处 2. 在投影为圆的视图中，牙顶线（小径）用粗实线表示，表示牙底线（大径）的细实线只画约 3/4 圈；孔口的倒角省略不画
螺纹牙型		当需要表示螺纹牙型时，可采用剖视或局部放大图画出几个牙型
螺纹旋合	A A A—A	1. 在剖视图中，内、外螺纹的旋合部分按外螺纹的画法绘制 2. 未旋合部分按各自规定的画法绘制，表示大、小径的粗实线与细实线应分别对齐

表 5—2   螺纹的画法规定

三、螺纹的图样标注

无论哪种螺纹，若按上述规定画法画出，在图上均不能反映它的牙型、螺距、线数和旋向等结构要素，因此，必须按规定的标记在图样上进行标注。

1. 根据 GB/T 197—2003 的规定，普通螺纹的完整标记由螺纹特征代号、尺寸代号、公差带代号、旋合长度代号和旋向代号五部分组成，但各螺纹的标记方法不尽相同。

普通螺纹标记示例见表 5—3。

第5章 机械图样的特殊表示法

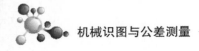

表 5—3　　　　　　　　　　　　　　　螺纹标记示例

标　记	含　义
M20×2—7g6g—L—LH	表示单线普通螺纹，公称直径为 20 mm，细牙，螺距为 2 mm；外螺纹，中径公差带代号为 7g，顶径（大径 d）公差带代号为 6g；长旋合长度，左旋
M10—7H	表示单线普通螺纹，公称直径为 10 mm，粗牙，查表可得螺距为 1.5 mm；内螺纹，中径和顶径（小径 D_1）公差带代号均为 7H；中等旋合长度，右旋
M10×1—6H—30	表示单线普通螺纹，公称直径为 10 mm，细牙，螺距为 1 mm；内螺纹，中径和顶径（小径 D_1）公差带代号均为 6H；旋合长度为 30 mm，右旋
M20×2—6H/6g	表示单线普通内、外螺纹配合，公称直径为 20 mm，细牙，螺距为 2 mm；内螺纹，中径和顶径（小径 D_1）公差带代号均为 6H，外螺纹，中径和顶径（大径 d）公差带代号均为 6g；中等旋合长度，右旋

（1）螺纹代号。单线粗牙普通螺纹用字母"M"及公称直径表示，如 M30 表示公称直径为 30 mm 的单线粗牙普通螺纹；单线细牙普通螺纹用字母"M"及公称直径×螺距表示，如 M30×2 表示公称直径为 30 mm，螺距为 2 mm 的单线细牙普通螺纹。

多线螺纹用字母"M"及公称直径×P_h 导程 P 螺距表示，如 M16×P_h 3 P1.5 表示公称直径为 16 mm，导程为 3 mm，螺距为 1.5 mm 的双线螺纹。

（2）螺纹公差带代号。螺纹公差带代号包括中径公差带代号和顶径公差带代号，标注在螺纹代号之后，中间用"—"分开，如 M20×2—6g。

（3）螺纹旋合长度代号。螺纹旋合长度代号为"S"或"L"时，标注在螺纹公差带代号之后，用"—"分开。

2. 标准螺纹的标记应直接注在大径的尺寸线上或其引出线上。常用螺纹标记的图样标注见表 5—4。

表 5—4　　　　　　　　　　　　常用螺纹标记的图样标注

螺纹种类	特征代号		标记的标注图例	说明
连接螺纹	普通螺纹	M	粗牙	M20	公称直径 20 mm，右旋 粗牙普通螺纹不标螺距。中等公差（如 6h、6H）不标公差带代号，中等旋合长度 N 可省略不标
			细牙	M24×1.5—7H	公称直径 24 mm，螺距 1.5 mm，中径、顶径公差带均为 7H（内螺纹公差带代号用大写字母）
	管螺纹	G	55°非密封管螺纹	G1/2A	55°非密封圆柱外螺纹，尺寸代号 G1/2，公差等级为 A 级，右旋

续表

螺纹种类		特征代号		标记的标注图例	说明
连接螺纹	管螺纹	R_1 R_p R_2 R_c	55°密封管螺纹	*Rc1/2*	55°用于密封圆锥内螺纹，尺寸代号为 $R_c1/2$，内、外螺纹均只有一种公差带，故不标注
传动螺纹	梯形螺纹	T_r		*Tr28×10(P5)LH—7H*	公称直径 28 mm，导程 10（螺距 5），左旋（LH），中径公差带 7H，中等旋合长度，双线梯形螺纹
	锯齿形螺纹	B		*54* *B36×6—7e*	公称直径 36 mm，螺距 6，中径公差带 7e，中等旋合长度，单线锯齿形螺纹

四、常用螺纹紧固件的种类和标记

常用螺纹紧固件有螺栓、螺柱、螺母和垫圈等，如图 5—10 所示。由于螺纹紧固件的结构和尺寸均已标准化，使用时按规定标记直接外购即可。表 5—5 为常用螺纹紧固件及其标记示例。

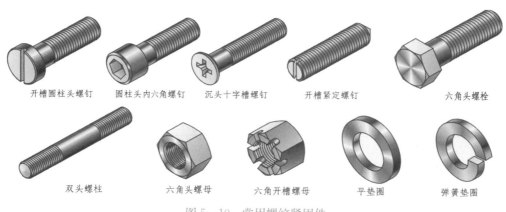

开槽圆柱头螺钉　圆柱头内六角螺钉　沉头十字槽螺钉　开槽紧定螺钉　六角头螺栓

双头螺柱　六角头螺母　六角开槽螺母　平垫圈　弹簧垫圈

图 5—10　常用螺纹紧固件

第5章　机械图样的特殊表示法

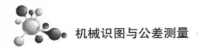

表 5—5　　　　　　　　　　　常用螺纹紧固件及其标记示例

名称及标准号	图例及规格尺寸	标记示例及说明
六角头螺栓——A 级和 B 级 GB/T 5782—2000		螺栓　GB/T 5782　M8×40 螺纹规格 $d=$ M8、公称长度 $l=40$ mm、性能等级为 8.8 级、表面氧化、A 级的六角头螺栓
双头螺柱——A 型和 B 型 GB/T 897—1988 GB/T 898—1988 GB/T 899—1988 GB/T 900—1988	A 型 倒角端　　　　　倒角端 B 型 辗制末端　　　　辗制末端 d_s≈螺纹中径(仅适用于B型)	螺柱　GB/T 897　M8×35 两端均为粗牙普通螺纹、螺纹规格 $d=$ M8、公称长度 $l=35$ mm、性能等级为 4.8 级、不经表面处理、B 型、$b_m=1d$ 的双头螺柱
1 型六角螺母——A 级和 B 级 GB/T 6170—2000		螺母　GB/T 6170　M8 螺纹规格 $D=$M8、性能等级为 10 级、不经表面处理、A 级的 1 型六角螺母
平垫圈——A 级 GB/T 97.1—2002		垫圈　GB/T 97.1　8　140HV 标准系列、公称规格 $d=8$ mm、硬度等级为 140HV 级、不经表面处理的平垫圈
标准型弹簧垫圈 GB/T 93—1987		垫圈　GB/T 93　8 规格 8 mm、材料 65Mn、表面氧化的标准型弹簧垫圈
开槽沉头螺钉 GB/T 68—2000		螺钉　GB/T 68　M8×30 螺纹规格 $d=$ M8、公称长度 $l=30$ mm、性能等级为 4.8 级、不经表面处理的开槽沉头螺钉

五、螺纹紧固件的连接画法

　　螺纹紧固件连接画法的基本规定：当剖切平面通过螺杆的轴线时，螺栓、螺柱、螺钉以及螺母、垫圈等均按未剖切绘制；在剖视图上，两零件接触表面画一条线，不接触表面画两条线；相接触两零件的剖面线方向相反。

常用螺纹紧固件的连接形式有螺栓连接（图5—11a）、螺柱连接（图5—11b）和螺钉连接（图5—11c）三种。由于装配图主要是表达零部件之间的装配关系，因此，装配图中的螺纹紧固件不仅可按上述画法的基本规定简化地表示，而且图形中的各部分尺寸也可简便地按比例画法绘制。

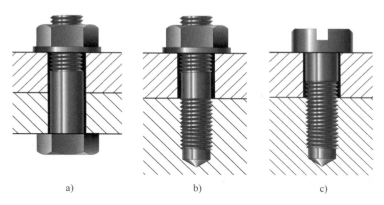

a)　　　　　　　b)　　　　　　　c)

图5—11　螺栓、螺柱、螺钉连接
a）螺栓连接　b）螺柱连接　c）螺钉连接

1. 螺栓连接（图5—12）

螺栓适用于连接两个不太厚的并能钻成通孔的零件。连接时将螺栓穿过被连接两零件的光孔（孔径比螺栓大径略大，一般可按 $1.1d$ 画出），套上垫圈，然后用螺母紧固。

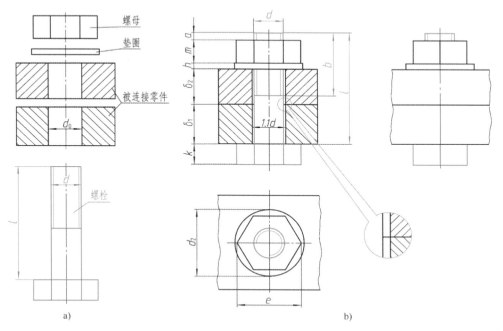

a)　　　　　　　　　　　b)

图5—12　螺栓连接的简化画法
a）连接前　b）连接后

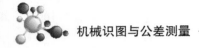

螺栓的公称长度 $l \geqslant \delta_1 + \delta_2 + h + m + a$（查表计算后取最短的标准长度）。

根据螺纹公称直径 d 按下列比例作图：$b = 2d$，$h = 0.15d$，$m = 0.8d$，$a = 0.3d$，$k = 0.7d$，$e = 2d$，$d_2 = 2.2d$。

2. 螺柱连接（图 5—13）

当被连接零件之一较厚，不允许被钻成通孔时，可采用螺柱连接。螺柱的两端均制有螺纹。连接前，先在较厚的零件上制出螺孔，再在另一零件上加工出通孔，如图 5—13a 所示。将螺柱的一端（称旋入端）全部旋入螺孔内，再在另一端（称紧固端）套上制出通孔的零件，加上垫圈，拧紧螺母，即完成螺柱连接，其连接图如图 5—13b 所示。

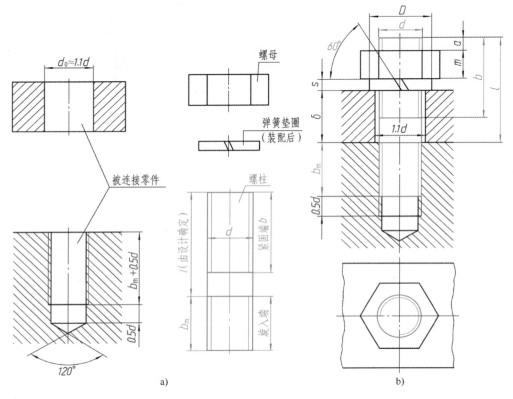

图 5—13　螺柱连接的简化画法
a）连接前　b）连接后

为保证连接强度，螺柱旋入端的长度 b_m 随被旋入零件（机体）材料的不同而有四种规格：

$b_m = 1d$（GB/T 897—1988）用于钢或青铜、硬铝

$\left.\begin{array}{l} b_m = 1.25d\text{（GB/T 898—1988）} \\ b_m = 1.5d\text{（GB/T 899—1988）} \end{array}\right\}$ 用于铸铁

$b_m = 2d$（GB/T 900—1988）用于铝或其他较软材料

螺柱的公称长度 l 可按下式计算：

$$l \geqslant \delta + s + m + a \text{（查表计算后取最短的标准长度）}$$

图 5—13 中的垫圈为弹簧垫圈，可用来防止螺母松动。弹簧垫圈开槽的方向为阻止螺母

松动的方向，画成与水平线成 60°角且向左上倾斜的两条平行粗线或一条加粗线（线宽为粗实线线宽的 2 倍）。按比例作图时，取 $s=0.2d$，$D=1.5d$。

3. 螺钉连接

螺钉按用途通常可分为连接螺钉和紧定螺钉两种，前者用于连接零件，后者用于固定零件。

（1）连接螺钉。用于受力不大和不经常拆卸的场合。如图 5—14 所示，装配时将螺钉直接穿过被连接零件上的通孔，再拧入另一被连接零件上的螺孔中，靠螺钉头部压紧被连接零件。

螺钉连接装配图画法可采用图 5—14 所示的比例画法。

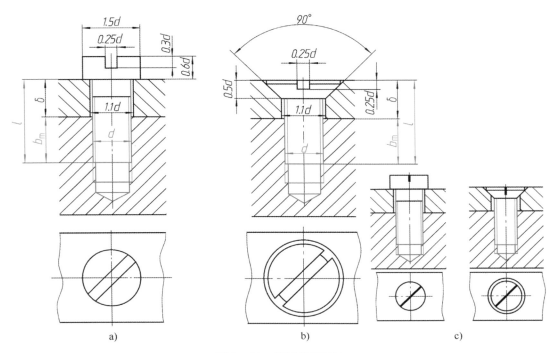

图 5—14　螺钉连接画法

螺钉的公称长度为：

$$l=b_m+\delta$$

式中，b_m 的取值方式与螺柱连接相同。按公称长度的计算值 l 查表确定标准长度。

画螺钉连接装配图时应注意：在螺钉连接中螺纹终止线应高于两个被连接零件的结合面（图 5—14a），表示螺钉有拧紧的余地，保证连接紧固，或者在螺杆的全长上都有螺纹（图 5—14b）。螺钉头部的一字槽（或十字槽）的投影可以涂黑表示，在投影为圆的视图上，这些槽应画成 45°倾斜线，线宽为粗实线线宽的 2 倍，如图 5—14c 所示。

（2）紧定螺钉。紧定螺钉用来固定两个零件的相对位置，使它们不产生相对运动。如图 5—15 中的轴和齿轮（图中齿轮仅画出轮毂部分），用一个开槽锥端紧定螺钉旋入轮毂的螺孔，使螺钉端部的 90°锥顶压紧轴上的 90°锥坑，从而固定了轴和齿轮的相对位置。

螺纹紧固件各部分的尺寸可由附表 1 至附表 6 查得。

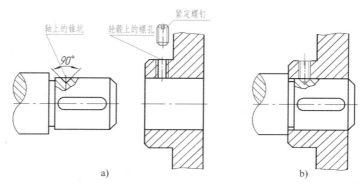

图 5—15　紧定螺钉连接画法
a）连接前　b）连接后

第2节　齿　轮

齿轮是广泛用于机器或部件中的传动零件，它不仅可以用来传递动力，还能改变转速和回转方向。

图 5—16 是三种常见的齿轮传动形式：圆柱齿轮通常用于平行两轴之间的传动（图 5—16a），锥齿轮用于相交两轴之间的传动（图 5—16b），蜗杆与蜗轮则用于交错两轴之间的传动（图 5—16c）。

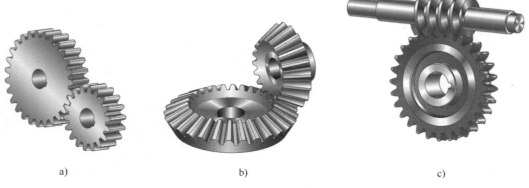

a）　　　　　　　　　　b）　　　　　　　　　　c）

图 5—16　常见的齿轮传动

本节主要介绍直齿圆柱齿轮的基本参数及画法规定。

一、直齿圆柱齿轮各几何要素及尺寸关系

1. 直齿圆柱齿轮的几何要素

直齿圆柱齿轮各部分的名称及代号如图 5—17 所示。

（1）齿顶圆直径（d_a），指通过轮齿顶部的圆的直径。

（2）齿根圆直径（d_f），指通过轮齿根部的圆的直径。

（3）分度圆直径（d）。分度圆是一个约定的假想圆，齿轮的轮齿尺寸均以此圆直径为基准确定，该圆上的齿厚 s 与槽宽 e 相等。这里 s 和 e 均为弧长。

（4）齿高（h），指齿顶圆与齿根圆之间的径向距离。其中齿顶圆与分度圆之间的径向距离称为齿顶高（h_a），齿根圆与分度圆之间的径向距离称为齿根高（h_f）。由图5—17可知，$h=h_a+h_f$。

（5）齿距（p），指相邻两齿的同侧齿廓之间的分度圆弧长。

（6）齿宽（b），指齿轮轮齿的轴向宽度。

（7）齿数（z），指一个齿轮的轮齿总数。

（8）模数（m）。齿轮的齿数 z、齿距 p 和分度圆直径 d 之间有以下关系：

$$\pi d=zp \quad 即 \quad d=zp/\pi$$

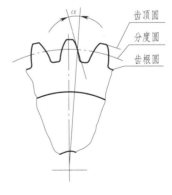

图 5—17　齿轮各部分的名称及代号

令 $p/\pi=m$，则 $d=mz$，m 称为齿轮的模数。模数 m 是设计、制造齿轮的重要参数。模数大，齿距 p 也大，齿厚 s、齿高 h 也随之增大，因而齿轮的承载能力增大。

为了便于齿轮的设计和制造，模数已经标准化，我国规定的标准模数值见表5—6。

表 5—6　　　　　　　　齿轮模数系列（GB/T 1357—2008）　　　　　　　　　　mm

第一系列	1、1.25、1.5、2、2.5、3、4、5、6、8、10、12、16、20、25、32、40、50
第二系列	1.125、1.375、1.75、2.25、2.75、3.5、4.5、5.5、(6.5)、7、9、(11)、14、18、22、28、35、45

注：选用模数时，应优先选用第一系列，括号内的模数尽可能不用。

（9）齿形角（α），指齿廓曲线和分度圆交点处的径向直线与齿廓在该点处的切线所夹锐角，如图5—18所示。我国采用的标准齿形角 α 为 $20°$。

一对相配齿轮的模数 m 和齿形角 α 相等，两者才能正确啮合。

（10）传动比（i），指主动齿轮的转速 n_1（r/min）与从动齿轮的转速 n_2（r/min）之比，即 n_1/n_2。由 $n_1z_1=n_2z_2$ 可得：$i=n_1/n_2=z_2/z_1$。

（11）中心距（a），指两圆柱齿轮轴线之间的最短距离，即：

$$a=(d_1+d_2)/2=m(z_1+z_2)/2$$

图 5—18　齿形角 α

2. 标准直齿圆柱齿轮各几何要素尺寸的计算公式

已知齿轮的模数 m 和齿数 z，按表5—7所列公式可以计算出各几何要素的尺寸，并画出齿轮的图形。

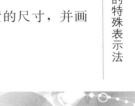

第**5**章　机械图样的特殊表示法

表 5—7　　　　　　　　　　　直齿圆柱齿轮各几何要素的尺寸计算

名称	代号	计算公式
齿顶高	h_a	$h_a = m$
齿根高	h_f	$h_f = 1.25m$
齿高	h	$h = 2.25m$
分度圆直径	d	$d = mz$
齿顶圆直径	d_a	$d_a = m(z+2)$
齿根圆直径	d_f	$d_f = m(z-2.5)$
中心距	a	$a = \dfrac{1}{2}(d_1 + d_2) = \dfrac{1}{2}m(z_1 + z_2)$

二、圆柱齿轮的画法规定

1. 单个圆柱齿轮

齿轮上的轮齿结构复杂且数量多，为简化作图，GB/T 4459.2—2003 对齿轮画法作出规定：齿顶圆和齿顶线用粗实线绘制，分度圆和分度线用细点画线绘制，齿根圆和齿根线用细实线绘制（也可省略不画），如图 5—19a 所示；在剖视图中，当剖切平面通过齿轮轴线时，轮齿一律按不剖处理，齿根线画成粗实线（图 5—19b）。图 5—20 是直齿圆柱齿轮零件图。

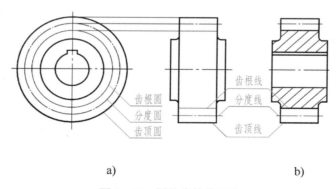

a)　　　　　　　　　　　　　　　　　　b)

图 5—19　圆柱齿轮的画法

2. 啮合圆柱齿轮

在垂直于圆柱齿轮轴线的投影面的视图中，啮合区内齿顶圆均用粗实线绘制（图 5—21a 所示的左视图），或按省略画法绘制（图 5—21b）。在剖视图中，当剖切平面通过两啮合齿轮轴线时，在啮合区内，将一个齿轮的轮齿用粗实线绘制，另一个齿轮的轮齿被遮挡部分用细虚线绘制（图 5—21a 所示的主视图），被遮挡部分也可以省略不画。在平行于圆柱齿轮轴线的投影面的外形视图中，啮合区不画齿顶线，只用粗实线画出节线（当一对圆柱齿轮保持标准中心距啮合时，节线是指两分度圆柱面的切线）。

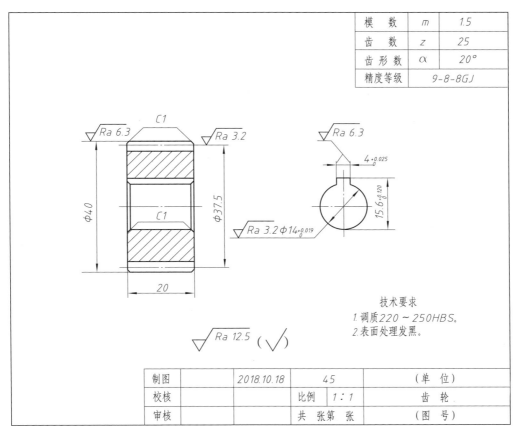

模　数	m	1.5
齿　数	z	25
齿 形 数	α	20°
精度等级		9-8-8GJ

技术要求
1.调质220~250HBS。
2.表面处理发黑。

制图	2018.10.18	45	（单　位）
校核		比例	1:1	齿轮
审核		共　张第　张	（图　号）

图 5—20　直齿圆柱齿轮零件图

如图 5—21a 所示，在齿轮啮合的剖视图中，由于齿根高与齿顶高相差 0.25 m，因此，一个齿轮的齿顶线和另一个齿轮的齿根线之间应有 0.25 m 的顶隙。

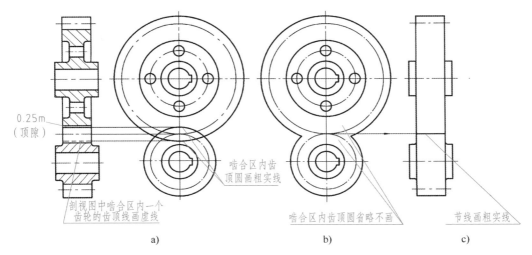

图 5—21　啮合圆柱齿轮的画法

第3节　键连接和销连接

一、键连接

键用于连接轴和轴上的传动件（如齿轮、带轮等），使轴和传动件不产生相对转动，保证二者同步旋转，传递扭矩和旋转运动。

键是标准件，常用的键有普通平键、半圆键和楔键，本节仅介绍普通平键。普通平键有三种结构类型：A型（圆头）、B型（平头）、C型（单圆头）。

图5—22所示为普通平键连接的情况，在轴和轮毂上分别加工出键槽，装配时先将键嵌入轴的键槽内，再将轮毂上的键槽对准轴上的键，把轮子装在轴上。传动时，轴和轮子便一起转动。

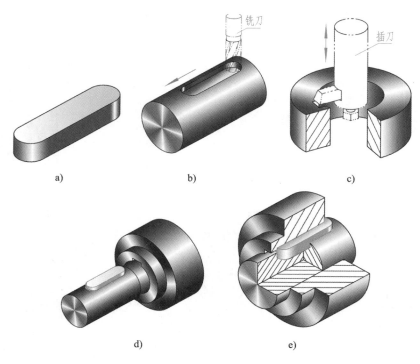

图5—22　普通平键连接

a）普通平键　b）在轴上加工键槽　c）在轮毂上加工键槽
d）将键嵌入键槽内　e）键与轴同时装入轮毂

1. 键槽画法及尺寸标注

因为键是标准件，所以一般不必画出零件图，但要画出零件上与键相配合的键槽，如图5—23所示。键槽的宽度 b 可根据轴的直径 d 查表确定，轴上的槽深 t_1 和轮毂上的槽深 t_2 可从键的标准中查得，键的长度 L 应小于或等于轮毂的长度。键槽画法及尺寸标注如图5—23所示。

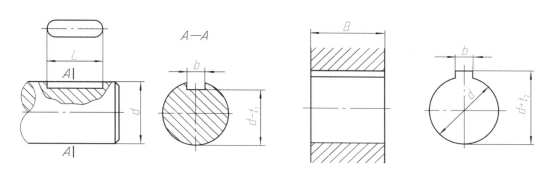

图 5—23 键槽画法及尺寸标注

普通平键的尺寸和键槽的断面尺寸可按轴的直径在表 5—8 中查得。

表 5—8　　　普通平键的尺寸和键槽的断面尺寸（GB/T 1095～1096—2003）

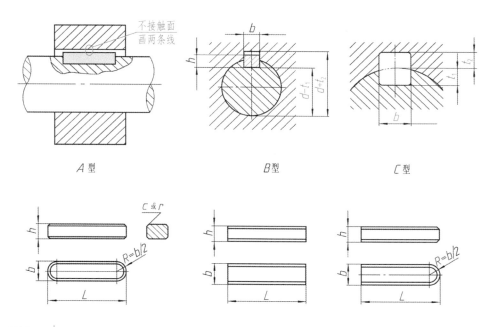

标记示例：

键　GB/T 1096　16×10×100（圆头普通平键 A 型，b=16 mm，h=10 mm，L=100 mm）

键　GB/T 1096　B16×10×100（平头普通平键 B 型，b=16 mm，h=10 mm，L=100 mm）

键　GB/T 1096　C16×10×100（单圆头普通平键 C 型，b=16 mm，h=10 mm，L=100 mm）

注：A 型普通平键的型号 "A" 可省略不注，B 型和 C 型要标注 "B" 或 "C"。

第 ⑤ 章　机械图样的特殊表示法

续表

轴	键		键槽												
				宽度 b					深度				半径 r		
基本直径 d	基本尺寸 $b×h$	长度 L	基本尺寸 b	偏差					轴 t_1		毂 t_2				
				松连接		正常连接		紧密连接	基本尺寸	极限偏差	基本尺寸	极限偏差	最小	最大	
				轴 H9	毂 D10	轴 N9	毂 JS9	轴和毂 P9							
>10~12	4×4	8~45	4	+0.030 0	+0.078 +0.030	0 -0.030	±0.015	-0.012 -0.042	2.5	+0.1 0	1.8	+0.1 0	0.08	0.16	
>12~17	5×5	10~56	5						3.0		2.3		0.16	0.25	
>17~22	6×6	14~70	6						3.5		2.8				
>22~30	8×7	18~90	8	+0.036 0	+0.098 +0.040	0 -0.036	±0.018	-0.015 -0.051	4.0		3.3				
>30~38	10×8	22~110	10						5.0		3.3				
>38~44	12×8	28~140	12						5.0		3.3		0.25	0.40	
>44~50	14×9	36~160	14	+0.043 0	+0.120 +0.050	0 -0.043	±0.021 5	-0.018 -0.061	5.5		3.8				
>50~58	16×10	45~180	16						6.0	+0.2 0	4.3	+0.2 0			
>58~65	18×11	50~200	18						7.0		4.4				
>65~75	20×12	56~220	20						7.5		4.9				
>75~85	22×14	63~250	22	+0.052 0	+0.149 +0.065	0 -0.052	±0.026	-0.022 -0.074	9.0		5.4		0.40	0.60	
>85~95	25×14	70~280	25						9.0		5.4				
>95~110	28×16	80~320	28						10.0		6.4				

注：1.（$d-t_1$）和（$d+t_2$）两组组合尺寸的极限偏差按相应的 t_1 和 t_2 的极限偏差选取，但（$d-t_1$）极限偏差的值应取负号（—）。

2. L 系列：6~22（二进位）、25、28、32、36、40、45、50、56、63、70、80、90、100、110、125、140、160、180、200、220、250、280、320、360、400、450、500。

3. 轴的直径与键的尺寸的对应关系未列入标准，此表给出仅供参考。

4. 表中数据单位为 mm。

2. 键连接画法

表 5—8 所示为普通平键连接的装配图画法。主视图中键被剖切面纵向剖切，键按不剖处理。为了表示键在轴上的装配情况，采用了局部剖视。左视图中键被横向剖切，键要画剖面线（与轮毂或轴的剖面线方向相反，或一致但间隔不等）。由于平键的两个侧面是其工作表面，分别与轴的键槽和轮毂键槽的两个侧面配合，键的底面与轴的键槽底面接触，故均画一条线，而键的顶面不与轮毂的键槽底面接触，因此画两条线。

二、销连接

销是标准件，通常用于零件的连接或定位。常用的有圆柱销、圆锥销和开口销。圆柱销和圆锥销的连接画法如图 5—24 所示。

圆柱销和圆锥销的各部分尺寸及其标记示例见附表 7 和附表 8。

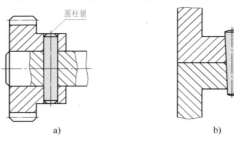

a)   b)

图 5—24 销连接画法

第 4 节 弹 簧

弹簧是广泛应用的常用零件，主要用于减震、夹紧、储存能量和测力等方面。弹簧的特点是在弹性变形范围内，去掉外力后能立即恢复原状。常用的弹簧如图 5—25 所示。本节仅介绍普通圆柱螺旋压缩弹簧的画法和尺寸计算。

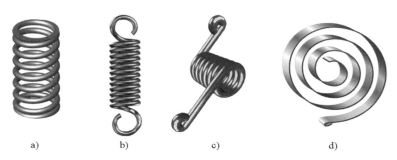

a)   b)   c)   d)

图 5—25   常用的弹簧
a）压缩弹簧   b）拉伸弹簧   c）扭转弹簧   d）平面蜗卷弹簧

一、圆柱螺旋压缩弹簧各部分名称及尺寸计算（图 5—26）

1. 线径 d，弹簧钢丝直径。
2. 弹簧外径 D，弹簧的最大直径。
3. 弹簧内径 D_1，弹簧的最小直径。
4. 弹簧中径 D_2，弹簧的平均直径。

$$D_1 = D - 2d$$
$$D_2 = (D + D_1)/2 = D_1 + d = D - d$$

5. 节距 t，除支承圈外，相邻两有效圈上对应点之间的轴向距离。

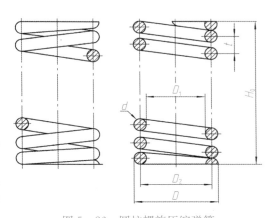

6. 有效圈数 n、支承圈数 n_z 和总圈数 n_1。为了使螺旋压缩弹簧工作时受力均匀，增加弹簧的平稳性，将弹簧两端并紧、磨平。并紧、

图 5—26   圆柱螺旋压缩弹簧

磨平的圈数主要起支承作用，称为支承圈。如图 5—26 所示弹簧，两端各有 $1\frac{1}{4}$ 圈为支承圈，即 $n_z = 2.5$。保持相等节距的圈数，称为有效圈数。有效圈数与支承圈数之和称为总圈数，即 $n_1 = n + n_z$。

7. 自由高度 H_0。弹簧在不受外力作用时的高度（或长度），$H_0 = nt + (n_z - 0.5)d$。

8. 展开长度 L。制造弹簧时坯料的长度。由螺旋线的展开可知 $L \approx n_1 \sqrt{(\pi D_2)^2 + t^2}$。

二、圆柱螺旋压缩弹簧的画法（GB/T 4459.4—2003）

1. 弹簧在平行于轴线投影面的视图中，各圈的轮廓不必按螺旋线的真实投影画出，而

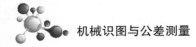

用直线来代替螺旋线的投影（图 5—26）。

2. 螺旋弹簧均可画成右旋，对必须保证的旋向要求应在"技术要求"中注明。

3. 有效圈数在 4 圈以上的螺旋弹簧，中间各圈可以省略，只画出其两端的 1～2 圈（不包括支承圈），中间用通过弹簧钢丝断面中心的细点画线连起来。省略后，允许适当缩短图形的长度，但应注明弹簧设计要求的自由高度（图 5—26）。

4. 在装配图中，螺旋弹簧被剖切后，不论中间各圈是否省略，被弹簧挡住的结构一般不画，其可见部分应从弹簧的外轮廓线或弹簧钢丝剖面的中心线画起（图 5—27a）。

5. 在装配图中，当弹簧钢丝直径在图上表示小于等于 2 mm 时，螺旋弹簧允许用图 5—27c 所示的示意画法表示。当弹簧被剖切时，也可涂黑表示（图 5—27b）。

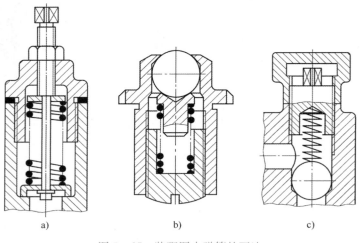

图 5—27 装配图中弹簧的画法

第 5 节 滚 动 轴 承

滚动轴承是用来支承轴的标准部件，具有结构紧凑、摩擦阻力小、旋转精度高、应用广泛等特点。

一、滚动轴承的结构及表示法

滚动轴承种类繁多，但结构大体相同，一般由外圈、内圈、滚动体和保持架组成，如图 5—28 所示。按其受力方向可分为三类：向心轴承，主要承受径向力，如深沟球轴承；推力轴承，只承受轴向力，如推力球轴承；向心推力轴承，同时承受径向和轴向力，如圆锥滚子轴承。

滚动轴承的表示法有通用画法、特征画法和规定画法三种，其中前两种画法又称简化画法，其各种类型及表示法见表 5—9。

图 5—28 滚动轴承的
基本结构

表 5—9 常用滚动轴承类型及表示法

轴承类型	结构形式	通用画法	特征画法	规定画法	承载特征
		均指滚动轴承在所属装配图的剖视图中的画法			
深沟球轴承 (GB/T 276—1994) 6000 型					主要承受径向载荷
圆锥滚子轴承 (GB/T 297—1994) 30000 型					可同时承受径向和轴向载荷
推力球轴承 (GB/T 301—1995) 51000 型					承受单方向的轴向载荷
三种画法的选用		当不需要确切地表示滚动轴承的外形轮廓、承载特征和结构特征时采用	当需要较形象地表示滚动轴承的结构特征时采用	在滚动轴承的产品图样、产品样本、产品标准和产品使用说明书中采用	

滚动轴承由专业厂家生产，用户只需按型号标记选购，无须绘制零件图。在装配图上，只需根据轴承的外径 D、内径 d 和宽度 B 画出外轮廓，其他细节按规定画法绘制。

第 5 章　机械图样的特殊表示法

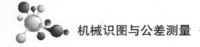

二、滚动轴承的标记

滚动轴承的标记由三部分组成： 轴承名称　　 轴承代号　　 标准编号

标记示例：

滚动轴承　6210　GB/T 276—1994

内径代号 d=10×5=50mm

尺寸系列代号　轻窄系列

轴承类型代号　深沟球轴承

深沟球轴承、圆锥滚子轴承和推力球轴承的各部分尺寸可从附表 9 中查得。

🔘 知识链接

（1）轴承类型代号：3—圆锥滚子轴承，5—推力球轴承等。

（2）尺寸系列代号："1"和"7"表示特轻系列，"3"表示中窄系列，"4"为重窄系列等。

（3）内径代号：00、01、02、03 分别表示内径 d=10、12、15、17 mm；当代号数字为 04～99 时，代号数字乘以"5"即为轴承内径。

滚动轴承的类型、尺寸、特性等可查阅有关国家标准。

第6章

极限与配合基础

第1节 基本术语及其定义

一、孔和轴

孔通常指工件各种形状的内表面，包括圆柱形内表面和其他由单一尺寸形成的非圆柱形包容面。

轴通常指工件各种形状的外表面，包括圆柱形外表面和其他由单一尺寸形成的非圆柱形被包容面。

包容与被包容是就零件的装配关系而言的，即在零件装配后形成包容与被包容的关系。包容面统称为孔，被包容面统称为轴，如图6—1所示。

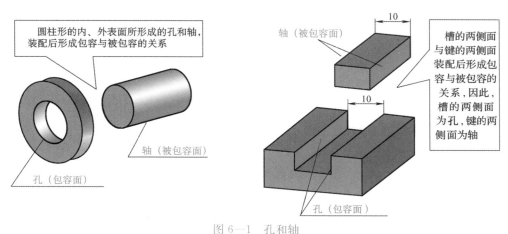

图6—1 孔和轴

二、尺寸的术语及其定义

1. 尺寸

用特定单位表示长度大小的数值称为尺寸。长度包括直径、半径、宽度、深度、高度和

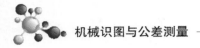
中心距等。尺寸由数值和特定单位两部分组成，如 30 mm（毫米）、60 μm（微米）等。

2. 尺寸的类型 （图 6—2）

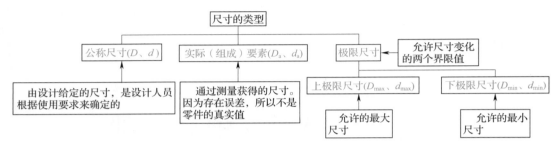

图 6—2　尺寸的类型

公称尺寸（D、d）由设计给定，相当于一个基数。实际（组成）要素（D_a、d_a）是指通过测量获得的尺寸，每次测量都可能获得不同的 D_a 或 d_a。极限尺寸是允许尺寸变化的两个界限值（允许的最大尺寸称为上极限尺寸，允许的最小尺寸称为下极限尺寸），是以公称尺寸为基数确定的，它可以大于、小于或等于公称尺寸。根据国家相关标准规定，孔的有关代号用大写英文字母表示，轴的有关代号用小写英文字母表示。

需要注意的是，零件尺寸是否合格取决于实际（组成）要素是否在极限尺寸所确定的范围之内，而与公称尺寸无直接关系。

三、偏差与公差的术语及其定义

1. 偏差

某一尺寸（如极限尺寸等）减其公称尺寸所得的代数差称为偏差。偏差包括极限偏差和实际偏差，如图 6—3 所示。

（1）极限偏差（图 6—4）。极限尺寸减其公称尺寸所得的代数差称为极限偏差。

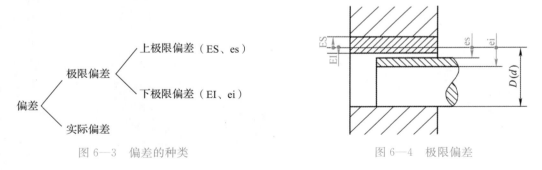

图 6—3　偏差的种类　　　　　　　　　　图 6—4　极限偏差

1）上极限偏差。上极限尺寸减其公称尺寸所得的代数差称为上极限偏差。

$$ES = D_{max} - D \quad 或 \quad es = d_{max} - d \tag{6—1}$$

2）下极限偏差。下极限尺寸减其公称尺寸所得的代数差称为下极限偏差。

$$EI = D_{min} - D \quad 或 \quad ei = d_{min} - d \tag{6—2}$$

其中，孔的上、下极限偏差为 ES 和 EI，轴的上、下极限偏差为 es 和 ei。

知识链接

1. 偏差为代数差，偏差可以为正值、负值或零值。在使用时一定要注意偏差值的正负号，不能遗漏。

2. 国家相关标准规定：在图样上和技术文件上标注极限偏差数值时，上极限偏差标在公称尺寸的右上角，下极限偏差标在公称尺寸的右下角，如 $\phi10^{-0.005}_{-0.014}$、$35^{0}_{-0.2}$、$\phi20^{+0.021}_{0}$。

3. 注意事项

（1）上极限偏差＞下极限偏差。

（2）上、下极限偏差应以小数点对齐。

（3）上、下极限偏差不等于零时，则应标出正负号。

（4）若偏差为零，必须在相应的位置上标注"0"，而不能省略。

（5）当上、下极限偏差数值相等而符号相反时，可以简化标注，如 $\phi40\pm0.008$。

（2）实际偏差。实际（组成）要素减其公称尺寸所得的代数差称为实际偏差。合格零件的实际偏差应在规定的上、下极限偏差之间。

判断尺寸合格的方法有两种：一是零件的实际（组成）要素应在规定的上、下极限尺寸之间；二是零件的实际偏差应在规定的上、下极限偏差之间。

2. 尺寸公差（T）

尺寸公差是指允许尺寸的变动量，简称公差。公差是设计人员根据零件使用时的精度要求并考虑加工时的经济性，而对尺寸变动量给出的允许值。公差的数值等于上极限尺寸减下极限尺寸之差，也等于上极限偏差减下极限偏差之差。其表达式为

孔的公差 $\qquad\qquad\qquad T_h = |\, D_{max} - D_{min}\,|$

轴的公差 $\qquad\qquad\qquad T_s = |\, d_{max} - d_{min}\,|$ $\qquad$ (6—3)

由公式（6—1）（6—2）可推导出

$$T_h = |\, ES - EI\,|$$
$$T_s = |\, es - ei\,| \qquad\qquad (6—4)$$

从加工的角度看，公称尺寸相同的零件，公差值越大，加工就越容易；反之，加工就越困难。

公差以绝对值定义，没有正负的含义。因此，在公差值的前面不应出现"＋"号或"－"号。另外，由于加工误差不可避免，所以公差不能取零值。

3. 零线与尺寸公差带

为了说明尺寸、偏差与公差之间的关系，一般采用极限与配合示意图（图6—5）。这种示意图是把极限偏差和公差部分放大而尺寸不放大画出来的。从图中可直观地看出公称尺寸、极限尺寸、极限偏差和公差之间的关系。

为了简化起见，在实际应用中常不画出孔和轴的全形，只要按规定将有关公差部分放大画出即可，这种图也称公差带图。

（1）零线。在极限与配合图中，表示公称尺寸的一条直线称为零线。以零线为基准确定偏差和公差。

（2）公差带。在公差带图中，由代表上极限偏差和下极限偏差或上极限尺寸和下极限尺寸的两条直线所限定的区域称为公差带。

第 6 章　极限与配合基础

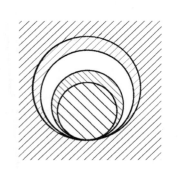

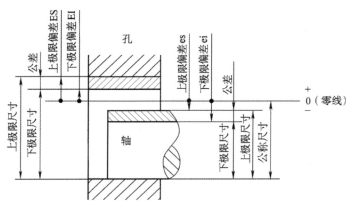

图 6—5 极限与配合示意图

确定公差带的要素包括公差带大小和公差带位置。公差带大小是指公差带沿垂直于零线方向的宽度，由公差的大小决定。公差带位置是指公差带相对零线的位置，由靠近零线的那个极限偏差决定。

四、配合的术语及其定义

1. 配合

公称尺寸相同的、相互结合的孔和轴公差带之间的关系称为配合。

相互配合的孔和轴的公称尺寸应该是相同的。孔、轴公差带之间的不同关系决定了孔、轴结合的松紧程度，也就是决定了孔、轴的配合性质。

2. 间隙与过盈

孔的尺寸减去相配合的轴的尺寸为正时是间隙，一般用 X 表示，其数值前应标"＋"号；孔的尺寸减去相配合的轴的尺寸为负时是过盈，一般用 Y 表示，其数值前应标"－"号。

3. 配合的类型

根据形成间隙或过盈的情况，配合分为间隙配合、过盈配合和过渡配合三类。每种配合类型的图示及说明见表 6—1。

4. 配合公差（T_f）

配合公差是允许间隙或过盈的变动量。配合公差用 T_f 表示。

配合公差越大，则配合后的松紧差别程度越大，即配合的一致性差，配合的精度低。反之，配合公差越小，配合后的松紧差别程度也越小，即配合的一致性好，配合的精度高。

对于间隙配合，配合公差等于最大间隙减最小间隙之差；对于过盈配合，配合公差等于最小过盈减最大过盈之差；对于过渡配合，配合公差等于最大间隙减最大过盈之差。

$$
\left.
\begin{array}{ll}
\text{间隙配合} & T_f = \mid X_{max} - X_{min} \mid \\
\text{过盈配合} & T_f = \mid Y_{min} - Y_{max} \mid \\
\text{过渡配合} & T_f = \mid X_{max} - Y_{max} \mid
\end{array}
\right\} \quad T_f = T_h + T_s \qquad (6—5)
$$

配合公差等于组成配合的孔和轴的公差之和。配合精度的高低是由相配合的孔和轴的精度决定的。配合精度要求越高，孔和轴的精度要求也越高，加工成本越高。反之，配合精度要求越低，孔和轴的加工成本越低。

表 6—1　配合的类型

配合类型	间隙配合	过盈配合	过渡配合
配合图示	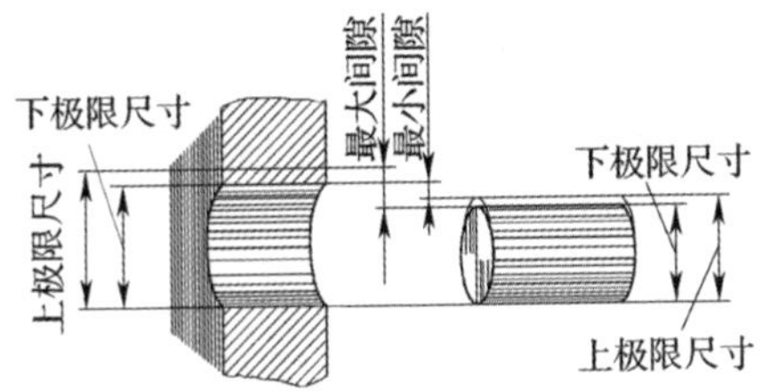	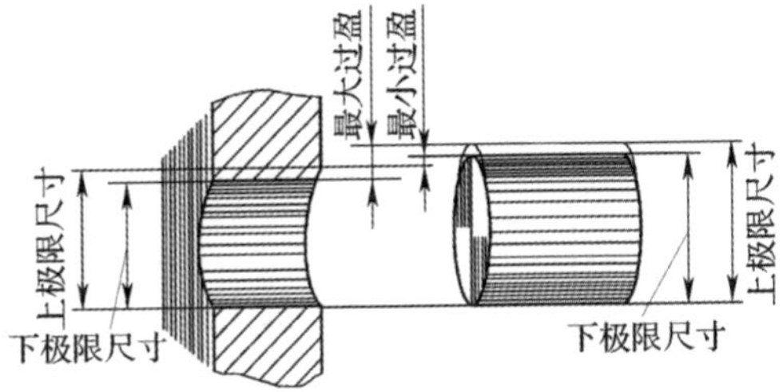	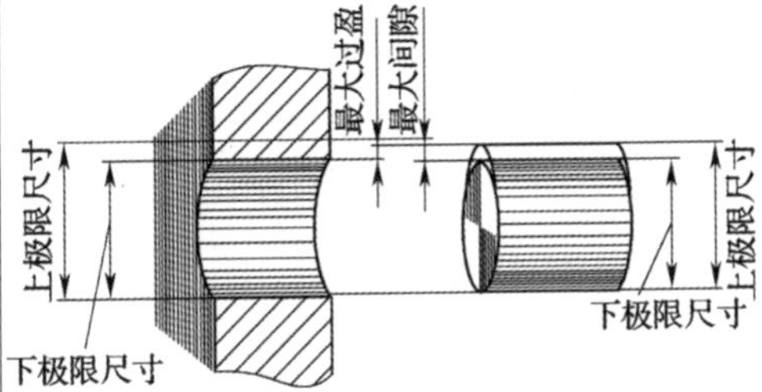
公差带图	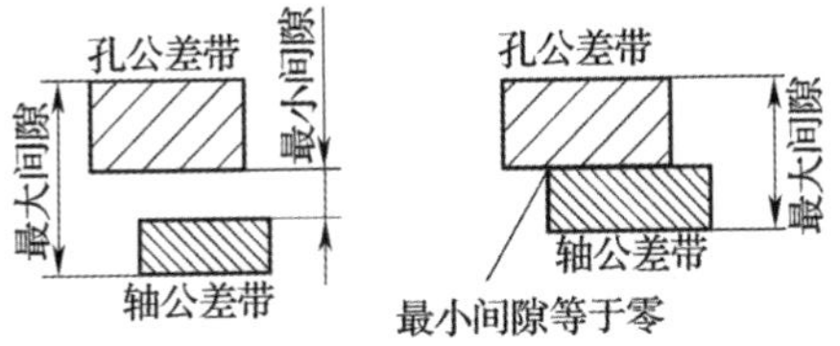 　孔公差带在轴公差带之上	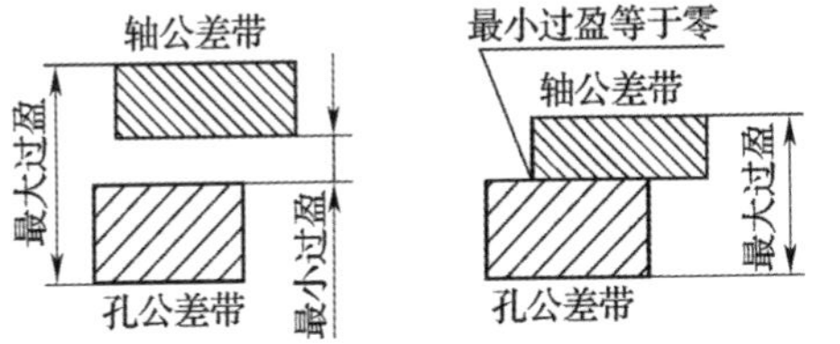 　孔公差带在轴公差带之下	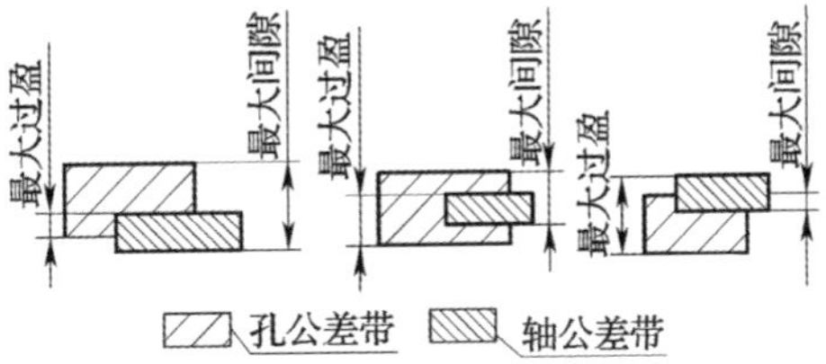 　孔、轴公差带交叠
定义	具有间隙（包括最小间隙等于零）的配合	具有过盈（包括最小过盈等于零）的配合	可能具有间隙或过盈的配合
说明	孔为上极限尺寸而与其配合的轴为下极限尺寸时，为最大间隙；反之，则为最小间隙	孔为下极限尺寸而与其配合的轴为上极限尺寸时，为最大过盈；反之，则为最小过盈	孔为上极限尺寸而与其配合的轴为下极限尺寸时，为最大间隙；孔为下极限尺寸而与其配合的轴为上极限尺寸时，为最大过盈
极限盈隙	最大间隙 $X_{max} = D_{max} - d_{min} = ES - ei$　(6-6) 最小间隙 $X_{min} = D_{min} - d_{max} = EI - es$　(6-7)	最大过盈 $Y_{max} = D_{min} - d_{max} = EI - es$　(6-8) 最小过盈 $Y_{min} = D_{max} - d_{min} = ES - ei$　(6-9)	最大间隙 $X_{max} = D_{max} - d_{min} = ES - ei$ 最大过盈 $Y_{max} = D_{min} - d_{max} = EI - es$
判断	方法一：根据孔、轴公差带位置判断 方法二：根据极限偏差判断，ES≥es 时为间隙配合	方法一：根据孔、轴公差带位置判断 方法二：根据极限偏差判断，EI≤ei 时为过盈配合	方法一：根据孔、轴公差带位置判断 方法二：根据极限偏差判断，ES＞ei 且 EI＜es 时为过渡配合
松紧程度	X_{max}时最松 X_{min}时最紧	Y_{min}时最松 Y_{max}时最紧	X_{max}时最松 Y_{max}时最紧

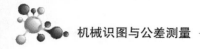

第2节　极限与配合标准的基本规定

一、标准公差

国家标准《极限与配合》中所规定的任一公差称为标准公差。

标准公差数值见表6—2。从表中可以看出，标准公差的数值与两个因素有关，即标准公差等级和公称尺寸分段。

表6—2　　　　　标准公差数值

公称尺寸 mm		标准公差等级																	
大于	至	IT1	IT2	IT3	IT4	IT5	IT6	IT7	IT8	IT9	IT10	IT11	IT12	IT13	IT14	IT15	IT16	IT17	IT18
		μm											mm						
—	3	0.8	1.2	2	3	4	6	10	14	25	40	60	0.1	0.14	0.25	0.4	0.6	1	1.4
3	6	1	1.5	2.5	4	5	8	12	18	30	48	75	0.12	0.18	0.3	0.48	0.75	1.2	1.8
6	10	1	1.5	2.5	4	6	9	15	22	36	58	90	0.15	0.22	0.36	0.58	0.9	1.5	2.2
10	18	1.2	2	3	5	8	11	18	27	43	70	110	0.18	0.27	0.43	0.7	1.1	1.8	2.7
18	30	1.5	2.5	4	6	9	13	21	33	52	84	130	0.21	0.33	0.52	0.84	1.3	2.1	3.3
30	50	1.5	2.5	4	7	11	16	25	39	62	100	160	0.25	0.39	0.62	1	1.6	2.5	3.9
50	80	2	3	5	8	13	19	30	46	74	120	190	0.3	0.46	0.74	1.2	1.9	3	4.6
80	120	2.5	4	6	10	15	22	35	54	87	140	220	0.35	0.54	0.87	1.4	2.2	3.5	5.4
120	180	3.5	5	8	12	18	25	40	63	100	160	250	0.4	0.63	1	1.6	2.5	4	6.3
180	250	4.5	7	10	14	20	29	46	72	115	185	290	0.46	0.72	1.15	1.85	2.9	4.6	7.2
250	315	6	8	12	16	23	32	52	81	130	210	320	0.52	0.81	1.3	2.1	3.2	5.2	8.1
315	400	7	9	13	18	25	36	57	89	140	230	360	0.75	0.89	1.4	2.3	3.6	5.7	8.9
400	500	8	10	15	20	27	40	63	97	155	250	400	0.63	0.97	1.55	2.5	4	6.3	9.7
500	630	9	11	16	22	32	44	70	110	175	280	440	0.7	1.1	1.75	2.8	4.4	7	11
630	800	10	13	18	25	36	50	80	125	200	320	500	0.8	1.25	2	3.2	5	8	12.5
800	1 000	11	15	21	28	40	56	90	140	230	360	560	0.9	1.4	2.3	3.6	5.6	9	14
1 000	1 250	13	18	24	33	47	66	105	165	260	420	660	1.05	1.65	2.6	4.2	6.6	10.5	16.5
1 250	1 600	15	21	29	39	55	78	125	195	310	500	780	1.25	1.95	3.1		7.8	12.5	19.5
1 600	2 000	18	25	35	46	65	92	150	230	370	600	920	1.5	2.3	3.7	6	9.2	15	23
2 000	2 500	22	30	41	55	78	110	175	280	440	700	1 100	1.75	2.8	4.4	7	11	17.5	28
2 500	3 150	26	36	50	68	96	135	210	330	540	860	1 350	2.1	3.3	5.4	8.6	13.5	21	33

注：1. 公称尺寸大于 500 mm 的 IT1～IT5 的标准公差数值为试行。

2. 公称尺寸小于 1 mm 时，无 IT14～IT18。

3. IT01 和 IT0 在工业上很少用到，因此在本表中未列出。

1. 标准公差等级

确定尺寸精确程度的等级称为公差等级。

为了满足生产的需要，国家标准设置了 20 个公差等级，即 IT01、IT0、IT1、IT2、IT3、…、IT18。"IT"表示标准公差，其后的阿拉伯数字表示公差等级。IT01 精度最高，其余精度依次降低，IT18 精度最低。其关系如下：

126

公差等级

高 ←——————————————→ 低

小 IT01、IT0、IT1、IT2、IT3、…、IT18 大
同一公称尺寸的标准公差值

公差等级越高，零件的精度越高，使用性能也越高，但加工难度大，生产成本高；公差等级越低，零件的精度越低，使用性能也越低，但加工难度减小，生产成本降低。因而要同时考虑零件的使用要求和加工经济性能这两个因素，合理确定公差等级。

2. 公称尺寸分段

在实际生产中使用的公称尺寸是很多的，如果每一个公称尺寸都对应一个公差值，就会形成一个庞大的公差数值表，不利于实现标准化，给实际生产带来困难。因此，国家标准对公称尺寸进行了分段。尺寸分段后，同一尺寸段内所有的公称尺寸，在相同公差等级的情况下，具有相同的公差值。如公称尺寸 40 mm 和 50 mm 都在"大于 30 mm 至 50 mm"尺寸段，两尺寸的 IT7 数值均为 0.025 mm。

二、基本偏差

1. 基本偏差的概念

国家标准《极限与配合》中所规定的，用以确定公差带相对于零线位置的上极限偏差或下极限偏差，称为基本偏差。

基本偏差一般为靠近零线的那个偏差，如图 6—6 所示。当公差带在零线上方时，其基本偏差为下极限偏差，因为下极限偏差靠近零线；当公差带在零线下方时，其基本偏差为上极限偏差，因为上极限偏差靠近零线。当公差带的某一偏差为零时，此偏差自然就是基本偏差。有的公差带相对于零线是完全对称的，则基本偏差可为上极限偏差，也可为下极限偏差。例如，$\phi40$ mm±0.019 mm 的基本偏差可为上极限偏差$+0.019$ mm，也可为下极限偏差-0.019 mm。

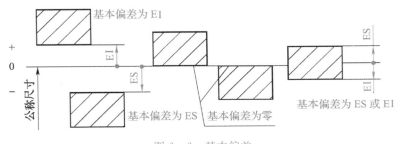

图 6—6　基本偏差

2. 基本偏差代号及系列图

基本偏差的代号用拉丁字母表示，大写字母表示孔的基本偏差，小写字母表示轴的基本偏差。为了不与其他代号相混淆，在 26 个字母中去掉了 I、L、O、Q、W（i、l、o、q、w）5 个字母，又增加了 7 个双写字母 CD、EF、FG、JS、ZA、ZB、ZC（cd、ef、fg、js、za、zb、zc）。这样，孔和轴各有 28 个基本偏差代号，其代号及排列顺序如图 6—7 所示。它表示公称尺寸相同的 28 种孔、轴的基本偏差相对零线的位置关系。此图只表示公差带位置，不表示公差带大小。因此，图中公差带只画了靠近零线的一端，另一端是开口的。

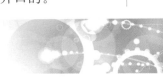

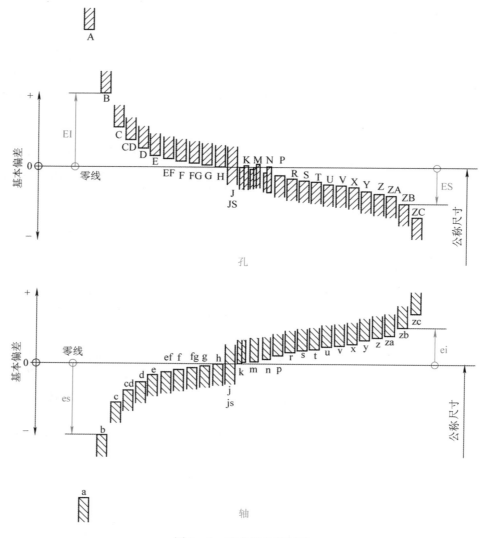

图6—7 基本偏差系列图

从基本偏差系列图可以看出：

（1）孔和轴同字母的基本偏差相对零线基本呈对称分布。轴的基本偏差从 a～h 为上极限偏差 es，h 的上极限偏差为零，其余均为负值，它们的绝对值依次逐渐减小。轴的基本偏差从 j～zc 为下极限偏差 ei，除 j 和 k 的部分外（当代号为 k 且 IT≤3 或 IT＞7 时，基本偏差为零）都为正值，其绝对值依次逐渐增大。孔的基本偏差从 A～H 为下极限偏差 EI，从 J～ZC 为上极限偏差 ES，其正负号情况与轴的基本偏差正负号情况相反。

（2）基本偏差代号为 JS 和 js 的公差带，在各公差等级中完全对称于零线，按国家标准对基本偏差的定义，其基本偏差可为上极限偏差（数值为＋IT/2），也可为下极限偏差（数值为－IT/2）。但为统一起见，在基本偏差数值表中将 js 划归为上极限偏差，将 JS 划归为下极限偏差。

（3）代号为 k、K 和 N 的基本偏差的数值随公差等级的不同而分为两种情况（K、k 可

128

为正值或零值，N 可为负值或零值），而代号为 M 的基本偏差数值随公差等级不同则有三种不同的情况（正值、负值或零值）。

另外，代号 j、J 及 P～ZC 的基本偏差数值也与公差等级有关，图中未标示出。

三、公差带

1. 公差带代号

孔、轴公差带代号由基本偏差代号与公差等级数字组成。

例如：H9、D9、B11、S7、T7 等为孔公差带代号；h6、d8、k6、s6、u6 等为轴公差带代号。

2. 尺寸公差的标注方法

图样上标注尺寸公差时，可用公称尺寸与公差带代号表示，也可用公称尺寸与极限偏差表示，还可用公称尺寸与公差带代号、极限偏差共同表示。

例如：轴 $\phi16d9$ 也可用 $\phi16^{-0.050}_{-0.093}$ 或 $\phi16d9(^{-0.050}_{-0.093})$ 表示；孔 $\phi40G7$ 也可用 $\phi40^{+0.034}_{+0.009}$ 或 $\phi40G7(^{+0.034}_{+0.009})$ 表示。

3. 公差带系列

标准公差等级有 20 级，基本偏差代号有 28 个，由此可以组合出很多种公差带，孔和轴公差带又能组成更大数量的配合。国家标准为了尽可能减少零件、刀具、量具和工艺装备的品种、规格，对孔、轴所选用的公差带做了必要的限制。对公称尺寸至 500 mm 的孔、轴规定了优先、常用和一般用途三类公差带。轴的一般用途公差带有 116 种，如图 6—8 所示。

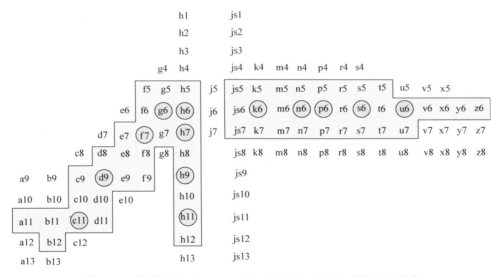

图 6—8　公称尺寸至 500 mm 的一般用途、常用和优先轴公差带

其中又规定了 59 种常用公差带，见图中用线框框住的公差带；在常用公差带中又规定了 13 种优先公差带，见图中用圆圈框住的公差带。同样，对孔公差带规定了 105 种一般用途公差带、44 种常用公差带和 13 种优先公差带，如图 6—9 所示。

在实际应用中对各类公差带选择的顺序是：首先选择优先公差带，其次选择常用公差带，最后选择一般用途公差带。

第 6 章　极限与配合基础

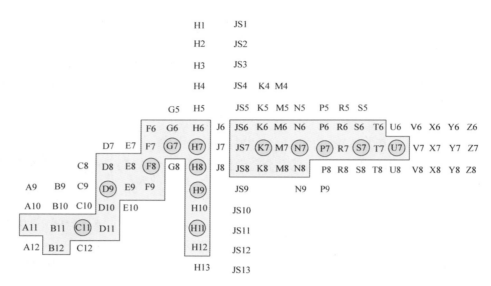

图 6—9　公称尺寸至 500 mm 的一般用途、常用和优先孔公差带

四、孔、轴极限偏差数值的确定

1. 孔、轴极限偏差数值的确定方法

孔、轴极限偏差数值的确定有两种方法。方法一是利用轴的基本偏差数值表或孔的基本偏差数值表查找出相应的基本偏差数值，再结合标准公差数值表（见表 1—2），通过计算确定孔、轴的极限偏差数值。方法一在实际应用中太麻烦，所以可以利用方法二，即国家标准中直接列出了轴的极限偏差表和孔的极限偏差表，能很快地查出轴和孔的两个极限偏差数值。

2. 极限偏差数值的查表方法

查表前，应对公称尺寸和公差代号进行分析。首先要看清公称尺寸属于哪个公称尺寸段，再看清基本偏差代号和公差等级，并判断是属于孔的公差带代号还是轴的公差带代号，然后由公称尺寸查行，由公差带代号和公差等级查列，行与列相交处的框格有上、下两个偏差数值，上方的为上极限偏差，下方的为下极限偏差。

五、配合

1. 配合制

配合的性质由相配合的孔、轴公差带的相对位置决定，因而改变孔和（或）轴的公差带位置，就可以得到不同性质的配合。为了便于应用，国家标准对孔与轴公差带之间的相互关系规定了两种基准制，即基孔制和基轴制，见表 6—3。

2. 配合代号

国家标准规定：配合代号用孔、轴公差带代号的组合表示，写成分数形式，分子为孔的公差带代号，分母为轴的公差带代号，如 H8/f7 或 $\dfrac{H8}{f7}$。在图样上标注时，配合代号标注在公称尺寸之后，如 $\phi 50H8/f7$ 或 $\phi 50\dfrac{H8}{f7}$，其含义是：公称尺寸为 $\phi 50$ mm，孔的公差带代号为 H8，轴的公差带代号为 f7，为基孔制间隙配合。

表 6—3　　　　　　　　　　　　　　　　　基准制的类型

基准制	定义	代号	基本偏差	基准件	配合图形
基孔制	基本偏差为一定的孔的公差带，与不同基本偏差的轴的公差带形成各种配合的一种制度	H	EI＝0	孔	图中细虚线表示基准孔的上极限偏差
基轴制	基本偏差为一定的轴的公差带，与不同基本偏差的孔的公差带形成各种配合的一种制度	h	es＝0	轴	图中细虚线表示基准轴的下极限偏差

3. 常用和优先配合

从理论上讲，任意一孔公差带和任意一轴公差带都能组成配合，因而 543 种孔公差带和 544 种轴公差带可组成近 30 万种配合。即使是常用孔、轴公差带任意组合也可形成两千多种配合，这么庞大的配合数目远远超出了实际生产的需求。为此，国家标准根据我国的生产实际需求，对配合数目进行了限制。国家标准在公称尺寸至 500 mm 范围内，对基孔制规定了 59 种常用配合，对基轴制规定了 47 种常用配合。在常用配合中又对基孔制和基轴制各规定了 13 种优先配合，优先配合分别由轴、孔的优先公差带与基准孔和基准轴的公差带组合而成，见表 6—4 和表 6—5。

表 6—4　　　　　　　　　　　　　基孔制的优先和常用配合

基准孔	轴																				
	a	b	c	d	e	f	g	h	js	k	m	n	p	r	s	t	u	v	x	y	z
	间隙配合								过渡配合			过盈配合									
H6						$\frac{H6}{f5}$	$\frac{H6}{g5}$	$\frac{H6}{h5}$	$\frac{H6}{js5}$	$\frac{H6}{k5}$	$\frac{H6}{m5}$	$\frac{H6}{n5}$	$\frac{H6}{p5}$	$\frac{H6}{r5}$	$\frac{H6}{s5}$	$\frac{H6}{t5}$					
H7						$\frac{H7}{f6}$	$\frac{H7}{g6}$	$\frac{H7}{h6}$	$\frac{H7}{js6}$	$\frac{H7}{k6}$	$\frac{H7}{m6}$	$\frac{H7}{n6}$	$\frac{H7}{p6}$	$\frac{H7}{r6}$	$\frac{H7}{s6}$	$\frac{H7}{t6}$	$\frac{H7}{u6}$	$\frac{H7}{v6}$	$\frac{H7}{x6}$	$\frac{H7}{y6}$	$\frac{H7}{z6}$
H8					$\frac{H8}{e7}$	$\frac{H8}{f7}$	$\frac{H8}{g7}$	$\frac{H8}{h7}$	$\frac{H8}{js7}$	$\frac{H8}{k7}$	$\frac{H8}{m7}$	$\frac{H8}{n7}$	$\frac{H8}{p7}$	$\frac{H8}{r7}$	$\frac{H8}{s7}$	$\frac{H8}{t7}$	$\frac{H8}{u7}$				
				$\frac{H8}{d8}$	$\frac{H8}{e8}$	$\frac{H8}{f8}$		$\frac{H8}{h8}$													

第 **6** 章　极限与配合基础

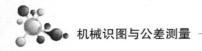
续表

基准孔	轴																				
	a	b	c	d	e	f	g	h	js	k	m	n	p	r	s	t	u	v	x	y	z
	间隙配合								过渡配合				过盈配合								
H9			$\frac{H9}{c9}$	▼$\frac{H9}{d9}$	$\frac{H9}{e9}$	$\frac{H9}{f9}$		▼$\frac{H9}{h9}$													
H10			$\frac{H10}{c10}$	$\frac{H10}{d10}$				$\frac{H10}{h10}$													
H11	$\frac{H11}{a11}$	$\frac{H11}{b11}$	▼$\frac{H11}{c11}$	$\frac{H11}{d11}$				▼$\frac{H11}{h11}$													
H12		$\frac{H12}{b12}$						$\frac{H12}{h12}$													

注：1. $\frac{H6}{n5}$、$\frac{H7}{p6}$ 在公称尺寸小于或等于 3 mm 和 $\frac{H8}{r7}$ 在公称尺寸小于或等于 100 mm 时，为过渡配合。

2. 标注有▼符号的配合为优先配合。

表 6—5 　　　　　　　　　　　　基轴制的优先和常用配合

基准轴	孔																				
	A	B	C	D	E	F	G	H	JS	K	M	N	P	R	S	T	U	V	X	Y	Z
	间隙配合								过渡配合				过盈配合								
h5						$\frac{F6}{h5}$	$\frac{G6}{h5}$	$\frac{H6}{h5}$	$\frac{JS6}{h5}$	$\frac{K6}{h5}$	$\frac{M6}{h5}$	$\frac{N6}{h5}$	$\frac{P6}{h5}$	$\frac{R6}{h5}$	$\frac{S6}{h5}$	$\frac{T6}{h5}$					
h6						$\frac{F7}{h6}$	▼$\frac{G7}{h6}$	▼$\frac{H7}{h6}$	$\frac{JS7}{h6}$	▼$\frac{K7}{h6}$	$\frac{M7}{h6}$	▼$\frac{N7}{h6}$	▼$\frac{P7}{h6}$	▼$\frac{R7}{h6}$	▼$\frac{S7}{h6}$	$\frac{T7}{h6}$	▼$\frac{U7}{h6}$				
h7					$\frac{E8}{h7}$	$\frac{F8}{h7}$		▼$\frac{H8}{h7}$	$\frac{JS8}{h7}$	$\frac{K8}{h7}$	$\frac{M8}{h7}$	$\frac{N8}{h7}$									
h8				$\frac{D8}{h8}$	$\frac{E8}{h8}$	$\frac{F8}{h8}$		$\frac{H8}{h8}$													
h9				▼$\frac{D9}{h9}$	$\frac{E9}{h9}$	$\frac{F9}{h9}$		▼$\frac{H9}{h9}$													
h10				$\frac{D10}{h10}$				$\frac{H10}{h10}$													
h11	$\frac{A11}{h11}$	$\frac{B11}{h11}$	▼$\frac{C11}{h11}$	$\frac{D11}{h11}$				▼$\frac{H11}{h11}$													
h12		$\frac{B12}{h12}$						$\frac{H12}{h12}$													

注：标注有▼符号的配合为优先配合。

六、一般公差

1. 一般公差的概念

一般公差也称未注公差，是在车间普通工艺条件下，机床设备一般加工能力可保证的公差，主要用于低精度的非配合尺寸。在正常维护和操作情况下，它代表经济加工精度。

国家标准规定：采用一般公差时，在图样上不单独注出公差，而是在图样上、技术文件或技术标准中做出总的说明。

采用一般公差时，在正常的生产条件下，尺寸一般可以不进行检验，而由工艺保证。

2. 一般公差的极限偏差数值

线性尺寸的一般公差规定了四个等级，即 f（精密级）、m（中等级）、c（粗糙级）和 v（最粗级）。一般公差线性尺寸的极限偏差数值见表 6—6，倒圆半径与倒角高度尺寸的极限偏差数值见表 6—7。

表 6—6　　　　　　　　　一般公差线性尺寸的极限偏差数值　　　　　　　　　mm

公差等级	尺寸分段							
	0.5～3	>3～6	>6～30	>30～120	>120～400	>400～1 000	>1 000～2 000	>2 000～4 000
f（精密级）	±0.05	±0.05	±0.1	±0.15	±0.2	±0.3	±0.5	—
m（中等级）	±0.1	±0.1	±0.2	±0.3	±0.5	±0.8	±1.2	±2
c（粗糙级）	±0.2	±0.3	±0.5	±0.8	±1.2	±2	±3	±4
v（最粗级）	—	±0.5	±1	±1.5	±2.5	±4	±6	±8

表 6—7　　　　　　　　倒圆半径与倒角高度尺寸的极限偏差数值　　　　　　　　mm

公差等级	尺寸分段			
	0.5～3	>3～6	>6～30	>30
f（精密级）	±0.2	±0.5	±1	±2
m（中等级）	±0.2	±0.5	±1	±2
c（粗糙级）	±0.4	±1	±2	±4
v（最粗级）	±0.4	±1	±2	±4

3. 一般公差的表示方法

一般公差在表示时，是由一般公差标准号和公差等级符号组合而成，并在两者间用一个

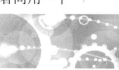

第 6 章　极限与配合基础

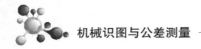

短横线隔开。例如，当一般公差等级选用中等级时，可在零件图样上（标题栏上方）标明：未注公差尺寸按 GB/T 1804—m。

七、温度条件

一个零件在某一温度条件下测量合格，而在另一温度条件下测量可能不合格，特别是高精度零件出现这种情况的可能性更大。因此，《极限与配合》标准中明确规定：尺寸的基准温度为20℃。这一规定的含义是：图样上和标准中规定的极限与配合是在20℃时给定的，因此，测量结果应以工件和测量器具的温度在20℃时为准。

第3节　公差带与配合的选用

在机械制造中，合理地选用公差带与配合是非常重要的，它对提高产品的性能、质量，以及降低制造成本都有重大的作用。公差带与配合的选择就是公差等级、配合制和配合种类的选择。实际工作中，三者是有机联系的，因而往往是同时进行的。

一、公差等级的选用

选择公差等级时要综合考虑使用性能和经济性能两方面的因素。总的选择原则是：在满足使用要求的条件下，尽量选取低的公差等级。

选用公差等级时一般情况下采用类比的方法，即参考经过实践证明是合理的典型产品的公差等级，结合待定零件的配合、工艺和结构等特点，经分析对比后确定公差等级。用类比法选择公差等级时，应掌握各公差等级的应用范围，以便类比选择时有所依据。

表6—8列出了各公差等级的大体应用范围，表6—9列出了各公差等级的应用实例，表6—10列出了各种加工方法所能达到的公差等级。

表6—8　　　　　　　　　　　公差等级的大体应用范围

应用	公差等级 IT																		
	01	0	1	2	3	4	5	6	7	8	9	10	11	12	13	14	15	16	17	18
量块	—	—	—																	
量规		—	—	—	—	—	—	—												
特别精密的配合				—	—	—	—													
一般配合							—	—	—	—	—	—	—	—						
非配合尺寸													—	—	—	—	—	—	—	—
原材料尺寸									—	—	—	—	—	—	—	—				

134

表6—9 公差等级的应用实例

公差等级	应用实例
IT01~IT1	一般用于精密标准量块。IT1也用于检验IT6和IT7级轴用量规的校对量规
IT2~IT7	用于检验工件IT5~IT16的量规的尺寸公差
IT3~IT5（孔为IT6）	用于精度要求很高的重要配合，如机床主轴与精密滚动轴承的配合、发动机活塞销与连杆孔和活塞孔的配合 配合公差很小，对加工要求很高，应用较少
IT6（孔为IT7）	用于机床、发动机和仪表中的重要配合，如机床传动机构中的齿轮与轴的配合，轴与轴承的配合，发动机中活塞与汽缸、曲轴与轴承、气阀杆与导套的配合等 配合公差较小，一般精密加工能够实现，在精密机械中广泛应用
IT7、IT8	用于机床和发动机中不太重要的配合，也用于重型机械、农业机械、纺织机械、机车车辆等的重要配合，如机床上操纵杆的支承配合、发动机中活塞环与活塞环槽的配合、农业机械中齿轮与轴的配合等 配合公差中等，加工易于实现，在一般机械中广泛应用
IT9、IT10	用于一般要求或长度精度要求较高的配合。某些非配合尺寸的特殊要求，如飞机机身的外壳尺寸，由于质量限制，要求达到IT9或IT10
IT11、IT12	多用于各种没有严格要求，只要求便于连接的配合，如螺栓和螺孔、铆钉和孔等的配合
IT12~IT18	用于非配合尺寸和粗加工的工序尺寸，如手柄的直径、壳体的外形和壁厚尺寸，以及端面之间的距离等

表6—10 各种加工方法所能达到的公差等级

加工方法	公差等级 IT																	
	01	0	1	2	3	4	5	6	7	8	9	10	11	12	13	14	15	16
研磨	—	—	—	—	—	—	—											
珩						—	—	—	—									
圆磨																		
平磨																		
金刚石车							—	—	—									
金刚石镗							—	—	—									
拉削																		
铰孔								—	—	—	—							
车																		
镗																		
铣																		

第6章 极限与配合基础

续表

加工方法	公差等级 IT																
	01	0	1	2	3	4	5	6	7	8	9	10	11	12	13	14	15	16
刨、插												—	—					
钻孔												—	—	—	—			
滚压、挤压												—	—					
冲压												—	—	—				
压铸												—	—	—				
粉末冶金成型								—	—	—								
粉末冶金烧结								—	—	—	—							
砂型铸造、气割																	—	
锻造																—		

二、 配合制的选用

配合制的选用原则有以下几点：

1. 优先选用基孔制

一般情况下，应优先选用基孔制。这是因为中、小尺寸段的孔精加工一般采用铰刀、拉刀等定尺寸刀具，检验也多采用塞规等定尺寸量具，而轴的精加工不存在这类问题。因此，采用基孔制可以减少定尺寸刀具、量具的品种和规格，有利于刀具和量具的标准化、系列化，从而降低生产成本。

2. 选用基轴制的情况

（1）有明显经济效益时。例如，采用冷拉钢材做轴时，由于本身的精度已能满足设计要求，故不需加工就可以直接当轴使用。此时采用基轴制，只需对孔进行加工即可。

（2）同一轴与公称尺寸相同的几个孔配合，且配合性质要求不同的情况下，选用基轴制，这样在技术上和经济上都是合理的。

3. 根据标准件选用配合制

当设计的零件与标准件相配合时，配合制的选择通常依标准件而定。例如，当零件与滚动轴承配合时，因滚动轴承是标准件，所以滚动轴承内圈与轴的配合采用基孔制，而滚动轴承外圈与孔的配合采用基轴制，如图6—10所示。

三、 配合种类的选用

选用配合种类在一般情况下通常采用类比法，即与经过生产和使用验证后的某种配合进行比较，然后确定其配合种类。

采用类比法选择配合时，首先应了解该配合部位在机器中的作用、使用要求及工作条件，还应该掌握国标中各种基本偏差的特点，了解各种常用和优先配合的特征及应用场合，熟悉一些典型的配合实例。

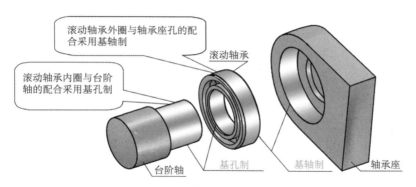

滚动轴承外圈与轴承座孔的配合采用基轴制

滚动轴承内圈与台阶轴的配合采用基孔制

滚动轴承

台阶轴　基孔制　基轴制　轴承座

图 6—10　与滚动轴承配合的基准制的选择

第 7 章

几何公差及其应用

第 1 节　几何公差的项目、符号及标注

在机械制造中，由于多种因素的影响，加工后的零件还会产生几何误差，即零件表面、中心轴线等的实际形状和位置偏离设计所要求的理想形状和位置，从而产生的误差。零件的几何误差同样会影响零件的使用性能和互换性。因此，零件图样上除了规定尺寸公差来限制尺寸误差外，还规定了几何公差来限制几何误差，以满足零件的功能要求。国家标准制定了一系列几何公差标准，本章只对其中常用几何公差标准的部分内容作简要介绍。

一、零件的几何要素

零件的形状和结构虽各式各样，但它们都是由一些点、线、面按一定几何关系组合而成。如图 7—1 所示的顶尖，就是由球面、圆锥面、端平面、圆柱面、轴线、球心等构成。这些构成零件形体的点、线、面称为零件的几何要素。零件的几何误差就是关于零件各个几何要素的自身形状、方向、位置、跳动所产生的误差，几何公差就是对这些几何要素的形状、方向、位置、跳动所提出的精度要求。

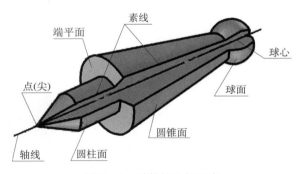

图 7—1　零件的几何要素

零件的几何要素可以按照以下几种方式分类，见表 7—1。

表 7—1　　　　　　　　　　　　　　　零件几何要素的分类

分类方式	种类	定　义	说　明
按存在的状态分	理想要素	具有几何意义的要素	理想要素绝对准确，不存在任何几何误差，用来表达设计的理想要求，如图 7—2 所示
	实际要素	零件上实际存在的要素	由于加工误差的存在，实际要素具有几何误差。国家标准规定：零件实际要素在测量时用测得要素来代替，如图 7—2 所示
按在几何公差中所处的地位分	被测要素	图样上给出了几何公差的要素	如图 7—3 所示，ϕd_1 圆柱面给出了圆柱度要求，ϕd_2 圆柱的轴线对 ϕd_1 圆柱的轴线给出了同轴度要求，台阶面对 ϕd_1 圆柱的轴线给出了垂直度要求，因此，ϕd_1 圆柱面、ϕd_2 圆柱面的轴线和台阶面就是被测要素
	基准要素	用来确定被测要素的方向或（和）位置的要素	如图 7—3 所示，ϕd_1 圆柱的轴线是 ϕd_2 圆柱的轴线和台阶面的基准要素
按几何特征分	组成要素	构成零件外形的点、线、面	组成要素是可见的，能直接为人们所感觉到的，如图 7—1 中的圆柱面、圆锥面、球面、素线等
	导出要素	表示组成要素的对称中心的点、线、面	导出要素虽不可见，不能为人们所直接感觉到，但可通过相应的组成要素来模拟体现，如图 7—1 中的轴线、球心，图 3—3 中的 ϕd_1、ϕd_2 圆柱的轴线

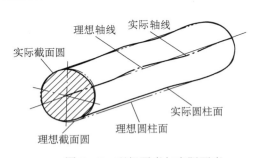

图 7—2　理想要素与实际要素

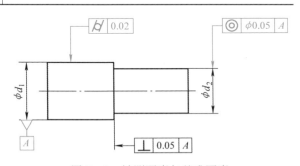

图 7—3　被测要素与基准要素

二、几何公差的项目及符号

几何公差可分为形状公差、方向公差、位置公差和跳动公差。

几何公差各项目的名称和符号见表 7—2。

第 **7** 章　几何公差及其应用

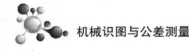

表 7—2   几何公差各项目的名称和符号

公差类型	几何特征	符号	有无基准
形状公差	直线度	—	无
	平面度	▱	无
	圆度	○	无
	圆柱度	⌀	无
	线轮廓度	⌒	无
	面轮廓度	⌓	无
方向公差	平行度	//	有
	垂直度	⊥	有
	倾斜度	∠	有
	线轮廓度	⌒	有
	面轮廓度	⌓	有
位置公差	位置度	⊕	有或无
	同心度（用于中心点）	◎	有
	同轴度（用于轴线）	◎	有
	对称度	≡	有
	线轮廓度	⌒	有
	面轮廓度	⌓	有
跳动公差	圆跳动	↗	有
	全跳动	↗↗	有

三、几何公差带

加工后的零件，构成其形体的各实际要素的形状和位置在空间的各个方向都有可能产生误差，为了限制这两种误差，可以根据零件的功能要求，对实际要素给出一个允许变动的区域。若实际要素位于这一区域内即为合格，超出这一区域时则不合格。这个限制实际要素变动的区域称为几何公差带。

图样上所给出的几何公差要求，实际上都是对实际要素规定的一个允许变动的区域，即给定一个公差带。一个确定的几何公差带由形状、大小、方向和位置四个要素确定。

1. 公差带的形状

公差带的形状是由公差项目及被测要素与基准要素的几何特征来确定的。如图 7—4a 所示，圆度公差带形状是两同心圆之间的区域。而对直线度，当被测要素为给定平面内的直线时，公差带形状是两平行直线间的区域，如图 7—4b 所示；当被测要素为轴线时，公差带形状是一个圆柱内的区域，如图 7—4c 所示。

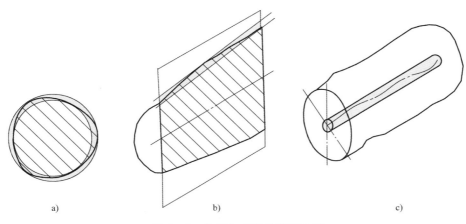

a)   b)   c)

图 7—4　几何公差带的形状示例

几何公差带的形状较多，主要有表 7—3 中所列的 9 种。

表 7—3　　　　　　　　　　　　　　　几何公差带的形状

序号	公差带	形状	应用项目
1	两平行直线		给定平面内的直线度、平面内直线的位置度等
2	两等距曲线		线轮廓度
3	两同心圆		圆度、径向圆跳动
4	一个圆		平面内点的位置度、同轴（心）度
5	一个球		空间点的位置度
6	一个圆柱		轴线的直线度、平行度、垂直度、倾斜度、位置度、同轴度
7	两同轴圆柱		圆柱度、径向全跳动
8	两平行平面		平面度、平行度、垂直度、倾斜度、位置度、对称度、轴向全跳动等
9	两等距曲面		面轮廓度

2. 公差带的大小

几何公差带的大小是指公差带的宽度、直径或半径差的大小，它由图样上给定的几何公差值确定。

四、几何公差的代号和基准符号

1. 几何公差的代号

几何公差的代号包括几何公差框格和指引线、几何公差有关项目的符号、几何公差数值和其他有关符号、基准符号字母和其他有关符号等。

如图 7—5 所示，公差框格分成两格或多格式，框格内从左到右填写以下内容：

（1）第一格填写几何公差项目符号。

（2）第二格填写几何公差数值和有关符号。

（3）第三格和以后各格填写基准符号字母和有关符号。

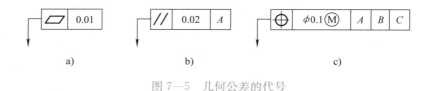

图 7—5　几何公差的代号

2. 基准符号

在几何公差的标注中，与被测要素相关的基准用一个大写字母表示。字母标注在基准方格内，与一个空白的或涂黑的三角形相连以表示基准，如图 7—6 所示。图中空白的和涂黑的基准三角形含义相同。

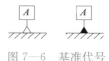

图 7—6　基准代号

五、被测要素的标注方法

用带箭头的指引线将被测要素与公差框格的一端相连，指引线的箭头应指向被测要素公差带的宽度或直径方向。标注时应注意：

1. 几何公差框格应水平或垂直地绘制。

2. 指引线原则上从框格一端的中间位置引出。

3. 被测要素是组成要素时，指引线的箭头应指在该要素的轮廓线或其延长线上，并应明显地与尺寸线错开，如图 7—7 所示。

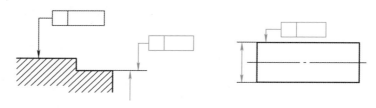

图 7—7　被测要素是组成要素时的标注

4. 被测要素是导出要素时，指引线的箭头应与确定该要素的轮廓尺寸线对齐，如图 7—8 所示。

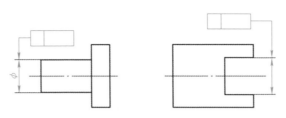

图 7—8　被测要素是导出要素时的标注

5. 当同一被测要素有多项几何公差要求，且测量方向相同时，可将这些框格绘制在一起，并共用一根指引线，如图 7—9 所示。

6. 当多个被测要素有相同的几何公差要求时，可从框格引出的指引线上绘制多个指示箭头，并分别与各被测要素相连，如图 7—10 所示。

图 7—9　同一被测要素有多项几何公差　　　　　　图 7—10　多个被测要素有相同
　　　　　要求时的标注　　　　　　　　　　　　　　　　　几何公差要求时的标注

7. 公差框格中所标注的几何公差有其他附加要求时，可在公差框格的上方或下方附加文字说明。属于被测要素数量的说明，应写在公差框格的上方，如图 7—11a 所示；属于解释性的说明，应写在公差框格的下方，如图 7—11b 所示。

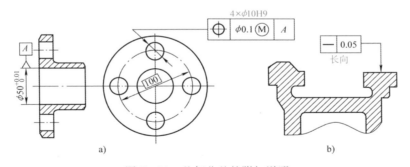

图 7—11　几何公差的附加说明

六、基准要素的标注方法

基准要素采用基准符号标注，并从几何公差框格中的第三格起，填写相应的基准符号字母，基准符号中的连线应与基准要素垂直。无论基准符号在图样中方向如何，方框内字母应水平书写，如图 7—12 所示。

基准符号在标注时还应注意以下几点：

1. 基准要素为组成要素时，基准符号的连线应指在该要素的轮廓线或其延长线上，并应明显地与尺寸线错开，如图 7—13 所示。

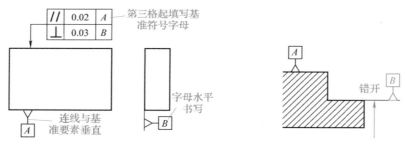

图 7—12 基准要素的标注

图 7—13 基准要素为组成要素时的标注

2. 基准要素是导出要素时，基准符号的连线应与确定该要素轮廓的尺寸线对齐，如图 7—14 所示。

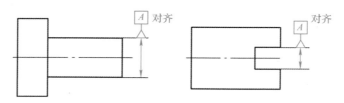

图 7—14 基准要素为导出要素时的标注

3. 基准要素为公共轴线时的标注。在图 7—15 中，基准要素为外圆 ϕd_1 的轴线 A 与外圆 ϕd_3 的轴线 B 组成的公共轴线 $A—B$。

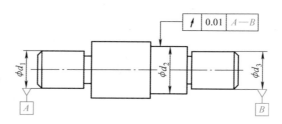

图 7—15 基准要素为公共轴线时的标注

当轴类零件以两端中心孔工作锥面的公共轴线作为基准时，可采用图 7—16 的标注方法。其中图 7—16a 为两端中心孔参数不同时的标注；图 7—16b 为两端中心孔参数相同时的标注。

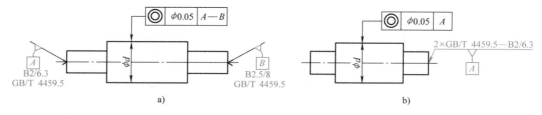

图 7—16 以中心孔的公共轴线作为基准时的标注

七、几何公差的其他标注规定

1. 公差框格中所标注的公差值如无附加说明，则被测范围为箭头所指的整个组成要素或导出要素。

2. 如果被测范围仅为被测要素的一部分时，应用粗点画线画出该范围，并标出尺寸。其标注方法如图 7—17 所示。

3. 如果需给出被测要素任一固定长度上（或范围）的公差值时，其标注方法如图 7—18 所示。

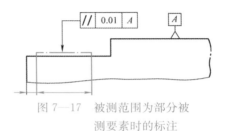

图 7—17　被测范围为部分被测要素时的标注

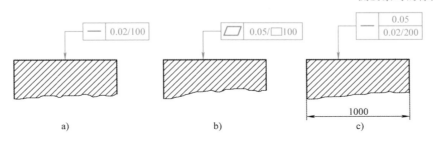

图 7—18　公差值有附加说明时的标注

图 3—18a 表示在任一 100 mm 长度上的直线度公差数值为 0.02 mm。

图 3—18b 表示在任一 100 mm × 100 mm 的正方形面积内，平面度公差数值为 0.05 mm。

图 3—18c 表示在 1 000 mm（默认）全长上的直线度公差数值为 0.05 mm，在任一 200 mm 长度上的直线度公差数值为 0.02 mm。

4. 当给定的公差带形状为圆或圆柱时，应在公差数值前加注"ϕ"，如图 3—19a 所示；当给定的公差带形状为球时，应在公差数值前加注"$S\phi$"，如图 3—19b 所示。

图 7—19　公差带为圆、圆柱或球时的标注

5. 几何公差有附加要求时，应在相应的公差数值后加注有关符号，见表 7—4。

表 7—4　　　　　　　　　　　　几何公差附加符号

符　　号	解　　释	标 注 示 例
（＋）	若被测要素有误差，则只允许中间向材料外凸起	— 0.01(+)
（－）	若被测要素有误差，则只允许中间向材料内凹下	▱ 0.05(−)
（▷）	若被测要素有误差，则只允许按符号的小端方向逐渐缩小	⌀ 0.05(▷)
		∥ 0.05(▷) A

第 2 节　几何公差项目的应用和解读

一、形状公差

1. 直线度公差

直线度公差限制被测实际直线相对于理想直线的变动。被测直线可以是平面内的直线、直线回转体（圆柱、圆锥）上的素线、平面间的交线和轴线等。

2. 平面度公差

平面度公差限制实际平面相对于理想平面的变动。

3. 圆度公差

圆度公差限制实际圆相对于理想圆的变动。圆度公差用于对回转体表面（圆柱、圆锥和曲线回转体）任一正截面的圆轮廓提出形状精度要求。

4. 圆柱度公差

圆柱度公差限制实际圆柱面相对于理想圆柱面的变动。圆柱度公差综合控制圆柱面的形状精度。

5. 线轮廓度公差 （无基准）

线轮廓度公差限制实际平面曲线对其理想曲线的变动，是对零件上非圆曲线提出的形状精度要求。无基准时，理想轮廓的形状由理论正确尺寸（尺寸数字外面加上框格）确定，其位置是不定的。

理论正确尺寸（TED）：当给出一个或一组要素的位置、方向或轮廓度公差时，分别用来确定其理论正确位置、方向或轮廓的尺寸称为理论正确尺寸，故该尺寸不附带公差，而该要素的形状、方向和位置误差由给定的几何公差来控制。理论正确尺寸必须以框格框出。

6. 面轮廓度公差 （无基准）

面轮廓度公差限制实际曲面对其理想曲面的变动，是对零件上曲面提出的形状精度要求。理想曲面由理论正确尺寸确定。

形状公差各项目的应用和解读见表 7—5。

表 7—5　　　　　　　　　　　　　形状公差的应用和解读

公差	示例	识读	公差带	设计要求
直线度	圆锥面素线的直线度 － 0.01	圆锥面素线直线度公差为 0.01 mm	距离为公差值 0.01 mm 的两平行直线间的区域	圆锥面素线必须位于轴截面内，距离为公差值 0.01 mm 的两条平行直线之间 0.01

续表

公差	示例	识读	公差带	设计要求
直线度	刀口尺刃口的直线度 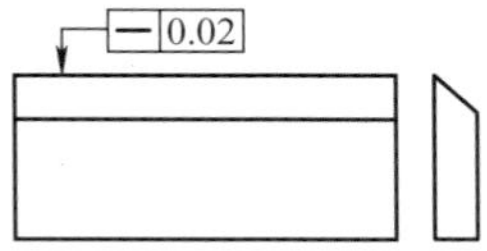	在垂直方向上棱线的直线度公差为 0.02 mm	距离为公差值 0.02 mm 的两平行平面间的区域	零件上棱线必须位于垂直方向距离为公差值 0.02 mm 的两平行平面之间 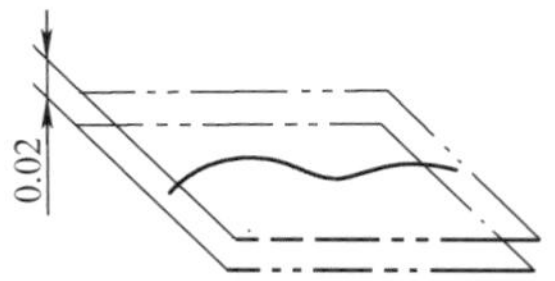
直线度	轴线的直线度 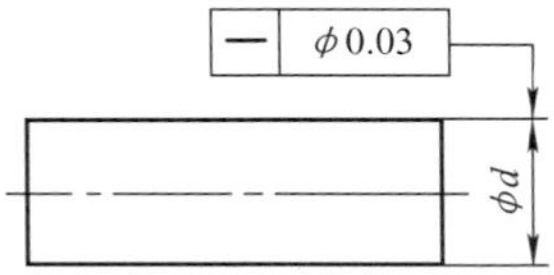 	直径为 d 的外圆，其轴线的直线度公差为 $\phi 0.03$ mm	直径为公差值 $\phi 0.03$ mm 的圆柱面内的区域	直径为 d 的外圆的轴线必须位于直径为公差值 $\phi 0.03$ mm 的圆柱面内 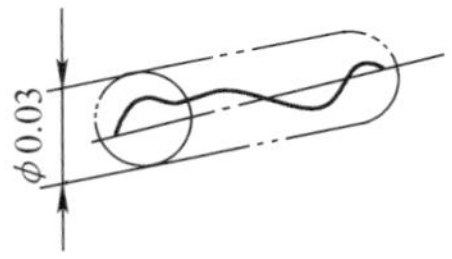
平面度	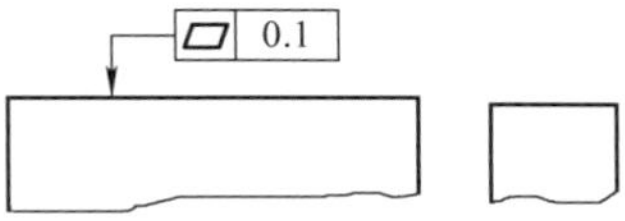	上表面的平面度公差为 0.1 mm	距离为公差值 0.1 mm 的两平行平面之间的区域	上表面必须位于距离为公差值 0.1 mm 的两平行平面之间 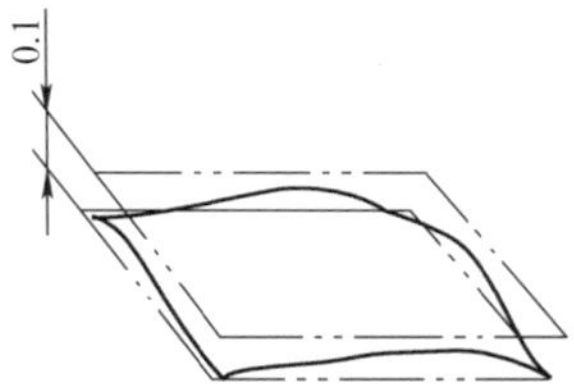
圆度	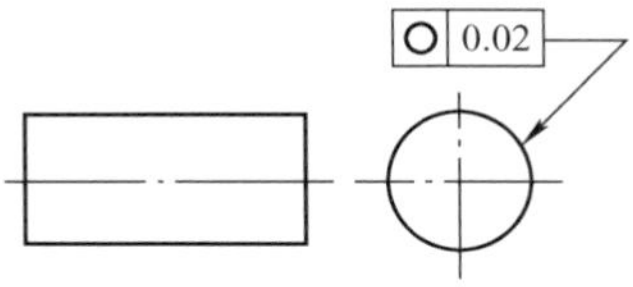	圆柱面的圆度公差为 0.02 mm	在任一正截面上半径差为公差值 0.02 mm 的两同心圆之间的区域	在垂直于轴线的任一正截面上，实际圆必须位于半径差为公差值 0.02 mm 的两同心圆之间 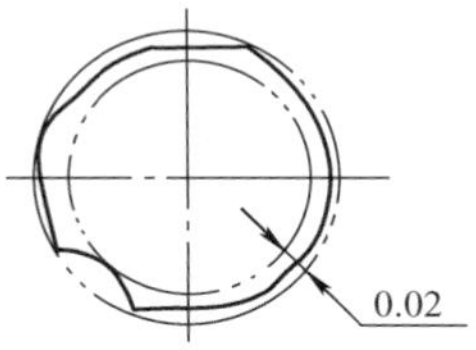

第 7 章　几何公差及其应用

公差	示例	识读	公差带	设计要求
圆柱度		直径为 d 的圆柱面的圆柱度公差为 0.05 mm	半径差为公差值 0.05 mm 的两同轴圆柱面之间的区域	实际圆柱面必须位于半径差为公差值 0.05 mm 的两同轴圆柱面之间
无基准的线轮廓度		外形轮廓的线轮廓度公差为 0.04 mm	包络一系列直径为公差值 0.04 mm 的圆的两包络线之间的区域，诸圆圆心应位于理论正确几何形状上	在平行于正投影面的任一截面上，实际轮廓线必须位于包络一系列直径为公差值 0.04 mm 且圆心在理想轮廓线上的圆的两包络线之间
有基准的线轮廓度		外形轮廓相对基准 A、B 的线轮廓度公差值为 0.04 mm	包络一系列直径为公差值 0.04 mm 的圆的两包络线之间的区域，诸圆圆心应位于由基准平面 A 和基准平面 B 确定的被测要素理论正确几何形状上	实际轮廓线必须位于包络一系列直径为公差值 0.04 mm，圆心位于由基准确定的理论正确几何形状上的圆的两包络线之间

续表

公差	示例	识读	公差带	设计要求
无基准的面轮廓度	△ 0.02 40±0.2 SR80	上椭圆面的面轮廓度公差为 0.02 mm	包络一系列直径为公差值0.02 mm 的球的两包络面之间的区域，诸球球心应位于被测要素理论正确几何形状上	实际轮廓面必须位于包络一系列直径为公差值 0.02 mm，球心位于理论正确几何形状上的球的两等距包络面之间 Sφ0.02 理想轮廓面
有基准的面轮廓度	△ 0.1 A 40 SR80 A	上轮廓面相对基准 A 的面轮廓度公差值为 0.1 mm	包络一系列直径为公差值 0.1 mm 的球的两等距包络面之间的区域，诸球球心应位于由基准平面 A 确定的被测要素理论正确几何形状上	实际轮廓面必须位于包络一系列直径为公差值 0.1 mm，球心位于由基准平面 A 确定的理论正确几何形状上的球的两等距包络面之间 40 Sφ0.1 基准平面A

二、方向公差

方向公差限制实际被测要素相对于基准要素在方向上的变动。

方向公差的被测要素和基准一般为平面或轴线，因此，方向公差有面对面、线对面、面对线和线对线公差等。

1. 平行度公差

当被测要素与基准的理想方向成 0°角时，为平行度公差。

2. 垂直度公差

当被测要素与基准的理想方向成 90°角时，为垂直度公差。

3. 倾斜度公差

当被测要素与基准的理想方向成其他任意角度时，为倾斜度公差。

4. 线轮廓度公差（有基准）

理想轮廓线的形状、方向由理论正确尺寸和基准确定，见表 7—5 中有基准的线轮廓度公差。

5. 面轮廓度公差（有基准）

理想轮廓面的形状、方向由理论正确尺寸和基准确定，见表 7—5 中有基准的面轮廓度

第**7**章 几何公差及其应用

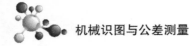

公差。

　　方向公差其余各项目的应用和解读见表 7—6。

表 7—6　　　　　　　　　　　　　方向公差的应用和解读

公差	示例	识读	公差带	设计要求
平行度	面对面的平行度	上平面对底面 D 的平行度公差为 0.01 mm	距离为公差值 0.01 mm 且平行于基准平面 D 的两平行平面之间的区域	上平面必须位于距离为公差值 0.01 mm 且平行于基准平面 D 的两平行平面之间
	线对面的平行度	ϕD 孔的轴线对底面 B 的平行度公差为 0.01 mm	距离为公差值 0.01 mm 且平行于基准平面 B 的两平行平面之间的区域	ϕD 孔的轴线必须位于距离为公差值 0.01 mm 且平行于基准平面 B 的两平行平面之间
	面对线的平行度	上平面对孔轴线 C 的平行度公差为 0.1 mm	距离为公差值 0.1 mm 且平行于基准轴线 C 的两平行平面之间的区域	上平面必须位于距离为公差值 0.1 mm 且平行于基准轴线 C 的两平行平面之间
	给定一个方向线对线的平行度	ϕD_1 孔的轴线对 ϕD_2 孔的轴线 A 在垂直方向上的平行度公差为 0.1 mm	距离为公差值 0.1 mm 且平行于基准轴线 A 的两平行平面之间的区域	ϕD_1 孔的轴线必须位于距离为公差值 0.1 mm 且平行于基准轴线 A 的两平行平面之间

续表

公差	示例	识读	公差带	设计要求
平行度	在任意方向上线对线的平行度 $\parallel \phi 0.03 \ A$ ϕD_1 ϕD_2 A	ϕD_1 孔的轴线对 ϕD_2 孔的轴线 A 的平行度公差为 $\phi 0.03$ mm	直径为公差值 0.03 mm 且轴线平行于基准轴线 A 的圆柱面内的区域	ϕD_1 孔的轴线必须位于直径为公差值 0.03 mm 且轴线平行于基准轴线 A 的圆柱面内 $\phi 0.03$ 基准轴线 A
垂直度	面对面的垂直度 $\perp \ 0.08 \ A$ A	右侧面对底面 A 的垂直度公差为 0.08 mm	距离为公差值 0.08 mm 且垂直于基准平面 A 的两平行平面之间的区域	右侧面必须位于距离为公差值 0.08 mm 且垂直于基准平面 A 的两平行平面之间 0.08 基准平面 A
	面对线的垂直度 两端面 $\perp \ 0.05 \ A$ ϕD A	两端面对 ϕD 孔轴线 A 的垂直度公差为 0.05 mm	距离为公差值 0.05 mm 且垂直于基准轴线 A 的两平行平面之间的区域	被测端面必须位于距离为公差值 0.05 mm 且垂直于基准轴线 A 的两平行平面之间 0.05 基准轴线 A
	在任意方向上线对面的垂直度 ϕd $\perp \ \phi 0.05 \ A$ A	ϕd 外圆的轴线对基准平面 A 的垂直度公差为 $\phi 0.05$ mm	直径为公差值 $\phi 0.05$ mm 且垂直于基准平面 A 的圆柱面内的区域	ϕd 外圆的轴线必须位于直径为公差值 $\phi 0.05$ mm 且垂直于基准平面 A 的圆柱面内 基准平面 A $\phi 0.05$

第7章 几何公差及其应用

续表

公差	示例	识读	公差带	设计要求
倾斜度	线对线的倾斜度 	ϕD 孔轴线对基准 ϕd_1 和 ϕd_2 外圆的公共轴线 $A—B$ 的倾斜度公差为 0.08 mm	距离为公差值 0.08 mm 且与基准轴线 $A—B$ 成 60° 角的两平行平面之间的区域	ϕD 孔轴线必须位于距离为公差值 0.08 mm 且与基准轴线 $A—B$ 成 60° 角的两平行平面之间
	面对面的倾斜度 	斜面对基准平面 A 的倾斜度公差为 0.08 mm	距离为公差值 0.08 mm 且与基准平面 A 成 45° 角的两平行平面之间的区域	斜面必须位于距离为公差值 0.08 mm 且与基准平面 A 成 45° 角的两平行平面之间
	面对线的倾斜度 	斜面对基准轴线 A 的倾斜度公差为 0.1 mm	距离为公差值 0.1 mm 且与基准轴线 A 成 75° 角的两平行平面之间的区域	斜面必须位于距离为公差值 0.1 mm 且与基准轴线 A 成 75° 角的两平行平面之间

三、位置公差

位置公差限制实际被测要素相对于基准要素在位置上的变动。

1. 位置度公差

要求被测要素对一基准体系保持一定的位置关系。被测要素的理想位置是由基准和理论正确尺寸确定的。

2. 同轴（心）度公差

被测要素和基准要素均为轴线，要求被测要素的理想位置与基准同心或同轴。

3. 对称度公差

被测要素和基准要素为中心平面或轴线，要求被测要素理想位置与基准一致。

4. 线轮廓度公差（有基准）

理想轮廓线的形状、方向、位置由理论正确尺寸和基准确定，见表7—5中有基准的线轮廓度公差。

5. 面轮廓度公差（有基准）

理想轮廓面的形状、方向、位置由理论正确尺寸和基准确定，见表7—5中有基准的面轮廓度公差。

位置公差其余各项目的应用和解读见表7—7。

表7—7　　　　　　　　　　　　　　　位置公差的应用和解读

公差	示例	识读	公差带	设计要求
同轴（心）度	轴线对轴线的同轴度 	ϕd_2 外圆的轴线对基准轴线 A（ϕd_1 的轴线）的同轴度公差为 $\phi0.02$ mm	直径为公差值 $\phi0.02$ mm 且与基准轴线 A 同轴的圆柱面内的区域	ϕd_2 外圆的轴线必须位于直径为公差值 $\phi0.02$ mm 且与基准轴线 A 同轴的圆柱面内 基准轴线A
	圆心对圆心的同轴（心）度 	ϕd 圆心对基准圆心 A 的同心度公差为 $\phi0.1$ mm	直径为公差值 $\phi0.1$ mm 且与基准圆心 A 同心的圆内的区域	ϕd 圆的圆心必须位于直径为公差值 $\phi0.1$ mm 且与基准圆心 A 同心的圆内 基准圆心A　$\phi0.1$
对称度	中心平面对中心平面的对称度 	槽的中心平面对上、下面的基准中心平面 A 的对称度公差为 0.08 mm	距离为公差值 0.08 mm 且相对基准中心平面 A 对称配置的两平行平面之间的区域	槽的中心平面必须位于距离为公差值 0.08 mm 且相对基准中心平面 A 对称配置的两平行平面之间 基准中心平面A
	中心平面对轴线的对称度 	键槽 L 两侧面的中心对称平面对 ϕd 外圆的轴线 A 的对称度公差为 0.08 mm	距离为公差值 0.08 mm 且相对基准轴线 A 对称配置的两平行平面之间的区域	键槽 L 两侧面的中心对称平面必须位于距离为公差值 0.08 mm 且相对基准轴线 A 对称配置的两平行平面之间 基准轴线A

续表

公差	示例	识读	公差带	设计要求
位置度	ϕD 孔轴线对三个基准面 A、B、C 的位置度公差为 $\phi 0.1$ mm	直径为公差值 $\phi 0.1$ mm，且以孔轴线的理想位置为轴线的圆柱面内的区域	ϕD 孔轴线必须位于直径为公差值 $\phi 0.1$ mm 且以孔轴线的理想位置为轴线的圆柱面内
	$4 \times \phi 16$ 4个圆周均布的 $\phi 16$ 孔的轴线对端面 A 及 $\phi 50$ 孔轴线 B 的位置度公差为 $\phi 0.1$ mm	4个圆周均布的 $\phi 16$ 孔的轴线对端面 A 及 $\phi 50$ 孔轴线 B 的位置度公差为 $\phi 0.1$ mm	直径为公差值 $\phi 0.1$ mm，且以孔轴线的理想位置为轴线的圆柱面内的区域	4个圆周均布的 $\phi 16$ 孔的轴线必须位于直径为公差值 $\phi 0.1$ mm 且以基准 A、B 所确定的理想位置为轴线的圆柱面内

四、跳动公差

跳动公差限制被测表面对基准轴线的变动，分为圆跳动和全跳动两种。

1. 圆跳动公差

圆跳动公差是被测表面绕基准轴线回转一周时，在给定方向上的任一测量面上所允许的跳动量。圆跳动公差根据给定测量方向可分为径向圆跳动、轴向圆跳动和斜向圆跳动三种。

2. 全跳动公差

全跳动公差是被测表面绕基准轴线连续回转时，在给定方向上所允许的最大跳动量。全跳动公差分为径向全跳动和轴向全跳动两种。

跳动公差各项目的应用和解读见表7—8。

表7—8 跳动公差的应用和解读

公差	示例	识读	公差带	设计要求
圆跳动	径向圆跳动 0.05 A ϕd_2 ϕd_1 A	ϕd_2 圆柱面对基准轴线 A 的径向圆跳动公差为 0.05 mm	在垂直于基准轴线 A 的任一测量平面内，半径差为公差值 0.05 mm 且圆心在基准轴线上的两个同心圆之间的区域	ϕd_2 圆柱面绕基准轴线回转一周时，在垂直于基准轴线的任一测量平面内的径向跳动量均不得大于公差值 0.05 mm

续表

公差	示例	识读	公差带	设计要求

圆跳动	轴向圆跳动
	`↗ 0.05 A`
	ϕd
	`A`
		左端面对基准轴线 A 的轴向圆跳动公差为 0.05 mm	在与基准轴线 A 同轴的任一直径位置的测量圆柱面上，沿素线方向宽度为 0.05 mm 的圆柱面区域	左端面绕基准轴线回转一周时，在与基准轴线同轴的任一直径位置的测量圆柱面上的轴向跳动量均不得大于公差值 0.05 mm

	斜向圆跳动
	`↗ 0.1 C`
	ϕd
	`C`
		圆锥面对基准轴线 C 的斜向圆跳动公差为 0.1 mm	在与基准轴线 C 同轴的任一测量圆锥面上，沿素线方向宽度为 0.1 mm 的圆锥面区域（测量圆锥面的素线与被测圆锥面垂直）	圆锥面绕基准轴线回转一周时，在与基准轴线同轴的任一测量圆锥面（素线与被测面垂直）上的跳动量均不得大于公差值 0.1 mm

全跳动	径向全跳动
	`↗↗ 0.2 A`
	ϕd_2 ϕd_1
	`A`
		ϕd_2 圆柱面对基准轴线 A 的径向全跳动公差为 0.2 mm	半径差为公差值 0.2 mm 且与基准轴线 A 同轴的两个圆柱面之间的区域	ϕd_2 圆柱面绕基准轴线连续回转，同时指示器相对于圆柱面作轴向移动，在 ϕd_2 整个圆柱表面上的径向跳动量不得大于公差值 0.2 mm

	轴向全跳动
	`↗↗ 0.05 A`
	ϕd
	`A`
		左端面对基准轴线 A 的轴向全跳动公差为 0.05 mm	距离为公差值 0.05 mm 且与基准轴线 A 垂直的两平行平面之间的区域	左端面绕基准轴线 A 连续回转，同时指示器相对于端面作径向移动，在整个端面上的轴向跳动量不得大于公差值 0.05 mm

第 7 章 几何公差及其应用

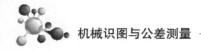

第 3 节　几何误差的检测

一、形状误差的检测

1. 直线度误差的检测

直线度误差的检测仪器有刀口尺、水平仪、自准直仪、指示表（百分表、千分表）等。最常用的是用刀口尺和指示表检测，见表 7—9。

表 7—9　　　　　　　　　　　　　　直线度误差的检测

检测方法	图　　示	说　　明
用刀口尺检测	用刀口尺测量表面轮廓线的直线度误差	将刀口尺的刃口与实际轮廓紧贴，实际轮廓线与刃口之间的最大间隙就是直线度误差，其间隙值可由两种方法获得： （1）当直线度误差较大时，可用塞尺直接测出 （2）当直线度误差较小时，可通过与标准光隙比较的方法估读出误差值
用指示表检测	用指示表测量外圆轴线的直线度误差	测量时，将工件安装在平行于平板的两顶尖之间，沿铅垂轴截面的两条素线测量，同时记录两指示表在各测点的读数差（绝对值），取各测点读数差的一半的最大值为该轴截面轴线的直线度误差 　　按上述方法测量若干个轴截面，取其中最大的误差值作为该外圆轴线的直线度误差

2. 平面度误差的检测 （表7—10）

表7—10　　　　　　　　　　平面度误差的检测

检测方法	图　示	说　明
用指示表检测	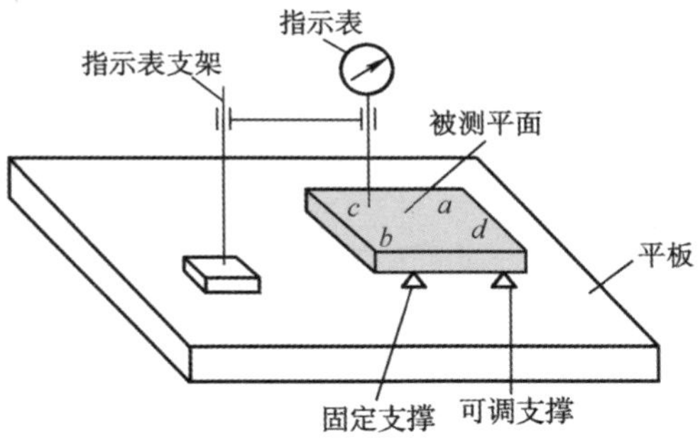 用指示表检测平面度误差	测量时，将工件支撑在平板上，借助指示表调整被测平面对角线上的 a 与 b 两点，使之等高；再调整另一对角线上的 c 与 d 两点，使之等高。然后，移动指示表测量平面上各点，指示表的最大与最小读数之差即为该平面的平面度误差

3. 圆度误差的检测 （表7—11）

表7—11　　　　　　　　　　圆度误差的检测

检测方法	图　示	说　明
用指示表检测外圆表面的圆度误差	 用指示表检测外圆表面的圆度误差	测量时，应使指示表测量头垂直于测量截面，并将指针调整。在工件回转一周的过程中，指示表读数的最大差值的一半即为该截面的圆度误差。测量若干个正截面，取其中最大的误差值作为该外圆表面的圆度误差
用指示表检测圆柱孔的圆度误差	图略	用内径百分表检测，测量方法同上
用指示表检测圆锥面的圆度误差	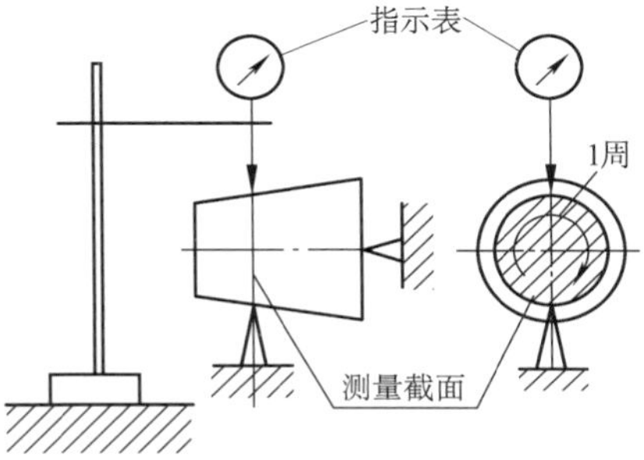 用指示表检测圆锥面的圆度误差	测量时，应使圆锥面的轴线垂直于测量截面，同时固定轴向位置。在工件回转一周的过程中，指示表读数的最大差值的一半即为该截面的圆度误差 按上述方法测量若干个截面，取其中最大的误差值作为该圆锥面的圆度误差

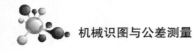
4. 圆柱度误差的检测 （表7—12）

表7—12　　　　　　　　　　圆柱度误差的检测

检测方法	图　示	说　明
用指示表检测外圆表面的圆柱度误差	用指示表检测外圆表面的圆柱度误差 注意，为测量准确，通常使用夹角为90°和120°的V形架分别测量	测量时，将工件放在平板上的V形架内（V形架的长度大于被测圆柱面长度）。在工件回转一周的过程中，测出一个正截面上的最大与最小读数 按上述方法，连续测量若干正截面，取各截面内所测得的所有读数中最大与最小读数差值的一半，作为该圆柱面的圆柱度误差

二、方向、位置、跳动误差的检测

在方向、位置、跳动误差的检测中，被测实际（组成）要素的方向或（和）位置是根据基准来确定的，而理想基准要素是不存在的。在实际测量中，通常用模拟法来体现基准，即用有足够精确形状的表面来体现基准平面、基准轴线、基准中心平面等。

图7—20a所示表示用平板来体现基准平面；图7—20b所示表示用可胀式或与孔无间隙配合的圆柱心轴来体现孔的基准轴线；图7—20c所示表示用V形架来体现外圆基准轴线；图7—20d所示表示用与实际轮廓成无间隙配合的平行平面定位块的中心平面来体现基准中心平面。

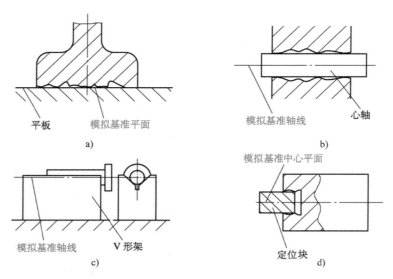

图7—20　用模拟法体现基准

1. 平行度误差的检测 （表 7—13）

表 7—13 平行度误差的检测

检测方法	图　示	说　明
面对面平行度误差检测	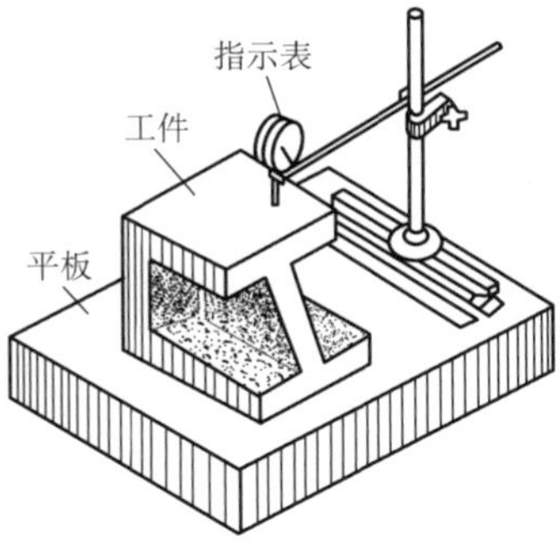 面对面平行度误差的检测	测量时，将工件放置在平板上，用指示表测量被测平面上各点，指示表的最大与最小读数之差即为该平面的平行度误差
线对面平行度误差检测	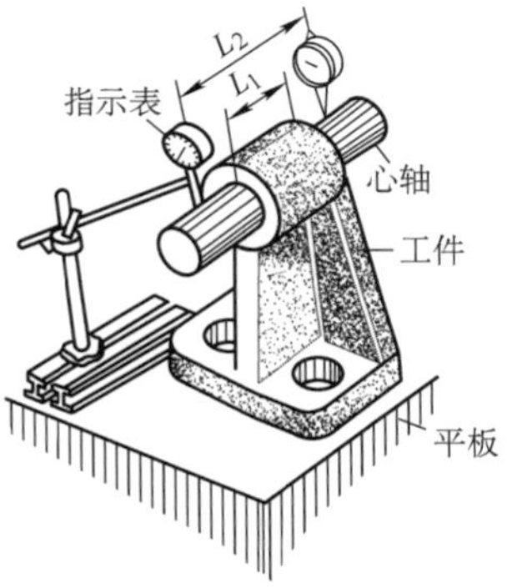 工件孔轴线对底平面的平行度误差检测	测量时，将工件放置在平板上，被测孔轴线由心轴模拟。在测量距离为 L_2 的两个位置上测得的读数分别为 M_1 和 M_2，则平行度误差为 $\frac{L_1}{L_2}\|M_1-M_2\|$。其中 L_1 为被测孔轴线的长度

2. 垂直度误差的检测 （表 7—14）

表 7—14 垂直度误差的检测

检测方法	图　示	说　明
面对面垂直度误差检测	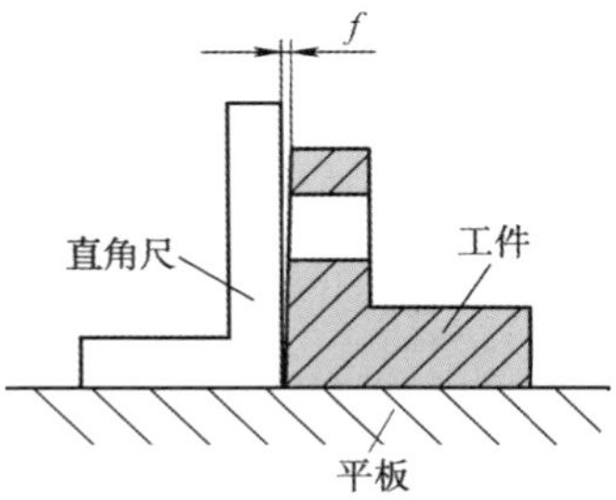 用精密直角尺检测面对面的垂直度误差	检测时，将工件放置在平板上，直角尺的短边置于平板上，长边靠在被测平面上，用塞尺测量直角尺长边与被测平面之间的最大间隙 f 移动直角尺，在不同位置上反复测量，取测得 f 的最大值 f_{max} 作为该平面的垂直度误差

续表

检测方法	图　示	说　明
面对线垂直度误差检测	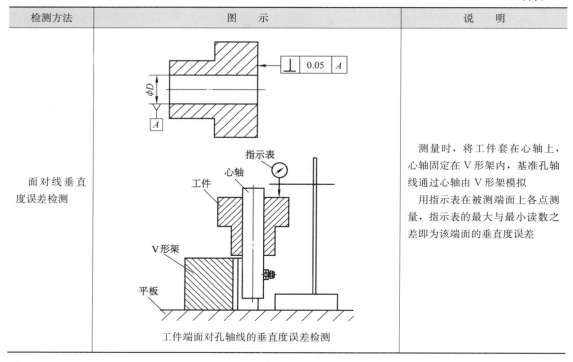 工件端面对孔轴线的垂直度误差检测	测量时，将工件套在心轴上，心轴固定在 V 形架内，基准孔轴线通过心轴由 V 形架模拟 　　用指示表在被测端面上各点测量，指示表的最大与最小读数之差即为该端面的垂直度误差

3. 同轴度误差的检测 （表 7—15）

表 7—15　　　　　　　　　　　同轴度误差的检测

检测方法	图　示	说　明
用指示表检测同轴度误差	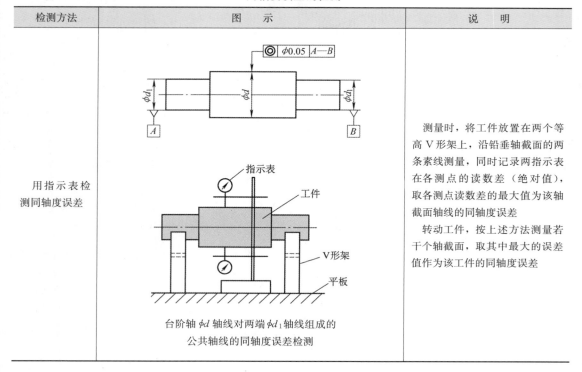 台阶轴 ϕd 轴线对两端 ϕd_1 轴线组成的 公共轴线的同轴度误差检测	测量时，将工件放置在两个等高 V 形架上，沿铅垂轴截面的两条素线测量，同时记录两指示表在各测点的读数差（绝对值），取各测点读数差的最大值为该轴截面轴线的同轴度误差 　　转动工件，按上述方法测量若干个轴截面，取其中最大的误差值作为该工件的同轴度误差

4. 对称度误差的检测 （表 7—16）

表 7—16   对称度误差的检测

检测方法	图 示	说 明
用指示表检测对称度误差	 轴上键槽中心平面对 ϕd 轴线的对称度误差检测	基准轴线由 V 形架模拟，键槽中心平面由定位块模拟。测量时，用指示表调整工件，使定位块沿径向与平板平行并读数，然后将工件旋转180°后重复上述测量，取两次读数的差值作为该测量截面的对称度误差 按上述方法测量若干个轴截面，取其中最大的误差值作为该工件的对称度误差

5. 圆跳动误差的检测 （表 7—17）

表 7—17   圆跳动误差的检测

检测方法	图 示	说 明
径向圆跳动误差的检测	 台阶轴 ϕd 圆柱面对两端中心孔轴线 组成的公共轴线的径向圆跳动误差检测	测量时，工件安装在两同轴顶尖之间，在工件回转一周过程中，指示表读数的最大差值即为该测量截面的径向圆跳动误差 按上述方法测量若干正截面，取各截面测得的跳动量的最大值作为该工件的径向圆跳动误差

第 **7** 章 几何公差及其应用

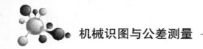

续表

检测方法	图　　示	说　　明
轴向圆跳动误差的检测	工件端面对 ϕd 外圆轴线的轴向圆跳动误差检测	测量时，将工件支撑在导向套筒内，并在轴向固定。在工件回转一周过程中，指示表读数的最大差值即为该测量圆柱面上的轴向圆跳动误差 　将指示表沿被测端面径向移动，按上述方法测量若干个位置的轴向圆跳动，取其中的最大值作为该工件的轴向圆跳动误差
斜向圆跳动误差的检测	工件圆锥面对 ϕd 外圆轴线的斜向圆跳动误差检测	测量时，将工件支撑在导向套筒内，并在轴向固定。指示表测头的测量方向要垂直于被测圆锥面。在工件回转一周过程中，指示表读数的最大差值即为该测量圆锥面上的斜向圆跳动误差 　将指示表沿被测圆锥面素线移动，按上述方法测量若干个位置的斜向圆跳动，取其中的最大值作为该圆锥面的斜向圆跳动误差

第 8 章

表面结构要求与螺纹公差

第 1 节　表面结构要求

表面结构是表面粗糙度、表面波纹度、表面缺陷、表面纹理和表面几何形状的总称。表面结构的各项要求在图样上的表示法在 GB/T 131—2006 中均有具体规定。本节主要介绍常用的表面粗糙度表示法。

一、表面粗糙度及其评定参数

经过机械加工后的零件表面，如在放大镜或显微镜下观察，会发现许多高低不平的凸峰和凹谷，如图 8—1 所示。零件加工表面上具有较小间距和峰谷所组成的微观几何形状特性称为表面粗糙度。表面粗糙度与加工方法、切削刃形状和切削用量等各种因素有密切关系。

表面粗糙度是评定零件表面质量的一项重要技术指标，对于零件的配合、耐磨性、耐腐蚀性以及密封性等都有显著影响，是零件图中必不可少的一项技术要求。

轮廓参数是我国机械图样中目前最常用的评定参数，评定粗糙度轮廓（R 轮廓）有 Ra 和 Rz 两个高度参数。

1. 算术平均偏差 Ra

算术平均偏差 Ra 指在一个取样长度内，纵坐标 $z(x)$ 绝对值的算术平均值（图 8—1）。

2. 轮廓的最大高度 Rz

轮廓的最大高度 Rz 指在同一取样长度内，最大轮廓峰高与最大轮廓谷深之和的高度（图 8—1）。

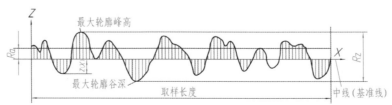

图 8—1　算术平均偏差 Ra 和轮廓的最大高度 Rz

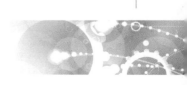

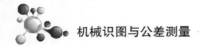

机械识图与公差测量 —————————— 企业新型学徒制培训教材

表面粗糙度的选用应该既满足零件表面的功能要求，又要考虑经济合理。一般情况下，凡是零件上有配合要求或有相对运动的表面，粗糙度参数值要小。参数值越小，表面质量越高，但加工成本也越高。因此，在满足使用要求的前提下，应尽量选用较大的粗糙度参数值，以降低成本。

二、表面结构的图形符号

标注表面结构要求时的图形符号见表 8—1。

表 8—1　　　　　　　　　　标注表面结构要求时的图形符号

符号名称	符号	含义
基本图形符号	$d'=0.35mm$ （d'——符号线宽） $H_1=5mm$ $H_2=10.5mm$ $60°$	未指定工艺方法的表面，当通过一个注释解释时可单独使用
扩展图形符号		用去除材料方法获得的表面，仅当其含义是"被加工表面"时可单独使用
		不去除材料的表面，也可用于保持上道工序形成的表面，不管这种状况是通过去除或不去除材料形成的
完整图形符号		在以上各种符号的长边上加一横线，以便注写对表面结构的各种要求

注：表中 d'、H_1 和 H_2 的大小是当图样中尺寸数字高度 h 选取 3.5 mm 时按 GB/T 131—2006 的相应规定给定的。表中 H_2 是最小值，必要时允许加大。

当图样中某个视图上构成封闭轮廓的各表面有相同的表面结构要求时，在完整图形符号上加一圆圈，标注在封闭轮廓线上，如图 8—2 所示。

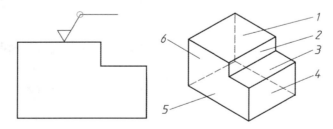

图 8—2　对周边各面有相同表面结构要求的注法

注：图示的表面结构符号是指对图形中封闭轮廓的六个面的共同要求（不包括前面和后面）。

三、表面结构要求在图形符号中的注写位置

为了明确表面结构要求，除了标注表面结构参数和数值外，必要时应标注补充要求，包

164

括取样长度、加工工艺、表面纹理及方向、加工余量等。这些要求在图形符号中的注写位置如图 8—3 所示。

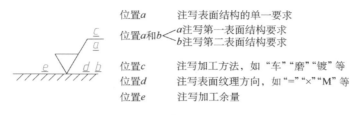

位置*a* 注写表面结构的单一要求
位置*a*和*b* < *a* 注写第一表面结构要求
       b 注写第二表面结构要求

位置*c* 注写加工方法，如"车""磨""镀"等
位置*d* 注写表面纹理方向，如"=""×""M"等
位置*e* 注写加工余量

图 8—3 补充要求的注写位置（*a~e*）

四、表面结构代号及其注法

表面结构符号中注写了具体参数代号及数值等要求后即称为表面结构代号。表面结构代号在图样中的注法如下：

1. 表面结构要求对每一表面一般只注一次，并尽可能注在相应的尺寸及其公差的同一视图上。除非另有说明，否则所标注的表面结构要求是对完工零件表面的要求。

2. 表面结构要求的注写和读取方向与尺寸的注写和读取方向一致。表面结构要求可标注在轮廓线上，其符号应从材料外指向并接触表面（图 8—4）。必要时，表面结构要求也可用带箭头或黑点的指引线引出标注（图 8—5）。

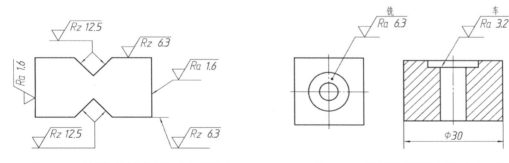

图 8—4 表面结构要求标注在轮廓线上   图 8—5 用指引线引出标注表面结构要求

3. 在不致引起误解时，表面结构要求可以标注在给定的尺寸线上（图 8—6）。

4. 表面结构要求可标注在几何公差框格的上方（图 8—7）。

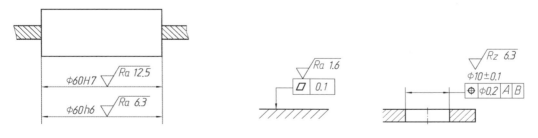

图 8—6 表面结构要求标注在尺寸线上   图 8—7 表面结构要求标注在几何公差框格的上方

第⑧章 表面结构要求与螺纹公差

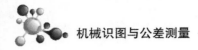

5. 圆柱和棱柱的表面结构要求只标注一次（图8—8）。如果每个棱柱表面有不同的表面结构要求，则应分别单独标注（图8—9）。

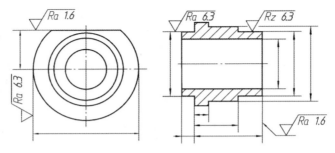

图8—8 表面结构要求标注在圆柱特征的延长线上

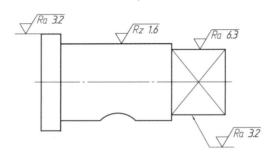

图8—9 圆柱和棱柱表面结构要求的注法

五、表面结构要求在图样中的简化注法

1. 有相同表面结构要求的简化注法

如果工件的多数（包括全部）表面有相同的表面结构要求，则其表面结构要求可统一标注在图样的标题栏附近（不同的表面结构要求应直接标注在图形中）。此时，表面结构要求的符号后面应有：

（1）在圆括号内给出无任何其他标注的基本符号（图8—10a）。

（2）在圆括号内给出不同的表面结构要求（图8—10b）。

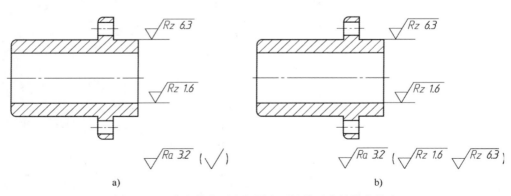

图8—10 大多数表面有相同表面结构要求的简化注法

2. 多个表面有共同表面结构要求的注法

（1）用带字母的完整符号的简化注法。如图8—11所示，用带字母的完整符号以等式的形式在图形或标题栏附近对有相同表面结构要求的表面进行简化标注。

图8—11　在图纸空间有限时的简化注法

（2）只用表面结构符号的简化注法。如图8—12所示，用表面结构符号以等式的形式给出多个表面共同的表面结构要求。

图8—12　多个表面结构要求的简化注法

a）未指定工艺方法　b）要求去除材料　c）不允许去除材料

第2节　螺纹公差

一、螺纹公差的结构

螺纹公差的基本结构是由公差等级系列和基本偏差系列组成的。公差等级确定公差带的大小，基本偏差确定公差带的位置，两者组合可得到各种螺纹公差。

螺纹公差带与旋合长度组成螺纹精度等级，螺纹精度是衡量螺纹质量的综合指标，分精密、中等和粗糙三级。

螺纹公差的结构如图8—13所示。

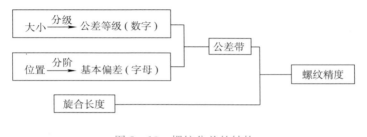

图8—13　螺纹公差的结构

第8章　表面结构要求与螺纹公差

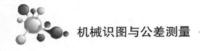
二、螺纹公差带与旋合长度

螺纹公差带即牙型公差带，以基本牙型的轮廓为零线，沿着螺纹牙型的牙侧、牙顶和牙底分布，并在垂直于螺纹轴线方向计量大、中、小径的偏差和公差。公差带由其相对于基本牙型的位置因素和大小因素组成，如图 8—14 所示。

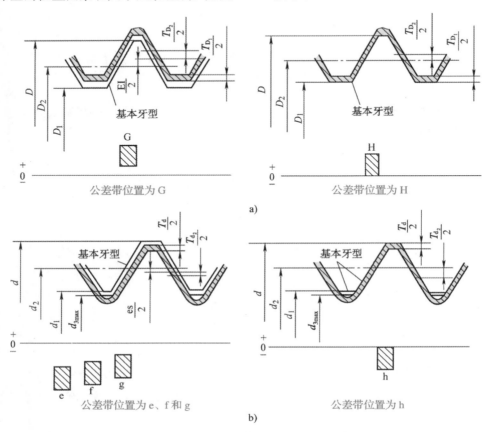

图 8—14 内、外螺纹公差带的位置

a）内螺纹公差带位置 b）外螺纹公差带位置

EI—内螺纹下极限偏差 es—外螺纹上极限偏差 T_D（T_d）—内（外）螺纹公差

1. 螺纹公差带的位置和基本偏差

国家标准 GB/T 197—2003 对内螺纹的公差带规定了 G 和 H 两种位置，对外螺纹的公差带规定了 e、f、g、h 四种位置，如图 8—14 所示。

内螺纹的公差带在基本牙型零线以上，以下极限偏差（EI）为基本偏差，H 的基本偏差为零，G 的基本偏差为正值。

外螺纹的公差带在基本牙型零线以下，以上极限偏差（es）为基本偏差，h 的基本偏差为零，e、f、g 的基本偏差为负值。

内、外螺纹的基本偏差数值见表 8—2。从表中可以看出，除 H 和 h 外，其余基本偏差数值均与螺距有关。

螺距 P (mm)	基本 偏差					
	内螺纹 D_1、D_2		外螺纹 d、d_2			
	G EI	H EI	e es	f es	g es	h es
0.2	+17	0	—	—	−17	0
0.25	+18	0	—	—	−18	0
0.3						
0.35	+19	0	—	−34	−19	0
0.4						
0.45	+20	0	—	−35	−20	0
0.5	+20	0	−50	−36	−20	0
0.6	+21	0	−53	−36	−21	0
0.7	+22	0	−56	−38	−22	0
0.75						
0.8	+24	0	−60	−38	−24	0
1	+26	0	−60	−40	−26	0
1.25	+28	0	−63	−42	−28	0
1.5	+32	0	−67	−45	−32	0
1.75	+34	0	−71	−48	−34	0
2	+38	0	−71	−52	−38	0
2.5	+42	0	−80	−58	−42	0
3	+48	0	−85	−63	−48	0
3.5	+53	0	−90	−70	−53	0
4	+60	0	−95	−75	−60	0
4.5	+63	0	−100	−80	−63	0
5	+71	0	−106	−85	−71	0
5.5	+75	0	−112	−90	−75	0
6	+80	0	−118	−95	−80	0

表 8—2 　　　　　　　　内、外螺纹的基本偏差　　　　　　　　　　μm

2. 螺纹公差带的大小和公差等级

标准规定螺纹公差带的大小由公差值 T 确定，并按其大小分为若干等级。内、外螺纹的中径和顶径（内螺纹的小径 D_1、外螺纹的大径 d）的公差等级见表 8—3。

第 **8** 章　表面结构要求与螺纹公差

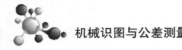

表 8—3 螺纹公差等级

螺纹直径	公差等级
内螺纹小径 D_1	4、5、6、7、8
内螺纹中径 D_2	4、5、6、7、8
外螺纹大径 d	4、6、8
外螺纹中径 d_2	3、4、5、6、7、8、9

内螺纹的小径和外螺纹的大径各公差等级的公差值分别见表 8—4 和表 8—5。从表中可以看出，螺纹顶径的公差值除与公差等级有关外，还与螺距的大小有关。

表 8—4 内螺纹小径公差（T_{D_1}） μm

螺距 P (mm)	公差等级				
	4	5	6	7	8
0.2	38	—	—	—	—
0.25	45	56	—	—	—
0.3	53	67	85	—	—
0.35	63	80	100	—	—
0.4	71	90	112	—	—
0.45	80	100	125	—	—
0.5	90	112	140	180	—
0.6	100	125	160	200	—
0.7	112	140	180	224	—
0.75	118	150	190	236	—
0.8	125	160	200	250	315
1	150	190	236	300	375
1.25	170	212	265	335	425
1.5	190	236	300	375	475
1.75	212	265	335	425	530
2	236	300	375	475	600
2.5	280	355	450	560	710
3	315	400	500	630	800
3.5	355	450	560	710	900
4	375	475	600	750	950
4.5	425	530	670	850	1 060
5	450	560	710	900	1 120
5.5	475	600	750	950	1 180
6	500	630	800	1 000	1 250

表 8—5 　　　　　　　　外螺纹大径公差（T_d）　　　　　　　μm

螺距 P (mm)	公差等级		
	4	6	8
0.2	36	56	—
0.25	42	67	—
0.3	48	75	—
0.35	53	85	—
0.4	60	95	—
0.45	63	100	—
0.5	67	106	—
0.6	80	125	—
0.7	90	140	—
0.75			—
0.8	95	150	236
1	112	180	280
1.25	132	212	335
1.5	150	236	375
1.75	170	265	425
2	180	280	450
2.5	212	335	530
3	236	375	600
3.5	265	425	670
4	300	475	750
4.5	315	500	800
5	335	530	850
5.5	355	560	900
6	375	600	950

内、外螺纹中径公差值分别见表 8—6 和表 8—7。从表中可以看出，螺纹中径的公差值除与公差等级有关外，还与螺纹的公称直径和螺距有关。

表 8—6 　　　　　　　　内螺纹中径公差（T_{D_2}）　　　　　　　μm

公称直径 D (mm) >	≤	螺距 P (mm)	公 差 等 级				
			4	5	6	7	8
0.99	1.4	0.2	40	—	—	—	—
		0.25	45	56	—	—	—
		0.3	48	60	75	—	—
1.4	2.8	0.2	42	—	—	—	—
		0.25	48	60	—	—	—
		0.35	53	67	85	—	—
		0.4	56	71	90	—	—
		0.45	60	75	95	—	—

续表

公称直径 D（mm）		螺距 P (mm)	公 差 等 级				
>	≤		4	5	6	7	8
2.8	5.6	0.35	56	71	90	—	—
		0.5	63	80	100	125	—
		0.6	71	90	112	140	—
		0.7	75	95	118	150	—
		0.75	75	95	118	150	—
		0.8	80	100	125	160	200
5.6	11.2	0.75	85	106	132	170	—
		1	95	118	150	190	236
		1.25	100	125	160	200	250
		1.5	112	140	180	224	280
11.2	22.4	1	100	125	160	200	250
		1.25	112	140	180	224	280
		1.5	118	150	190	236	300
		1.75	125	160	200	250	315
		2	132	170	212	265	335
		2.5	140	180	224	280	355
22.4	45	1	106	132	170	212	—
		1.5	125	160	200	250	315
		2	140	180	224	280	355
		3	170	212	265	335	425
		3.5	180	224	280	335	450
		4	190	236	300	375	475
		4.5	200	250	315	400	500
45	90	1.5	132	170	212	265	335
		2	150	190	236	300	375
		3	180	224	280	355	450
		4	200	250	315	400	500
		5	212	265	335	425	530
		5.5	224	280	355	450	560
		6	236	300	375	475	600
90	180	2	160	200	250	315	400
		3	190	236	300	375	475
		4	212	265	335	425	530
		6	250	315	400	500	630
		8	280	355	450	560	710

续表

公称直径 D (mm) >	≤	螺距 P (mm)	公差 等 级 4	5	6	7	8
180	355	3	212	265	335	425	530
		4	236	300	375	475	600
		6	265	335	425	530	670
		8	300	375	475	600	750

表 8—7　　　　　　　　　　　外螺纹中径公差（T_{d_2}）　　　　　　　　　　μm

公称直径 d (mm) >	≤	螺距 P (mm)	公差 等 级 3	4	5	6	7	8	9
0.99	1.4	0.2	24	30	38	48	—	—	—
		0.25	26	34	42	53	—	—	—
		0.3	28	36	45	56	—	—	—
1.4	2.8	0.2	25	32	40	50	—	—	—
		0.25	28	36	45	56	—	—	—
		0.35	32	40	50	63	80	—	—
		0.4	34	42	53	67	85	—	—
		0.45	36	45	56	71	90	—	—
2.8	5.6	0.35	34	42	53	67	85	—	—
		0.5	38	48	60	75	95	—	—
		0.6	42	53	67	85	106	—	—
		0.7	45	56	71	90	112	—	—
		0.75	45	56	71	90	112	—	—
		0.8	48	60	75	95	118	150	190
5.6	11.2	0.75	50	63	80	100	125	—	—
		1	56	71	90	112	140	180	224
		1.25	60	75	95	118	150	190	236
		1.5	67	85	106	132	170	212	265
11.2	22.4	1	60	75	95	118	150	190	236
		1.25	67	85	106	132	170	212	265
		1.5	71	90	112	140	180	224	280
		1.75	75	95	118	150	190	236	300
		2	80	100	125	160	200	250	315
		2.5	85	106	132	170	212	265	335
22.4	45	1	63	80	100	125	160	200	250
		1.5	75	95	118	150	190	236	300
		2	85	106	132	170	212	265	335
		3	100	125	160	200	250	315	400
		3.5	106	132	170	212	265	335	425
		4	112	140	180	224	280	355	450
		4.5	118	150	190	236	300	375	475

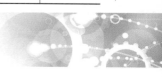

第 8 章　表面结构要求与螺纹公差

续表

公称直径 d (mm) >	≤	螺距 P (mm)	公差等级 3	4	5	6	7	8	9
45	90	1.5	80	100	125	160	200	250	315
		2	90	112	140	180	224	280	355
		3	106	132	170	212	265	335	425
		4	118	150	190	236	300	375	475
		5	125	160	200	250	315	400	500
		5.5	132	170	212	265	335	425	530
		6	140	180	224	280	355	450	560
90	180	2	95	118	150	190	236	300	375
		3	112	140	180	224	280	355	450
		4	125	160	200	250	315	400	500
		6	150	190	236	300	375	475	600
		8	170	212	265	335	425	530	670
180	355	3	125	160	200	250	315	400	500
		4	140	180	224	280	355	450	560
		6	160	200	250	315	400	500	630
		8	180	224	280	355	450	560	710

对外螺纹的小径和内螺纹的大径不规定具体的公差值，只规定内、外螺纹牙底实际轮廓上的任意点均不得超越按基本偏差所确定的最大实体牙型。对于性能要求较高的螺纹紧固件，其外螺纹牙底轮廓要有圆滑连接的曲线，并要求限制最小圆弧半径。

3. 螺纹的旋合长度。

螺纹结合的精度不仅与螺纹公差带的大小有关，而且还与螺纹的旋合长度有关。

国家标准规定将螺纹的旋合长度分为三组，即短旋合长度（S）、中等旋合长度（N）和长旋合长度（L）。同一组旋合长度中，由于螺纹的公称直径和螺纹不同，其长度值也是不同的，具体的数值见表8—8。

表8—8　　　　　　　　　　　螺纹的旋合长度　　　　　　　　　　mm

公称直径 D、d (mm) >	≤	螺距 P (mm)	旋合长度 S ≤	>	N ≤	L >
0.99	1.4	0.2	0.5	0.5	1.4	1.4
		0.25	0.6	0.6	1.7	1.7
		0.3	0.7	0.7	2	2
1.4	2.8	0.2	0.5	0.5	1.5	1.5
		0.25	0.6	0.6	1.9	1.9
		0.35	0.8	0.8	2.6	2.6
		0.4	1	1	3	3
		0.45	1.3	1.3	3.8	3.8

续表

公称直径 D、d (mm)		螺距 P (mm)	旋 合 长 度			
			S		N	L
>	≤		≤	>	≤	>
2.8	5.6	0.35	1	1	3	3
		0.5	1.5	1.5	4.5	4.5
		0.6	1.7	1.7	5	5
		0.7	2	2	6	6
		0.75	2.2	2.2	6.7	6.7
		0.8	2.5	2.5	7.5	7.5
5.6	11.2	0.75	2.4	2.4	7.1	7.1
		1	3	3	9	9
		1.25	4	4	12	12
		1.5	5	5	15	15
11.2	22.4	1	3.8	3.8	11	11
		1.25	4.5	4.5	13	13
		1.5	5.6	5.6	16	16
		1.75	6	6	18	18
		2	8	8	24	24
		2.5	10	10	30	30
22.4	45	1	4	4	12	12
		1.5	6.3	6.3	19	19
		2	8.5	8.5	25	25
		3	12	12	36	36
		3.5	15	15	45	45
		4	18	18	53	53
		4.5	21	21	63	63
45	90	1.5	7.5	7.5	22	22
		2	9.5	9.5	28	28
		3	15	15	45	45
		4	19	19	56	56
		5	24	24	71	71
		5.5	28	28	85	85
		6	32	32	95	95
90	180	2	12	12	36	36
		3	18	18	53	53
		4	24	24	71	71
		6	36	36	106	106
		8	45	45	132	132
180	355	3	20	20	60	60
		4	26	26	80	80
		6	40	40	118	118
		8	50	50	150	150

第 8 章 表面结构要求与螺纹公差

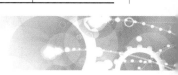

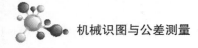
三、螺纹的选用公差带与配合

由 GB/T 197—2003 提供的各种公差等级的公差和基本偏差，可以组成内、外螺纹的各种公差带。螺纹公差带代号由表示公差等级的数字和表示基本偏差的字母组成，如 6H、6g 等。与光滑圆柱形工件的公差带代号的区别在于，光滑圆柱形工件的公差带代号字母在前，数字在后，如 D8、R6 等，而螺纹公差带代号正好相反。

在生产中，如果全部使用上述各种公差带，将给量具、刀具的生产、供应及螺纹的加工和管理造成很多困难。为了减少量具、刀具的规格和数量，国家标准推荐了一些常用公差带作为选用公差带，并在其中给出了"优先""其次"和"尽可能不用"的选用顺序，见表8—9 和表 8—10。

表 8—9　　　　　　　　　　　　内螺纹选用公差带

公差精度	公差带位置 G			公差带位置 H		
	S	N	L	S	N	L
精密				4H	5H	6H
中等	(5G)	* 6G	(7G)	* 5H	* 6H	* 7H
粗糙		(7G)	(8G)		7H	8H

表 8—10　　　　　　　　　　　　外螺纹选用公差带

公差精度	公差带位置 e			公差带位置 f			公差带位置 g			公差带位置 h		
	S	N	L	S	N	L	S	N	L	S	N	L
精密							(4g)	(5g4g)	(3h4h)	* 4h	(5h4h)
中等		* 6e	(7e6e)		* 6f		(5g6g)	* 6g	(7g6g)	(5h6h)	6h	(7h6h)
粗糙		(8e)	(9e8e)				8g	(9g8g)				

注：1. 带 * 的公差带应"优先"选用，不带 * 的公差带应"其次"选用，括号内的公差带应"尽可能不用"。

　　2. 大量生产的精制紧固件螺纹，推荐采用带方框的公差带。

从表 8—9、表 8—10 中可以看出，对内、外螺纹，按精密、中等、粗糙三个精度等级列出了 S 组、N 组、L 组三种旋合长度下的选用公差带。表中只有一种公差带代号的，表示中径公差带和顶径（即外螺纹大径 d 或内螺纹小径 D_1）公差带相同；有两种公差带代号的，前者表示中径公差带，后者表示顶径公差带。螺纹公差带的选用原则见表 8—11。

表 8—11　　　　　　　　　　　　螺纹公差带的选用原则

精度等级	适用场合
精密级	用于精密螺纹，当要求配合性质变动较小时选用
中等级	用于一般用途螺纹
粗糙级	对精度要求不高或制造比较困难时选用，例如，在热轧棒料上和深盲孔内加工螺纹

第 9 章

零 件 图

第 1 节 零件图概述

一、零件图与装配图的关系

装配图表示机器或部件的工作原理、零件间的装配关系和技术要求，零件图则表示零件的结构形状、大小和有关技术要求，并根据它加工制造零件。在设计或测绘机器时，首先要绘制装配图，再拆画零件图，零件完工后再按装配图将零件装配成部件或机器。因此，零件与部件、零件图与装配图之间的关系十分密切。

在识读或绘制零件图时，要考虑零件在部件中的位置、作用，以及与其他零件间的装配关系，从而理解各个零件的结构形状和加工方法。在识读或绘制装配图时（将在第 10 章中讲述），也必须了解部件中主要零件的结构形状和作用，以及各零件间的装配关系。

图 9—1 所示为滑动轴承轴测分解图。滑动轴承是机器设备中支承转动轴的部件，它由一些标准件（如螺栓、螺母等）和专用件①（如轴承座、轴承盖等）装配而成。轴承座是滑动轴承的主要零件，它与轴承盖通过两组螺栓和螺母紧固，并压紧上、下轴衬；轴承盖上部的油杯给轴衬加润滑油；轴承座下部的底板起支承和固定滑动轴承作用。由此可见，零件的结构形状和大小是由该零件在机器或部件中的功能以及与其他零件的装配连接关系确定的。

二、零件图的内容

图 9—2 所示为轴承座零件图。零件图应包括以下基本内容：

1. 图形

选用一组适当的视图、剖视图、断面图等图形，正确、完整、清晰地表达零件的内、外结构形状。

2. 尺寸

正确、齐全、清晰、合理地标注零件在制造和检验时所需要的全部尺寸。

注：① 根据零件在装配体中的功用和装配关系而专门设计的零件称为专用件。

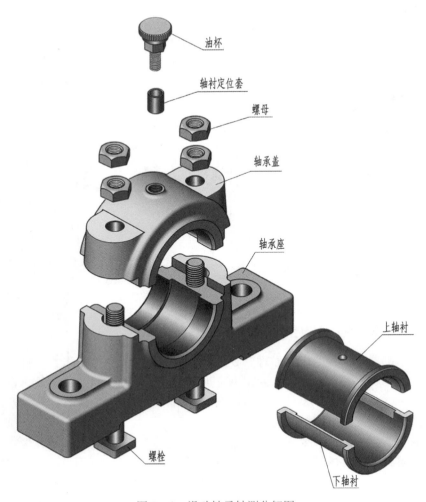

油杯

轴衬定位套

螺母

轴承盖

轴承座

上轴衬

螺栓

下轴衬

图 9—1　滑动轴承轴测分解图

3. 技术要求

用规定的符号、代号、标记和文字说明等简明地给出零件在制造和检验时所应达到的各项技术指标和要求，如尺寸公差、几何公差、表面结构和热处理要求等。

4. 标题栏

填写零件名称、材料、比例、图号以及设计、审核人员的责任签字等。

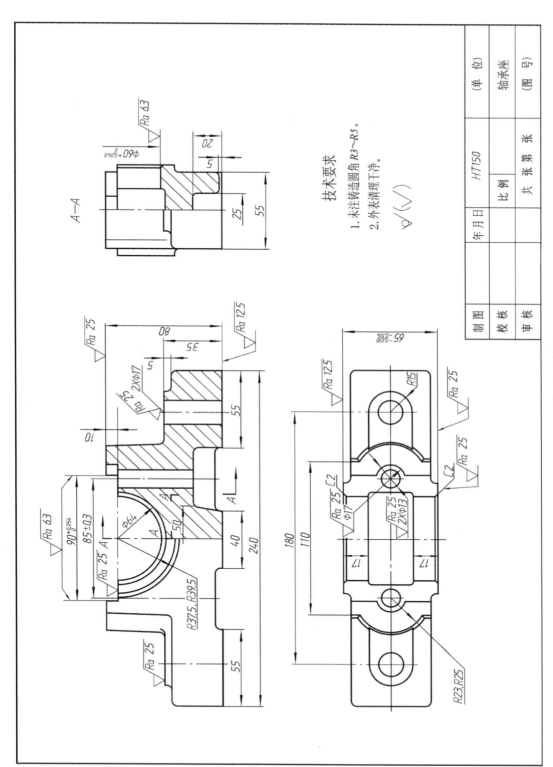

图 9－2　轴承座零件图

179

第**9**章　零件图

第2节　零件结构形状的表达

零件图应把零件的结构形状正确、完整、清晰地表达出来。为此，首先要对零件的结构形状特点进行分析，并了解零件在机器或部件中的位置、作用及加工方法，然后灵活地选择基本视图、剖视图、断面图及其他各种表示法，合理地选择主视图和其他视图，确定一种较为合理的表达方案是表示零件结构形状的关键。

一、选择主视图

主视图是一组图形的核心，是直接影响看图和画图是否方便的关键。选择主视图时，一般应综合考虑以下两个方面：

1. 确定主视图中零件的安放位置

（1）零件的加工位置。零件在机械加工时必须固定并夹紧在一定的位置上，选择主视图时应尽量与零件的加工位置一致，以使加工时看图方便。如轴、套、盘等回转体类零件，一般是按加工位置画主视图。

（2）零件的工作位置。零件在机器或部件中都有一定的工作位置，选择主视图时应尽量与零件的工作位置一致，以便与装配图直接对照。支座、箱体等非回转体类零件，通常是按工作位置画主视图。图9—2所示轴承座的主视图符合其工作位置。

2. 确定零件主视图的投射方向

主视图的投射方向应该能够较多地反映零件的主要形状特征，即表达零件的结构形状以及各组成部分之间的相对位置关系。如图9—3所示轴承座，由箭头所指的 A、B、C、D 四个投射方向所得到的视图如图9—4所示。分析比较可知：B 向视图能更明显地反映轴承座各部分的结构特征，所以确定以 B 向作为主视图的投射方向。

图9—3　轴承座主视图投射方向的选择

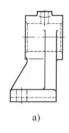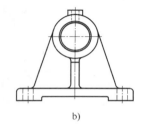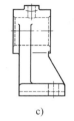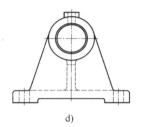

a)　　　　　　　b)　　　　　　　c)　　　　　　　d)

图9—4　分析主视图投射方向
a）A 向　b）B 向　c）C 向　d）D 向

二、选择其他视图

主视图确定之后，还要分析该零件还有哪些结构形状未表达完整，以及如何用其他视图进行表达，并使每个视图都有表达的重点。在选择视图时，应优先选用基本视图及在基本视图上作剖视图。在完整、清晰地表达零件结构形状的前提下，尽量减少视图数量，力求制图简便。

三、零件表达方案选择典型实例

根据图 9—3 所示轴承座，选择恰当的表达方案。

1. 分析结构

轴承座的主要功能是支承轴，其主体结构由底板（与机体连接）、圆筒（支承轴）、支撑板（连接圆筒和底板）、肋板（加强支撑板刚性）四个主要部分组成，其次还有凸台（带螺纹孔，装油杯润滑）。

2. 选择主视图

根据前面的综合分析，确定 B 向为主视图的投射方向，考虑底板安装孔和凸台螺孔的不可见性，将其作局部剖视，如图 9—5a 所示。

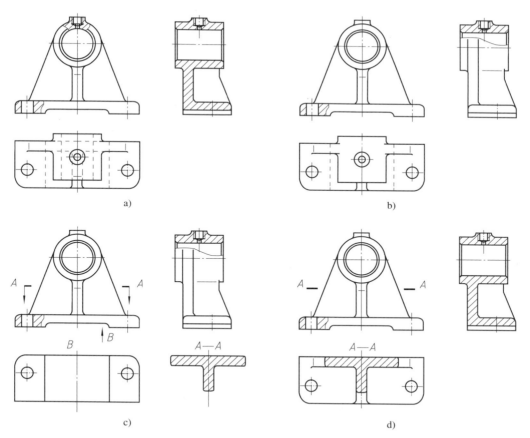

图 9—5　轴承座表达方案的选择
a) 方案一　b) 方案二　c) 方案三　d) 方案四

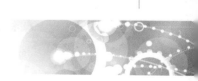

第 9 章　零件图

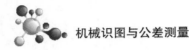

3. 选择其他视图

进一步分析尚未表达清楚的结构形状，选择左视图（全剖视）侧重表达圆筒与凸台螺孔、肋板和底板开槽形状，选择俯视图主要表达底板外形及支撑板和肋板的结构形状等，如图 9—5a 所示。

4. 综合分析比较，选择最佳表达方案

图 9—5a 只是表达方案之一，但不是最佳方案，可以看出其不足：一是对凸台螺孔的表达，主、左视图有重复；二是俯视图虚线过多，不清晰。

方案二（图 9—5b）克服了方案一的缺点，但支撑板和肋板的断面形状表达并不完全清楚。

方案三（图 9—5c）进一步解决了方案二存在的不足，采用移出剖面清晰地表达了支撑板与肋板的断面形状和位置关系，底板采用更简捷的 B 向局部视图来表达，但多了一个图形。

方案四（图 9—5d）俯视图采用了全剖视，既表达了底板的外形又反映了支撑板和肋板的断面形状及其位置关系。

综合分析比较四种方案，方案四仅用三个视图便正确、完整、清楚地反映了轴承座的结构形状，是最佳的表达方案。

第 3 节　零件上的常见工艺结构

零件的结构和形状，除了应满足使用功能的要求外，还应满足制造工艺的要求，即应具有合理的工艺结构。表 9—1 是零件上常用的工艺结构及其画法，供画图时参考。

表 9—1　　　　　　　　　　零件上常用的工艺结构及其画法

种类		图　　例	说　　明
铸造结构	起模斜度	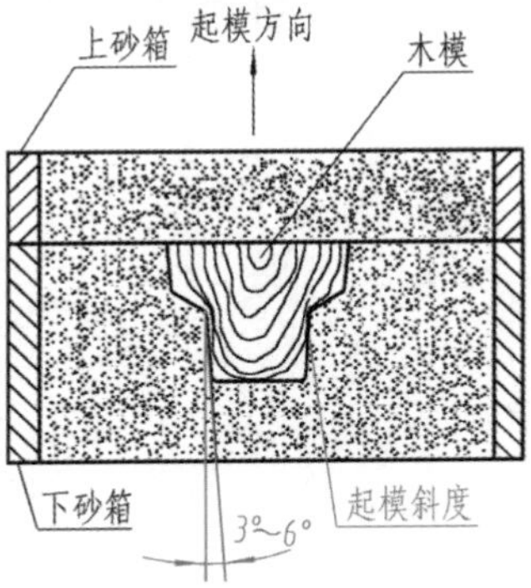 上砂箱　起模方向　木模 下砂箱　　3°~6°　起模斜度	为便于起模，在铸件的内、外壁沿起模方向应有一定斜度（1：20～1：10），视图上一般不作标注
铸造结构	铸造圆角	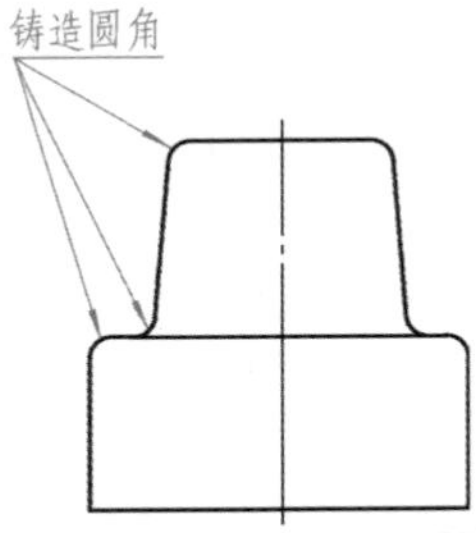 铸造圆角	为防止起模或浇注时砂型在尖角处脱落和避免铸件冷却收缩时产生裂纹，铸件各表面相交处应做成圆角

种类		图　例	说　明
铸造结构	过渡线		由于铸造圆角的存在，零件上的表面交线已不明显，此时的交线称为过渡线（用细实线表示，且端点处与其他图线断开）
	铸件壁厚		为了避免浇铸后由于铸件壁厚不均匀而产生缩孔、裂纹等缺陷，应尽可能使铸件壁厚均匀或逐渐过渡
机加工艺结构	倒角和倒圆		为便于装配和安全操作，在轴或孔的端部加工出倒角；为避免应力集中而产生裂纹，常把轴肩根部倒圆

第 9 章　零件图

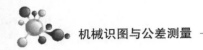

续表

种类	图 例	说 明
退刀槽和砂轮越程槽	退刀槽　3×φ10.5 刀具 砂轮 4×2 砂轮越程槽	在切削螺纹或磨削外圆时，为顺利完成加工结构，应在轴肩根部留出退刀槽和砂轮越程槽
机加工艺结构 凸台和凹槽	凸台　凹槽 a)　b) 凹槽　接触加工面 凹腔 配合加工面 a)　b)	为使零件在装配时接触良好，并减少加工面积，常在零件上设计出凸台或凹槽等工艺结构

第4节 零件的标注

一、零件尺寸的合理标注

零件尺寸的标注除要做到正确、齐全、清晰等基本要求外，还应考虑其合理性。合理标注尺寸是指所注尺寸既符合设计要求，保证机器的使用性能；又满足工艺要求，便于加工、测量和检验。

1. 正确选择尺寸基准

尺寸基准是指零件在机器中或在加工测量时用以确定其位置的面或线。一般情况下，零件在长、宽、高三个方向上都应有一个主要基准，如图9—6所示。为便于加工制造，还可以有若干辅助基准。一般常选择零件的对称面、回转轴线、主要加工面、主要支承面和结合平面作尺寸基准。

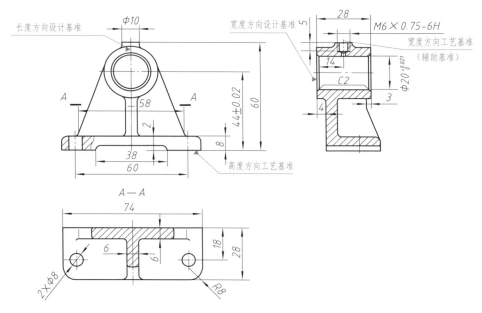

图9—6 基准的选择

根据基准的不同作用，可分为设计基准和工艺基准。

（1）设计基准。设计基准是确定零件在部件中工作位置的基准面或线。如在图9—6中，标注轴承孔的中心高尺寸44±0.02，应以底面为高度方向基准，因为一根轴要用两个轴承座支承，为了保证轴线的水平位置，两个轴孔的中心应等高。标注底板两螺钉孔的定位尺寸60，其长度方向以左右对称面为基准，以保证两螺钉孔与轴孔的对称关系。宽度方向以圆筒后端面为设计基准。

（2）工艺基准。工艺基准是零件在加工、测量时的基准面或线。如图9—6中凸台的顶面是工艺基准，以此为基准测量螺孔的深度尺寸5比较方便。

第9章 零件图

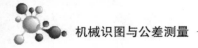

设计基准和工艺基准最好能重合,这样既可满足设计要求,又能便于加工、检测。如图9—6所示的轴承座,对整体而言,底面是设计基准,也是工艺基准。对顶部局部结构,凸台顶面既是螺孔深度的设计基准,又是加工测量时的工艺基准。同一方向有两个以上基准时,设计基准为主要基准,工艺基准作为辅助基准。

2. 合理标注尺寸的原则

(1)重要尺寸直接注出。重要尺寸是指有配合功能要求的尺寸、重要的相对位置尺寸、影响零件使用性能的尺寸,这些尺寸都要在零件图上直接注出。

图9—7a轴孔中心高h_1是重要尺寸,若按图9—7b标注,则尺寸h_2和h_3将产生较大的积累误差,使孔的中心高不能满足设计要求。另外,为安装方便,图9—7a中底板上两孔的中心距l_1也应直接注出,若按图9—7b标注尺寸l_3间接确定l_1则不能满足装配要求。

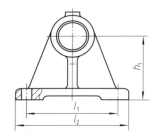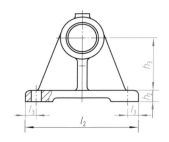

图9—7 重要尺寸直接注出

a)正确 b)错误

(2)避免出现封闭尺寸链。图9—8b中的尺寸l_1、l_2、l_3、l构成一个封闭尺寸链。由于$l=l_1+l_2+l_3$,在加工时,尺寸l_1、l_2、l_3都可能产生误差,每一段的误差都会积累到尺寸l上,使总长l不能保证设计的精度要求。若要保证尺寸l的精度要求,就要提高每一段的精度要求,造成加工困难且提高成本。为此,选择其中一个不重要的尺寸空出不注,称为开口环,使所有的尺寸误差都积累在这一段上,如图9—8a所示。

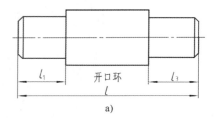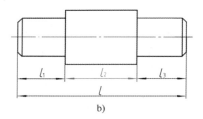

图9—8 不要注成封闭尺寸链

a)正确 b)错误

(3)标注尺寸要便于加工测量

1)退刀槽和砂轮越程槽的尺寸标注。轴套类零件上常制有退刀槽或砂轮越程槽等工艺结构,标注尺寸时应将这类结构要素的尺寸单独注出,且包括在相应的某一段长度内。如图9—9a所示,图中将退刀槽这一工艺结构包括在长度13内,因为加工时一般先粗车外圆到长度13,再由切刀切槽,所以这种标注形式符合工艺要求,便于加工测量,而图9—9b的标注则不合理。

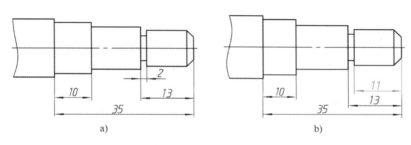

图9—9 标注尺寸要便于加工测量（一）
a）正确 b）错误

零件上常见结构要素的尺寸标注已经格式化，如倒角、退刀槽可按图9—10a、b的形式标注。图9—10c所示为轴套类零件中越程槽的尺寸注法。

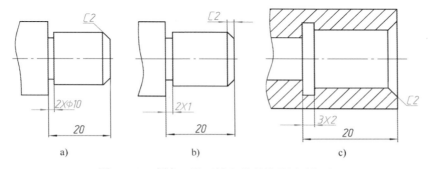

图9—10 倒角、退刀槽和越程槽的尺寸标注

2）键槽深度的尺寸标注。图9—11a表示轴或轮毂上键槽的深度尺寸以圆柱面素线为基准进行标注，以便于测量。

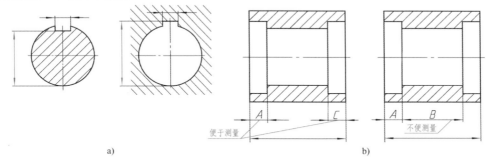

图9—11 标注尺寸要便于加工测量（二）
a）键槽深度 b）阶梯孔

3）阶梯孔的尺寸标注。零件上阶梯孔的加工顺序一般是先做成小孔，再加工大孔，因此轴向尺寸的标注应从端面注出大孔的深度，便于测量，如图9—11b所示。

3. 各种孔的简化注法

零件上各种孔（光孔、沉孔、螺孔）的简化注法见表9—2。标注尺寸时应尽可能使用符号和缩写词，见表9—3。

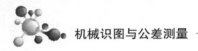

表 9—2　　　　　　　　　　　　各种孔的简化注法

零件结构类型		简化注法	一般注法	说明
光孔	一般孔	4Xϕ5▽10　4Xϕ5▽10	4×ϕ5	4×ϕ5 表示直径为 5 mm 的四个光孔，孔深可与孔径连注
	锥孔	锥销孔ϕ5 配作	锥销孔ϕ5 配作	ϕ5 为与锥销孔相配的圆锥销小头直径（公称直径）。锥销孔通常是两零件装配在一起后加工的，故应注明"配作"
沉孔	锥形沉孔	4Xϕ7 ▽ϕ13X90°	90° ϕ13 4Xϕ7	4×ϕ7 表示直径为 7 mm 的四个孔，90°锥形沉孔的最大直径为ϕ13 mm
	柱形沉孔	4Xϕ7 ⊔ϕ13▽3	ϕ13 3 4Xϕ7	四个柱形沉孔的直径为ϕ13 mm，深度为 3 mm
	锪平沉孔	4Xϕ7 ⊔ϕ13	ϕ13 锪平 4Xϕ7	锪平沉孔ϕ13 mm 的深度不必标注，一般锪平到不出现毛面为止
螺孔	通孔	2XM8	2XM8	2×M8 表示公称直径为 8 mm 的两螺孔，中径和顶径的公差带代号为 6H
	不通孔	2XM8▽10 孔▽12	2XM8 10 12	表示两个螺孔 M8 的螺纹长度为 10 mm，钻孔深度为 12 mm，中径和顶径的公差带代号为 6H

表 9—3　　　　　　　　　　　　尺寸标注常用符号和缩写词

含义	符号或缩写词	含义	符号或缩写词
直径	ϕ	45°倒角	C
半径	R	正方形	□
球直径	Sϕ	深度	▽
球半径	SR	沉孔或锪平	⊔
厚度	t	埋头孔	∨
均布	EQS	弧长	⌒

二、零件图上的技术要求

零件图中除了图形和尺寸外，还有制造该零件时应满足的一些加工要求，通常称为"技术要求"，如表面粗糙度、尺寸公差、几何公差以及材料热处理等。技术要求一般是用符号、代号或标记标注在图形上，或者用文字注写在图样的适当位置，基本要求和方法见本书第6～8章。

第5节　读零件图

零件图是制造和检验零件的依据，是反映零件结构、大小和技术要求的载体。读零件图的目的就是根据零件图想象零件的结构形状，明确其尺寸和技术要求。为了读懂零件图，应结合零件在机器或部件中的位置、功能以及与其他零件的装配关系来读图。下面通过球阀中的主要零件来介绍识读零件图的方法和步骤。

球阀是管路系统中的一个开关，从图9—12所示球阀轴测装配图中可以看出，球阀的工作原理是驱动扳手转动阀杆和阀芯，控制球阀启闭。阀杆和阀芯包容在阀体内，阀盖通过四个螺柱与阀体连接。通过以上分析，即可清楚了解球阀中主要零件的功能以及零件间的装配关系。

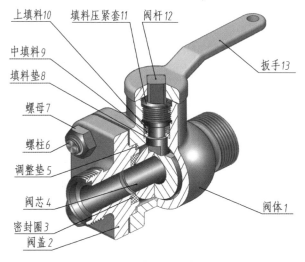

图9—12　球阀轴测装配图

一、　阀杆（图9—13）

1. 结构分析

对照球阀轴测装配图可以看出，阀杆是轴套类零件，阀杆上部为四棱柱体，与扳手的方孔配合；阀杆下部带球面的凸榫插入阀芯上部的通槽内，以便使用扳手转动阀杆，带动阀芯旋转，控制球阀启闭。

2. 表达分析

阀杆零件图用一个基本视图和一个断面图表达。轴套类零件一般在车床上加工，所以阀杆主视图按加工位置将阀杆水平横放。左端的四棱柱体采用移出断面表示。

3. 尺寸分析

阀杆以水平轴线作为径向尺寸基准，也是高度和宽度方向的尺寸基准，由此注出径向各部分尺寸 $\phi14$、$\phi11$、$\phi14c11(^{-0.095}_{-0.205})$、$\phi18c11(^{-0.095}_{-0.205})$。凡尺寸数字后面注写公差带代号或偏差值的，一般是指零件该部分与其他零件有配合关系。如 $\phi14c11(^{-0.095}_{-0.205})$ 和 $\phi18c11(^{-0.095}_{-0.205})$ 分别与球阀中的填料压紧套和阀体有配合关系（图9—12），所以尺寸精度和表面粗糙度的要求较严，其中，Ra 值为 3.2 μm。

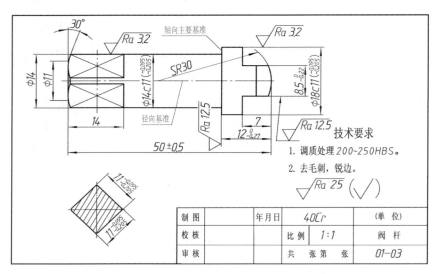

图9—13　阀杆

选择表面粗糙度为 Ra 12.5 的中间圆柱端面作为阀杆长度方向的主要尺寸基准（轴向主要基准），由此注出尺寸 $12^{0}_{-0.27}$；以右端面为轴向的第一辅助基准，注出尺寸 7、50±0.5；以左端面为轴向的第二辅助基准，注出尺寸14。

阀杆经过调质处理后应达到 200～250HBS，以提高材料的韧性和强度。

二、 阀盖（图9—14）

1. 结构分析

对照轴测装配图，阀盖的右边与阀体有相同的方形法兰盘结构。阀盖通过螺柱与阀体连接，中间的通孔与阀芯的通孔对应。阀盖的左侧有与阀体右侧相同的外管螺纹连接管道，形成流体通道。图9—15所示为阀盖轴测图。

2. 表达分析

阀盖零件图用两个基本视图表达，主视图采用全剖视，表示零件的空腔结构以及左端的外螺纹。阀盖属于盘盖类零件。主视图的安放既符合主要加工位置，也符合阀盖在部件中的工作位置。左视图表达了带圆角的方形凸缘和四个均布的通孔。

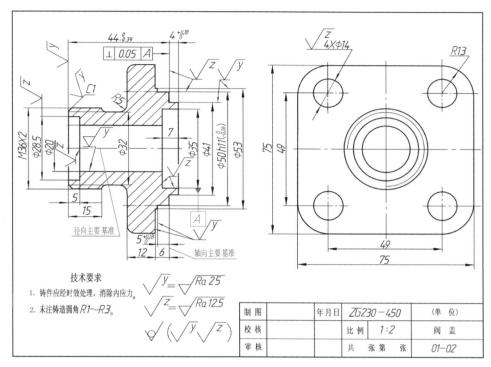

图 9—14 阀盖

3. 尺寸分析

多数盘盖类零件的主体部分是回转体，所以通常以轴孔的轴线作为径向主要基准，由此注出阀盖各部分同轴线的直径尺寸，方形凸缘也用它作为高度和宽度方向的尺寸基准。在注有公差的尺寸 $\phi 50h11(^{~0}_{-0.16})$ 处，表明在这里与阀体有配合要求。

以阀盖的重要端面（右端凸缘端面）作为轴向主要基准，即长度方向的主要尺寸基准，由此注出尺寸 $4^{+0.18}_{~0}$、$44^{~0}_{-0.39}$ 以及 $5^{+0.18}_{~0}$、6 等。有关长度方向的辅助基准和联系尺寸，请读者自行分析。

图 9—15 阀盖轴测图

4. 了解技术要求

阀盖是铸件，需要进行时效处理，以消除内应力。视图中有小圆角（铸造圆角 $R1\sim R3$）过渡的表面是非加工表面。注有尺寸公差的 $\phi 50$ 所对应部位，对照球阀轴测装配图可以看出，与阀体有配合关系，但由于相互之间没有相对运动，所以表面粗糙度要求不严，Ra 值为 $12.5\ \mu m$。作为长度方向主要尺寸基准的端面相对阀盖水平轴线的垂直度公差为 $0.05\ mm$。

三、阀体（图 9—16）

1. 结构分析

阀体的作用是支承和包容其他零件，它属于箱体类零件。阀体的结构特征明显，是一

第 ❾ 章 零件图

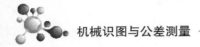

个具有三通管式空腔的零件。水平方向空腔容纳阀芯和密封圈（在空腔右侧 $\phi35$ 圆柱形槽内放密封圈）；阀体右侧有外管螺纹与管道相通，形成流体通道；阀体左侧有 $\phi50^{+0.16}_{0}$ 圆柱形槽与阀盖右侧 $\phi50^{0}_{-0.16}$ 圆柱形凸缘相配合。竖直方向的空腔容纳阀杆、填料和填料压紧套等零件，孔 $\phi18^{+0.11}_{0}$ 与阀杆下部凸缘 $\phi18^{-0.095}_{-0.205}$ 相配合，阀杆凸缘在这个孔内转动。

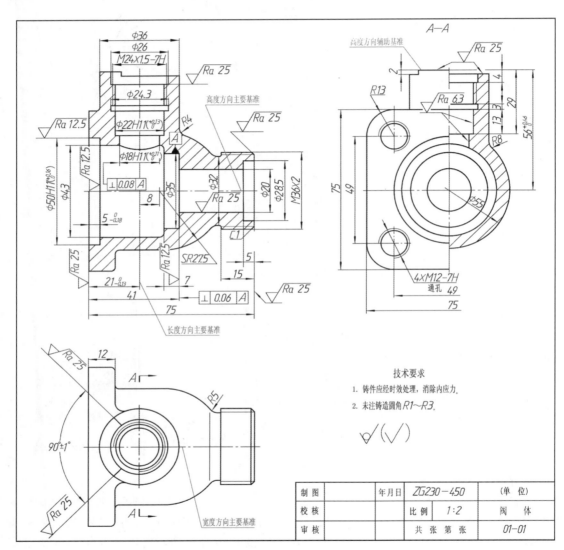

图 9—16　阀体

2. 表达分析

阀体采用三个基本视图，主视图采用全剖视，表达零件的空腔结构；左视图的图形对称，采用半剖视，既表达零件的空腔结构形状，也表达零件的外部结构形状；俯视图表达阀体俯视方向的外形。将三个视图综合起来想象阀体的结构形状，并仔细看懂各部分的局部结构。如俯视图中标注 $90°\pm1°$ 的两段粗短线，对照主视图和左视图看懂 $90°$ 扇形限位块，它是用来控制扳手和阀杆的旋转角度的。

图 9—17 所示为阀体轴测图。

3. 尺寸分析

阀体的结构形状比较复杂，标注的尺寸很多，这里仅分析其中一些主要尺寸，其余尺寸请读者自行分析。

（1）以阀体水平孔轴线为高度方向主要基准，注出水平方向孔的直径尺寸 $\phi50H11({}^{+0.16}_{0})$、$\phi43$、$\phi35$、$\phi32$、$\phi20$、$\phi28.5$ 以及右端外螺纹 M36×2 等，同时注出水平轴到顶端的高度尺寸 $56^{+0.46}_{0}$（在左视图上）。

图 9—17　阀体轴测图

（2）以阀体铅垂孔轴线为长度方向主要基准，注出 $\phi36$、$\phi26$、M24×1.5—7H、$\phi22H11({}^{+0.13}_{0})$、$\phi18H11({}^{+0.11}_{0})$ 等，同时注出铅垂孔轴线到左端面的距离 $21^{0}_{-0.13}$。

（3）以阀体前后对称面为宽度方向主要基准，在左视图上注出阀体的圆柱体外形尺寸 $\phi55$、左端面方形凸缘外形尺寸 75×75，以及四个螺孔的宽度方向定位尺寸 49，同时在俯视图上注出前后对称的扇形限位块的角度尺寸 90°±1°。

4. 了解技术要求

通过上述尺寸分析可以看出，阀体中比较重要的尺寸都标注了公差，与此相对应的表面粗糙度要求也较严，Ra 值一般为 6.3 μm。阀体左端和空腔右端的阶梯孔 $\phi50$、$\phi35$ 分别与密封圈（垫）有配合关系，但因密封圈的材料为塑料，所以相应的表面粗糙度要求稍低，Ra 的上限值为 12.5 μm。零件上不太重要的加工表面粗糙度 Ra 值一般为 25 μm。

主视图中对于阀体的几何公差要求是：空腔右端面相对于 $\phi35$ 轴线的垂直度公差为 0.06 mm；$\phi18$ 圆柱孔轴线相对于 $\phi35$ 圆柱孔轴线的垂直度公差为 0.08 mm。

在零件图的标题栏和第 10 章装配图的明细栏中均有零件材料一项，关于金属材料（铁、钢、有色金属）的牌号或代号以及有关说明见附表 12 和附表 13。

第 **9** 章　零件图

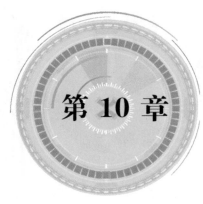

第 10 章

装　配　图

第 1 节　装配图的内容和表示法

一、装配图的内容

从图 10—1 所示滑动轴承装配图（参阅图 9—1 滑动轴承轴测分解图）中可以看出，一张完整的装配图包括以下几项基本内容：

1. 一组图形

装配图中的一组图形，用来表达机器（或部件）的工作原理、装配关系和结构特点。前面所述机件的表达方法可以用来表达装配图，但由于装配图表达重点不同，还需要一些规定的表示法和特殊的表示法。

2. 必要的尺寸

标注出反映机器（或部件）的规格（性能）尺寸、安装尺寸、零件之间的装配尺寸以及外形尺寸等。

3. 技术要求

用文字或符号注写机器（或部件）的质量、装配、检验、使用等方面的要求。

4. 标题栏、 零件序号和明细栏

根据生产组织和管理的需要，在装配图上对每个零件编注序号，并填写明细栏。在标题栏中注明装配体的名称、图号、绘图比例以及有关人员的签字等。

二、装配图画法的基本规则

根据国家标准的有关规定，并综合前面章节中的有关表述，装配图画法有以下基本规则（图 10—2）。

1. 实心零件画法

在装配图中，对于紧固件以及轴、键、销等实心零件，若按纵向剖切，且剖切平面通过其对称平面或轴线时，这些零件均按不剖绘制，如轴、螺钉等。

2. 相邻零件的轮廓线画法

两个零件的接触表面（或基本尺寸相同的配合面），只用一条共有的轮廓线表示；非接触面画两条轮廓线。

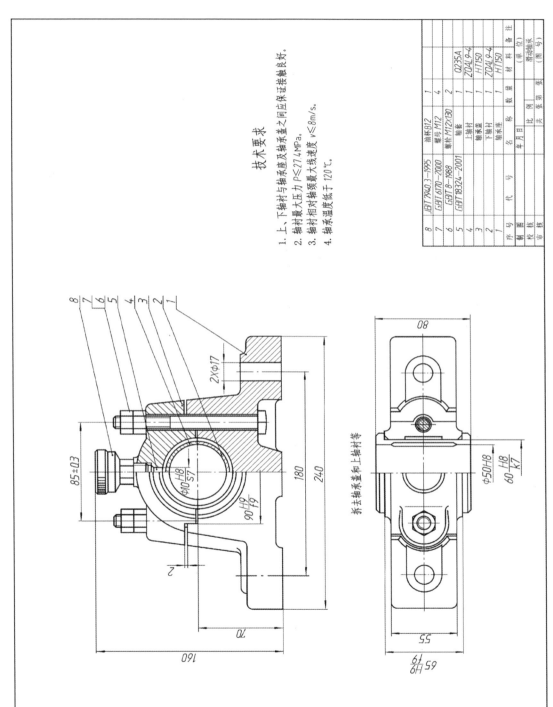

图 10—1 滑动轴承装配图

技 术 要 求

1. 上、下轴衬与轴承座及轴承盖之间应保证接触良好。
2. 轴衬最大压力 P≤27.4MPa。
3. 轴衬相对轴颈最大线速度 v≤8m/s。
4. 轴承温度低于 120℃。

序号	代 号	名 称	数 量	材 料	备 注
8	JB/T 7940.3—1995	油杯B12	1		滑动轴承
7	GB/T 6170—2000	螺母 M12	4		
6	GB/T 8—1988	螺栓 M12×130	2		
5	GB/T 18324—2001	轴套	1	Q235A	
4		上轴衬	1	ZQAL9-4	
3		轴承盖	1	HT150	
2		下轴衬	1	ZQAL9-4	
1		轴承座	1	HT150	(图 号)
			比 例	(单 位)	
制 图	年 月 日		共 张 第 张		
校 核					
审 核					

拆去轴承盖和上轴衬等

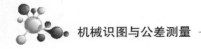
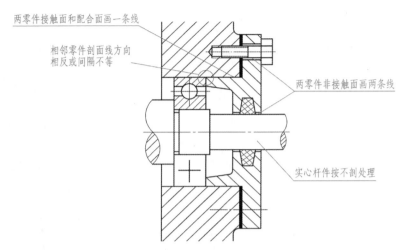

图 10—2 装配图的规定画法

3. 相邻零件的剖面线画法

在剖视图中，相接触的两零件的剖面线方向应相反或间隔不等。三个或三个以上零件相接触时，除其中两个零件的剖面线倾斜方向不同外，第三个零件应采用不同的剖面线间隔或者与同方向的剖面线位置错开。值得注意的是，在各视图中，同一零件的剖面线方向与间隔必须一致。

三、装配图的特殊画法

零件图的各种表示法（视图、剖视图、断面图）同样适用于装配图，但装配图着重表达装配体的结构特点、工作原理和各零件间的装配关系。针对这一特点，国家标准制定了表达机器（或部件）装配图的特殊画法。

1. 简化画法

（1）在装配图中，当某些零件遮住了需要表达的结构和装配关系时，可假想沿某些零件的结合面剖切或假想将某些零件拆卸后绘制。需要说明时，在相应的视图上方加注"拆去××等"。如图 10—1 所示滑动轴承装配图的俯视半剖视图是沿轴承盖与轴承座的结合面剖切后拆去轴承盖和上轴衬等，再投射后画出的。

（2）装配图中对规格相同的零件组，如图 10—2 中的螺钉连接，可详细地画出一处，其余用细点画线表示其装配位置。

（3）在装配图中，零件的工艺结构如倒角、圆角、退刀槽等允许省略不画。

（4）在装配图中，当剖切平面通过某些标准产品的组合件，或该组合件已由其他图形表达清楚时，可只画出外形轮廓，如图 10—1 的件 8 油杯。装配图中的滚动轴承允许一半采用规定画法（图 10—2），另一半采用通用画法。

2. 特殊画法

（1）夸大画法。在装配图中，对于薄片零件或微小间隙，无法按其实际尺寸画出，或图线密集难以区分时，可将零件或间隙适当夸大画出，如图 10—2 中的垫片作涂黑处理。

（2）假想画法。为了表示与本部件有装配关系，但又不属于本部件的其他相邻零件或部件时，可采用假想画法，将其他相邻零件或部件用细双点画线画出，如图 10—3 所示铣刀头主视图中的铣刀盘。

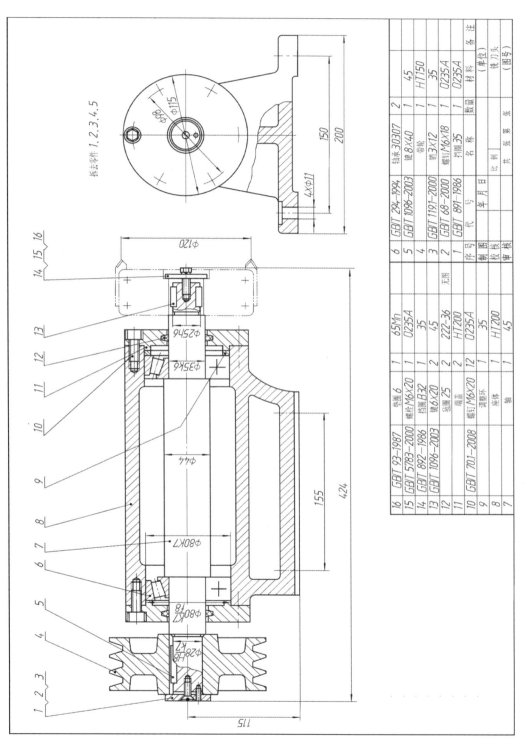

图 10—3 铣刀头装配图

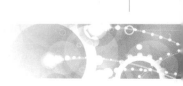

第 10 章 装配图

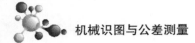

机械识图与公差测量 —————————————— 企业新型学徒制培训教材 ——

为了表示运动零件的运动范围或极限位置，可用粗实线画出该零件的一个极限位置，另一个极限位置则用细双点画线表示。如图 10—4 所示，当齿轮板在位置Ⅰ时，齿轮 2、3 均不与齿轮 4 啮合；当齿轮板处于位置Ⅱ时，齿轮 2 与 4 啮合，传动路线为齿轮 1—2—4；当齿轮板处于位置Ⅲ时，传动路线为齿轮 1—2—3—4。由此可见，齿轮板的位置不同，齿轮 4 的转向和转速也不同。图 10—4 中齿轮板工作（极限）位置Ⅱ、Ⅲ均采用细双点画线画出。

（3）展开画法。为了展示传动机构的传动路线和装配关系，可假想按传动顺序沿轴线剖切，然后依次展开，将剖切面均旋转到与选定的投影面平行的位置，再画出其剖视图，这种画法称为展开画法，如图 10—5 所示为三星齿轮传动机构 A—A 展开图。

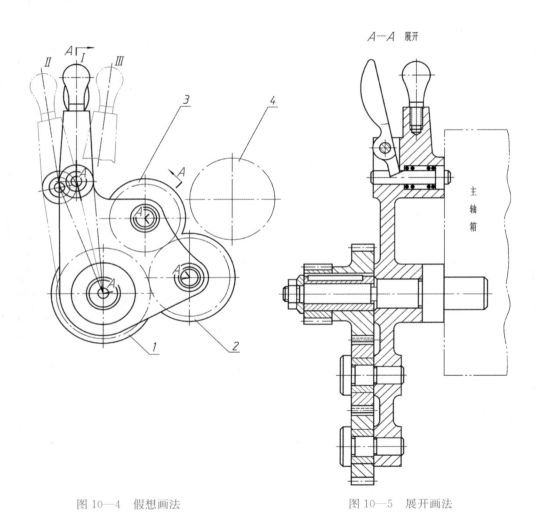

图 10—4　假想画法　　　　　　　　　　图 10—5　展开画法

第 2 节　装配图的尺寸标注、零部件序号和明细栏

一、装配图的尺寸标注

在装配图上标注尺寸与在零件图上标注尺寸的目的不同，因为装配图不是制造零件的直接依据，所以在装配图中无须标注零件的全部尺寸，只需注出下列几种必要的尺寸。

1. 规格（性能）尺寸

规格（性能）尺寸是表示机器或部件规格（性能）的尺寸，是设计和选用部件的主要依据。如图 10—3 中铣刀头的尺寸 $\phi 120$。

2. 装配尺寸

装配尺寸是表示零件之间装配关系的尺寸，如配合尺寸和重要相对位置尺寸。如图 10—3 中 V 带轮与轴的配合尺寸 $\phi 28H8/K7$。

3. 安装尺寸

安装尺寸是表示将部件安装到机器上或将整机安装到基座上所需的尺寸。如图 10—1 中轴承座体的底板上 2 个孔的定位尺寸 180。

4. 外形尺寸

外形尺寸是表示机器或部件外形轮廓的大小，即总长、总宽和总高尺寸，为包装、运输、安装所需的空间大小提供依据。

除上述尺寸外，有时还要标注其他重要尺寸，如运动零件的极限位置尺寸、主要零件的重要结构尺寸等。

二、装配图的零、部件序号和明细栏

为了便于看图和图样管理，对装配图中的所有零、部件均需编号。同时，在标题栏上方的明细栏中与图中序号一一对应地予以列出。

1. 序号

常用的编号方式有两种：一种是对机器或部件中的所有零件（包括标准件和专用件）按一定顺序进行编号，如图 10—3 所示；另一种是将装配图中标准件的数量、标记按规定标注在图上，标准件不占编号，而对非标准件（即专用件）按顺序进行编号。

装配图中编写序号的一般规定如下：

（1）装配图中，每种零件或部件只编一个序号，一般只标注一次。必要时，多处出现的相同零、部件也可用同一个序号在各处重复标注。

（2）装配图中，零、部件序号的编写有以下两种方式：

1）在指引线的基准线（细实线）上或圆（细实线圆）内注写序号，序号字高比该装配图上所注尺寸数字的高度大一号或两号，如图 10—6a、b 所示。

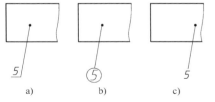

图 10—6　序号的注法

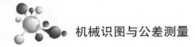
2）在指引线附近注写序号，序号字高比该装配图上所注尺寸数字的高度大一号或两号，如图 10—6c 所示。

（3）指引线应自所指部分的可见轮廓内引出，并在末端画一圆点，如图 10—7 所示。若所指部分（很薄的零件或涂黑的断面）不便画圆点时，可在指引线末端画出箭头，并指向该部分的轮廓，如图 10—7 所示。

（4）指引线不能相互交叉，当通过剖面线的区域时，指引线不能与剖面线平行。必要时允许将指引线画成折线，但只允许转折一次。

（5）对一组紧固件或装配关系清楚的零件组，可以采用公共指引线，如图 10—8 所示。

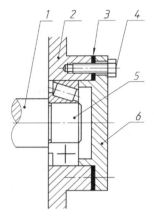

图 10—7　指引线末端画圆点或箭头

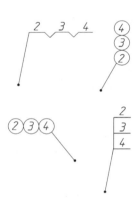

图 10—8　公共指引线

（6）同一装配图编注序号的形式应一致。

（7）序号应标注在视图的外面。装配图中的序号应按水平或铅垂方向排列整齐，并按顺时针或逆时针方向顺序排列，尽可能均匀分布。

2. 明细栏

明细栏是装配图中全部零件的详细目录，格式详见国家标准《技术制图　明细栏》（GB/T 10609.2—2009）。明细栏画在装配图标题栏的上方，栏内分隔线为细实线，左边外框线为粗实线，栏中的编号与装配图中的零、部件序号必须一致。填写内容应遵守下列规定：

（1）零件序号应自下而上。如位置不够时，可将明细栏顺序画在标题栏的左方（参见图 10—3）。当装配图不能在标题栏的上方配置明细栏时，可作为装配图的续页，按 A4 幅面单独给出，其顺序应自上而下（即序号 1 填写在最上面一行）。

（2）"代号"栏内注出零件的图样代号或标准件的标准编号，如 GB/T 891—1986。

（3）"名称"栏内注出每种零件的名称，若为标准件应注出规定标记中除标准号以外的其余内容，如螺钉 M6×18。对齿轮、弹簧等具有重要参数的零件，还应注出参数。

（4）"材料"栏内填写制造该零件所用的材料标记，如 HT150。

（5）"备注"栏内可填写必要的附加说明或其他有关的重要内容，例如齿轮的齿数、模数等。制图作业中建议使用图 10—9 所示格式。

8	JB/T 7940.3—1995	油杯 B12	1		
7	GB/T 6170—2000	螺母 M12	4		
6	GB/T 8—1988	螺栓 M12×130	2		
5	GB/T 18324—2001	轴套	1	Q235A	
4		上轴衬	1	ZQAL9-4	
3		轴承盖	1	HT150	
2		下轴衬	1	ZQAL9-4	
1		轴承座	1	HT150	
序　号	代　号	名　　称	数量	材　料	备　注
制　图		年　月　日		（单　位）	
校　核		比　例		滑动轴承	
审　核		共　张　第　张		（图　号）	

图 10—9　标题栏和明细栏的格式

第 3 节　常见的装配结构

在绘制装配图时，应考虑装配结构的合理性，以保证机器和部件的性能，使其连接可靠且便于零件装拆。

一、接触面与配合面结构的合理性

1. 两个零件在同一方向上只能有一个接触面和配合面，如图 10—10 所示。

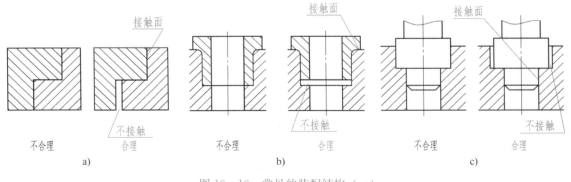

图 10—10　常见的装配结构（一）

2. 为保证轴肩端面与孔端面接触，可在轴肩处加工出退刀槽，或在孔的端面加工出倒角，如图10—11所示。

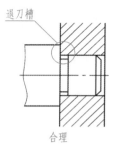
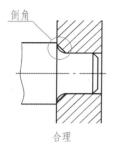

不合理　　　　　　　　　合理　　　　　　　　　合理

图 10—11　常见的装配结构（二）

二、密封装置

为防止机器或部件内部的液体或气体向外渗漏，同时也避免外部的灰尘、杂质等侵入，必须采用密封装置。图10—12a、b所示为两种典型的密封装置，通过压盖或螺母将填料压紧而起防漏作用。

滚动轴承需要进行密封，一方面是防止外部的灰尘和水分进入轴承，另一方面也要防止轴承的润滑剂渗漏。常见的密封方法如图10—12c所示。

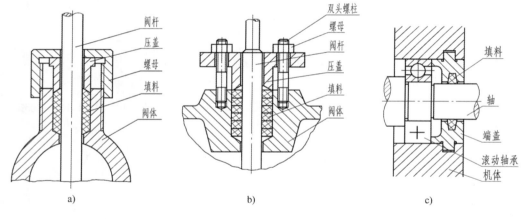

a)　　　　　　　　　　　b)　　　　　　　　　　　c)

图 10—12　密封装置

三、防松装置

机器或部件在工作时，由于受到冲击或振动，一些紧固件可能产生松动现象。因此，在某些装置中需采用防松结构。图10—13所示为几种常用的防松装置。

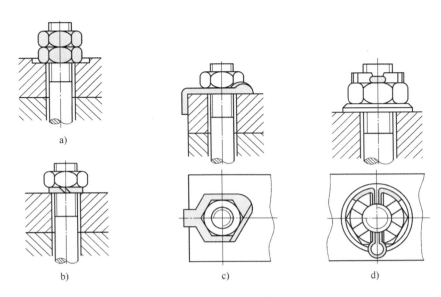

图 10—13　防松装置

a) 双螺母防松　b) 弹簧垫圈防松　c) 止退垫圈防松　d) 开口销防松

第4节　画装配图的方法与步骤

画装配图和画零件图的方法与步骤类似，但还要考虑装配体的整体结构特点、装配关系和工作原理，以确定恰当的表达方案。现以铣刀头（图 10—3）和千斤顶为例说明画装配图的方法与步骤。

案例一：铣刀头

一、了解、分析装配体

首先将装配体的实物或装配轴测图（图 10—14）、装配轴测分解图（图 10—15）对照装配示意图[①]（图 10—16）及配套零件图（略）进行分析，了解装配体的用途、结构特点，各零件的形状、作用和零件间的装配关系以及装拆顺序、工作原理等。

铣刀头是铣床上的专用部件，铣刀装在铣刀盘上，铣刀盘通过键 13 与轴 7 连接。动力通过带轮 4 经键 5 传递到轴 7，从而带动铣刀盘旋转，对零件进行铣削加工。

轴 7 由两个圆锥滚子轴承 6 及座体 8 支承，用两个端盖 11 及调整环 9 调节轴承的松紧和轴 7 的轴向位置；两端盖用螺钉 10 与座体 8 连接，端盖内装有毡圈 12，紧贴轴 7 起密封防尘作用；带轮 4 的轴向由挡圈 1 及螺钉 2、销 3 来固定，径向由键 5 固定在轴 7 上；铣刀盘与轴由挡圈 14、垫圈 16 及螺栓 15 固定。

---

① 装配示意图的画法没有严格规定，除机械传动部分应按 GB/T 4460—1984 中规定的机构运动简图符号绘制外，其他零件均可用单线条画出其大致轮廓，详见第 11 章。

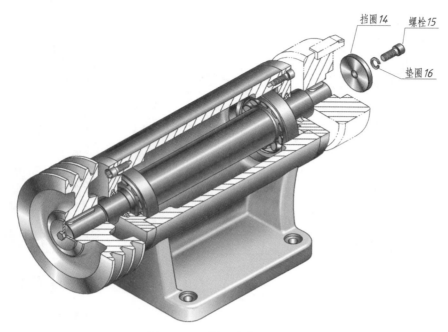

图 10—14　铣刀头装配轴测图

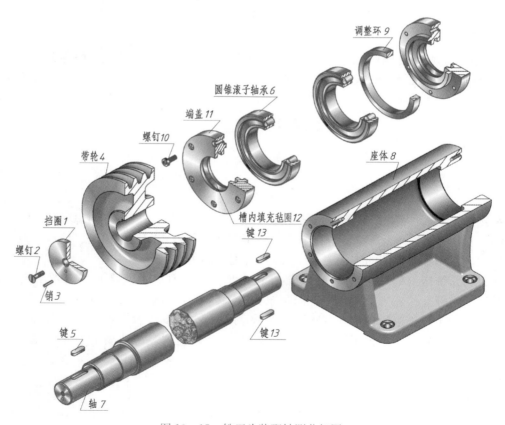

图 10—15　铣刀头装配轴测分解图

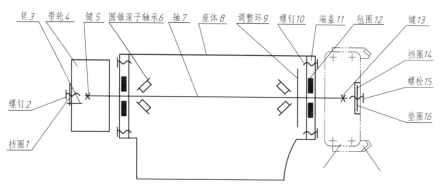

图 10—16　铣刀头装配示意图

二、确定表达方案

1. 主视图的选择

主视图的投射方向应能反映部件的工作位置和部件的总体结构特征，同时能较集中地反映部件的主要装配关系和工作原理。铣刀头座体水平放置，主视图是通过轴 7 轴线的全剖视图，并在轴两端作局部剖视，如图 10—3 所示。为反映铣刀头的主要功能，右端采用了假想画法，用细双点画线将铣刀盘画出，这样就把各零件间的相互位置、主要的装配关系和工作原理表达清楚了。

2. 其他视图的选择

选择其他视图时，主要应考虑对尚未表达清楚的装配关系及零件形状等加以补充。图10—3 中的左视图是为了进一步将座体的形状以及座体底板与其他零件的安装情况表达清楚。为了突出座体的主要形状特征，左视图采用了装配图的拆卸画法。

三、确定比例、图幅，合理布图

在画装配图前，应根据部件结构的大小、复杂程度及其拟订的表达方案，确定画图的比例、图幅，同时要考虑为尺寸标注、零件序号、明细栏及技术要求等留出足够的位置，使布局合理。

四、画图步骤

1. 画图框、标题栏和明细栏，画出各视图的主要基准线，如铣刀头的座体底平面、轴线、中心线等，画出主要装配干线上轴的主视图（图 10—17a）。

2. 逐层画出各视图。围绕主要装配干线，由里向外地逐个画出零件图形。一般从主视图入手，并兼顾各视图的投影关系，将几个基本视图结合起来进行绘制。画图时还要考虑以下原则：先画主要零件（如轴、座体），后画次要零件；先画大体轮廓，后画局部细节；先画可见轮廓（如带轮、端盖等），被遮挡部分（如轴承端面轮廓和座体孔端面轮廓等）可不画出。具体步骤如图 10—17b、c、d 所示。其中座体与轴之间在长度方向的定位是根据端盖压入的长度及滚动轴承与轴肩之间的尺寸关系确定的。

第10章 装配图

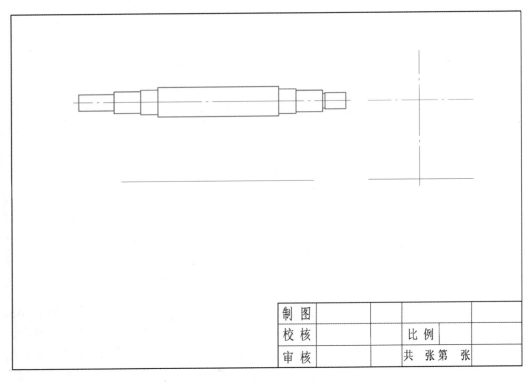

制　图			
校　核		比　例	
审　核		共　张第　张	

a)

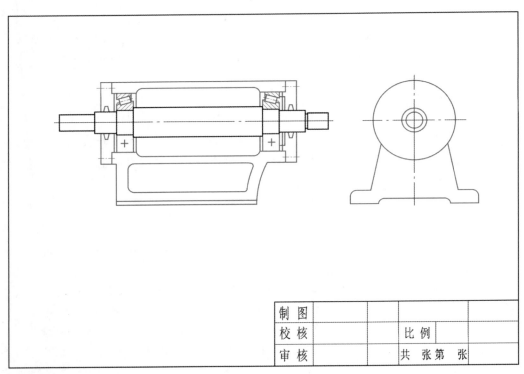

制　图			
校　核		比　例	
审　核		共　张第　张	

b)

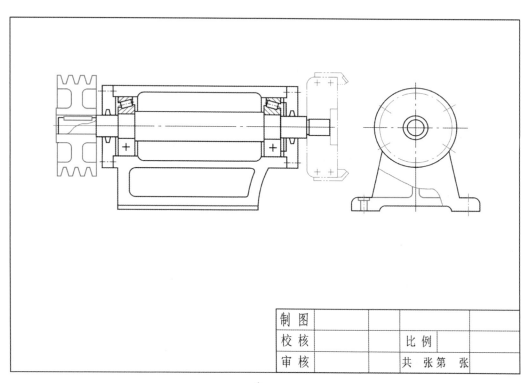

制　图			
校　核		比　例	
审　核		共　张第　张	

c)

制　图			
校　核		比　例	
审　核		共　张第　张	

d)

图 10—17　铣刀头装配图的画图步骤

3. 校核，描深，画剖面线。

4. 标注尺寸，编排序号。

5. 填写技术要求、明细栏、标题栏，完成全图（图 10—3）。

案例二：千斤顶

一、了解、分析装配体

首先将装配体的实物或装配轴测图（图 10—18a）对照装配示意图（图 10—18b）及配套零件图（略）进行分析，了解装配体的用途、结构特点，各零件的形状、作用和零件间的装配关系，以及工作原理、装拆顺序等。

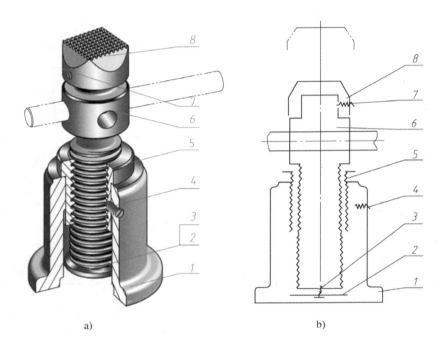

a)　　　　　　　　　　　　　b)

图 10—18　千斤顶装配轴测图和装配示意图

a）装配轴测图　b）装配示意图

1—底座　2—挡圈　3、4、7—螺钉　5—螺母　6—螺杆　8—顶块

千斤顶由 3 个标准件和 5 个专用零件构成。利用杠杆旋转螺杆 6，螺杆 6 与螺母 5 靠螺纹配合，且螺母 5 与底座 1 用螺钉 4 固定不动，从而使螺杆 6 升降，即利用螺旋传动来顶举重物。挡圈 2 靠螺钉 3 与螺杆 6 连接起限位作用。

二、确定表达方案

1. 主视图的选择

主视图的投射方向应能反映装配体的工作位置和总体结构特征，同时能较集中地反映装配体的主要装配关系和工作原理。千斤顶按工作位置放置，主视图是通过螺杆 6 的轴线作全剖视。为清楚地反映千斤顶的功能和螺杆活动范围，上端采用了假想画法，用细双点画线画出顶块的极限位置。

2. 其他视图的选择

其他视图的选择，主要应考虑对尚未表达清楚的装配关系及零件形状等加以补充。通过主视图和必要的尺寸已将千斤顶装配体的总体结构特征、零件间的装配关系和工作原理表达清楚，其他视图可省略不画。

三、确定比例、图幅，合理布图

画装配图之前，应根据装配体结构的大小、复杂程度及其拟订的表达方案，确定画图的比例、图幅，同时要考虑尺寸标注、零件序号、明细栏及技术要求等位置，使整体布局合理。

四、画图步骤

1. 画图框、标题栏和明细栏，画出各视图的主要基准线，如图 10—19a 所示。

2. 逐层画出各零件视图。应考虑先画主要零件（如底座），后画次要零件；先画大体轮廓，后画局部细节；先画可见轮廓，不可见轮廓可不画。具体步骤如图 10—19b、c 所示。

3. 校核、描深，画剖面线。

4. 标注尺寸，编排零件序号（图 10—19d）。

5. 填写技术要求、明细栏和标题栏，完成全图（图 10—20）。

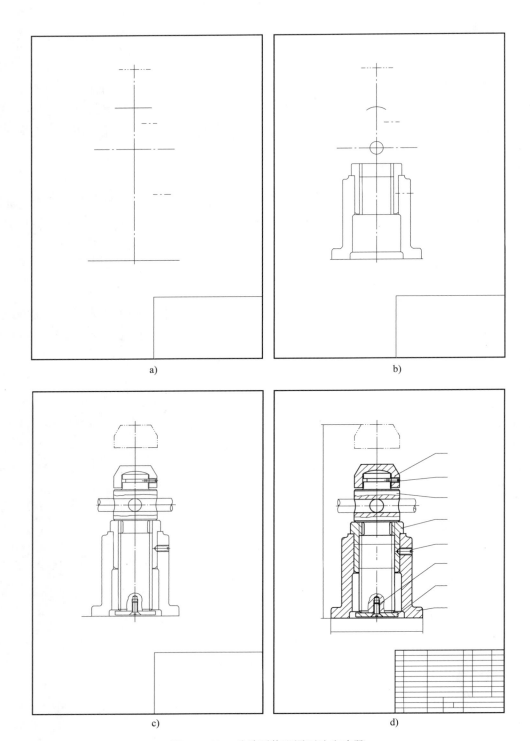

a)

b)

c)

d)

图 10—19　千斤顶装配图画法和步骤

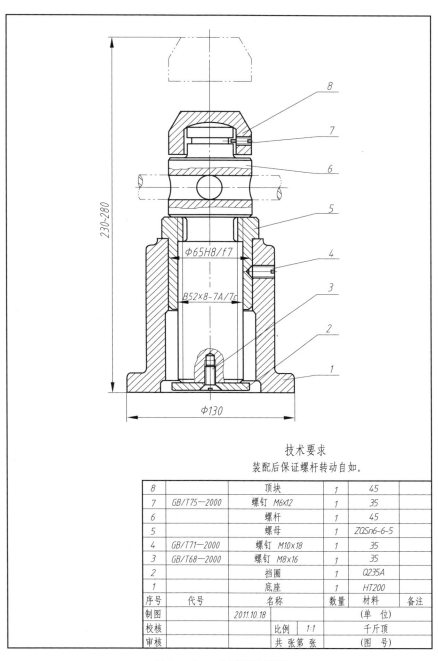

图 10—20　千斤顶装配图

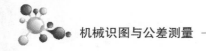
第5节 读装配图与拆画零件图

在产品的设计、组装、检验、使用、维修、技术交流和技术革新中，都需要识读装配图，特别是对设备的维修和革新改造时，在读懂装配图基础上，还要拆画出部件中的某个零件图。因此，技能型人才必须具备识读装配图的能力。

读装配图的要求如下：

(1) 了解装配体的名称、用途、性能、结构和工作原理。

(2) 读懂各主要零件的结构形状及其在装配体中的功用。

(3) 明确各零件之间的装配关系、连接方式，了解装拆的先后顺序。

(4) 了解装配图中标注的尺寸以及技术要求。

下面以图10—21所示齿轮油泵装配图为例来说明识读装配图及拆画零件图的方法与步骤。

一、概括了解

从标题栏中了解装配体的名称和用途。由明细栏和序号可知零件的数量和种类，从而略知其大致的组成情况及复杂程度。由视图的配置、标注的尺寸和技术要求可知该部件的结构特点和大小。

齿轮油泵是机器中用来输送润滑油的一个部件，由泵体，左、右端盖，传动齿轮轴和齿轮轴等15种零件装配而成。

齿轮油泵装配图用两个视图表达。全剖的主视图表达了零件间的装配关系，左视图沿左端盖处的垫片与泵体结合面剖开，并用局部剖画出油孔，表示了部件吸、压油的工作原理及其外部形状。

二、了解部件的装配关系和工作原理

泵体6的内腔容纳一对齿轮。将齿轮轴2、传动齿轮轴3装入泵体后，由左端盖1、右端盖7支承这一对齿轮轴的旋转运动。由销4将左、右端盖与泵体定位后，再用螺钉15连接。为防止泵体与泵盖结合面及齿轮轴伸出端漏油，分别用垫片5及密封圈8、压盖9、压盖螺母10密封。

左视图反映部件吸、压油的工作原理。如图10—22所示，当主动轮逆时针方向转动时，带动从动轮顺时针方向转动，两轮啮合区右边的油被齿轮带走，压力降低形成负压，油池中的油在大气压力的作用下，进入油泵低压区内的吸油口，随着齿轮的转动，齿槽中的油不断地沿箭头方向被带至左边的压油口把油压出，送至机器需要润滑的部分。

三、分析零件，拆画零件图

对部件中主要零件的结构形状作进一步分析，可加深对零件的功能以及零件间装配关系的理解，也为拆画零件图打下基础。

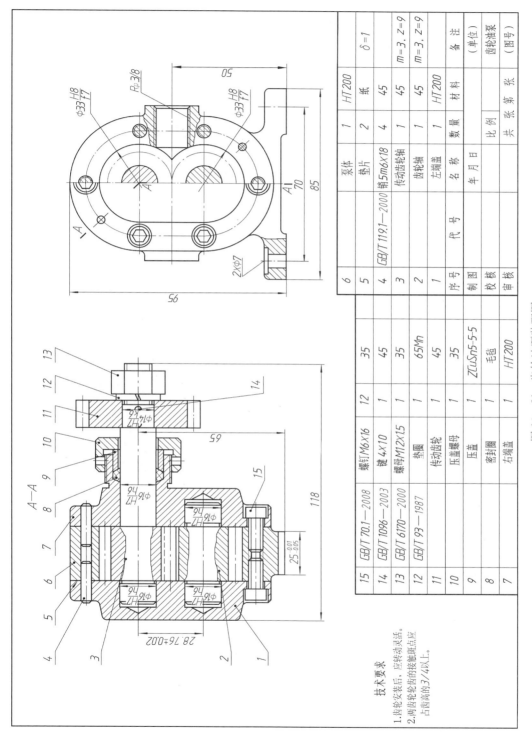

图 10—21 齿轮油泵装配图

技术要求

1.齿轮安装后,应转动灵活。
2.两齿轮轮齿的接触斑点应
占齿高的3/4以上。

序号	代 号	名 称	数量	材 料	备 注
6		泵体	1	HT200	
5		垫片	2	纸	δ=1
4	GB/T 119.1—2000	销5m6×18	4	45	
3		传动齿轮轴	1	45	m=3, z=9
2		齿轮轴	1	45	m=3, z=9
1		左端盖	1	HT200	

15	GB/T 70.1—2008	螺钉M6×16	12	35	
14	GB/T 1096—2003	键 4×10	1	45	
13	GB/T 6170—2000	螺母M12×1.5	1	35	
12	GB/T 93—1987	垫圈	1	65Mn	
11		传动齿轮	1	45	
10		压盖螺母	1	35	
9		压盖	1	ZCuSn5-5-5	
8		密封圈	1	毛毡	
7		右端盖	1	HT200	

根据明细栏与零件序号，在装配图中逐一对照各零件的投影轮廓进行分析，其中标准件是规定画法，垫片、密封圈、压盖和压盖螺母等零件形状都比较简单，不难看懂。本例需要分析的零件是泵体和左、右端盖。

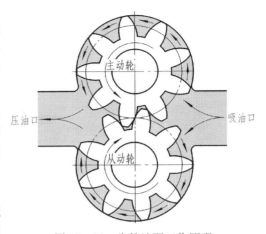

图 10—22　齿轮油泵工作原理

分析零件的关键是将零件从装配图中分离出来，再通过投影想象形体，弄清该零件的结构形状。下面以齿轮油泵中的泵体为例，说明分析和拆画零件的过程。

1. 分离零件

根据方向、间隙相同的剖面线将泵体从装配图中分离出来，如图 10—23a 所示。由于在装配图中泵体的可见轮廓线可能被其他零件（如螺钉、销等）遮挡，所以分离出来的图形可能是不完整的，必须补全（如图中红色图线）。对照主、左视图进行分析，想象出泵体的整体形状，如图 10—23b 所示。

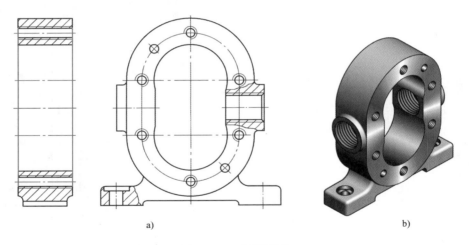

a)　　　　　　　　　　　　　　　b)

图 10—23　拆画泵体

a）分离出泵体　b）泵体轴测图

2. 确定零件的表达方案

零件的视图表达应根据零件的结构形状确定，而不是从装配图中照抄。在装配图中，泵体的左视图反映了容纳一对齿轮的长圆形空腔以及与空腔相通的进、出油孔，同时也反映了销钉孔与螺钉孔的分布以及底座上沉孔的形状。因此，画零件图时将这一方向作为泵体主视图的投射方向比较合适。装配图中省略未画出的工艺结构如倒角、退刀槽等，在拆画零件图时应按标准结构要素补全。

3. 零件图的尺寸标注

装配图中已经注出的重要尺寸直接抄注在零件图上，如 $\phi33H8/f7$ 是一对啮合齿轮的齿顶圆与泵体空腔内壁的配合尺寸，28.76 ± 0.02 是一对啮合齿轮的中心距尺寸，$R_p3/8$ 是进、出油口的管螺纹尺寸。另外，还有油孔中心高尺寸 50、底板上安装孔定位尺寸 70 等。

其中配合尺寸应标注公差带代号，或查表注出上、下偏差数值。

　　装配图中未注的尺寸，可按比例从装配图中量取，并加以圆整。某些标准结构，如键槽的深度和宽度、沉孔、倒角、退刀槽等，应查阅有关标准注出。

4. 零件图的技术要求

　　零件的表面粗糙度、尺寸公差和几何公差等技术要求，要根据该零件在装配体中的功能以及该零件与其他零件的关系来确定。零件的其他技术要求可用文字注写在标题栏附近。图10—24 所示为根据齿轮油泵装配图拆画的泵体零件图。

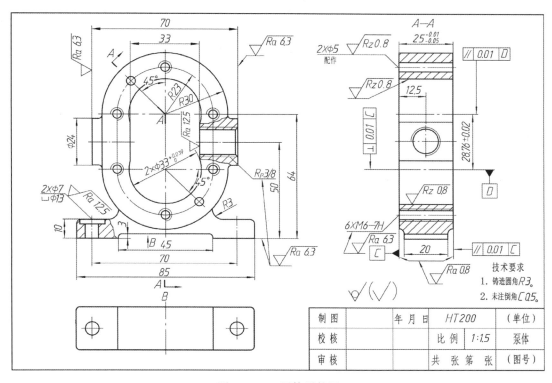

图 10—24　泵体零件图

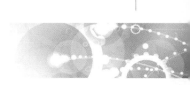

第 11 章

零部件测绘

根据已有的机器、部件或零件进行分析、拆卸、测量，并绘制出装配图和零件图的全过程称为零部件测绘。对机器或部件的测绘，也称装配体测绘；仅对某一零件的测绘称为零件测绘。在实际生产中，设计、仿制新产品时，有时需要测绘同类产品，以供设计参考；维修机器或设备时，若某一零件损坏，在既无备用零件又无图样的情况下，也需要测绘损坏的零件，以画出其零件图作为加工的依据，满足维修需要。因此，零部件测绘是工程技术人员必须具备的一项基本专业技能。

第 1 节　零部件测绘方法和步骤

一、了解和分析测绘对象

测绘前要对被测绘零件进行全面仔细的观察、了解和分析，收集并参照有关资料、说明书或同类产品的图样，以便对被测绘部件的性能、用途、工作原理、功能结构特点以及装配体中各零件间的装配关系、连接方式等有概括的了解，为下一步拆卸零部件和绘图做好各项准备工作。

二、拆卸零部件和画装配示意图

1. 拆卸环境与常用拆卸工具

实际拆卸零部件应在场地宽敞、光线良好、常温 20℃左右的环境下进行。有条件的最好在钳工工作室完成拆卸工作。

拆卸零部件时，为了不损坏零部件及影响精度，应在认真分析、把握装配体结构及配合特点的基础上，选用合适的工具逐步拆卸，必要时可选用或制作专用工具。常用工具有扳手、台虎钳、旋具、钳工锤、垫片等。

2. 拆卸注意事项

（1）在初步了解零部件的基础上，依次拆卸，并仔细编号，记录零件名称和数量，拆卸的零件最好能够按顺序妥善保管，避免损坏、生锈和丢失；对于螺钉、螺母、键、销等易散失的小零件，拆卸后仍应装在原孔、槽中，从而避免丢失或装错位置，以便测绘后装配复原。

（2）拆卸前要仔细观察及分析装配体的结构特点、装配关系和连接方式，以选择合适的拆卸顺序，采用合理的拆卸方法。明确哪些是精密或重要的零件，拆卸时以避免重击和损伤。

（3）对不可拆卸零件，如焊接件、铆接件、镶嵌件或过盈配合连接件等，不要拆开；对于精度要求较高的过渡配合或不拆也可测绘的零件，尽量不拆，以免降低机器精度和损坏零件而无法复原；对于标准件，如滚动轴承或油杯等，也可不拆卸，通过相关件尺寸间接查看有关标准即可。

（4）对于零件中的一些重要尺寸，如零件间的相对位置尺寸、装配间隙和运动零件的极限位置尺寸等，应在拆卸前进行测量，以便重新装配部件时保持原来的装配要求和性能，同时也为装配图标注尺寸打好基础。

3. 画装配示意图

为了便于拆卸后能顺利装配复原，在拆卸零部件的同时必须画出装配示意图，并编上零件序号，记录零件的名称、数量、装配关系和拆卸顺序。装配示意图一般用粗实线绘制，指引线用细实线绘制，同时应注意以下几点：

（1）在画装配示意图时，可以仅用简单的符号和粗实线表达部件中各零件的大致形状、装配关系和连接方式。例如，图5—4、图5—5中的螺栓、螺柱连接可用图11—1所示的装配示意图来表达。通常部件的装配示意图仅画出相当于一个投射方向的图形，并尽可能集中反映全部零件。若表达不够清楚，可适当增加图形，但图形之间应符合投影规律，以便于作图和读图。

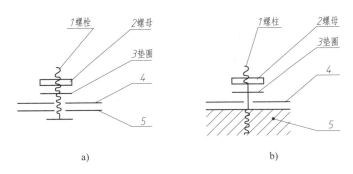

图 11—1　螺纹连接件装配示意图

a）螺栓连接　b）螺柱连接

（2）一般采用目测徒手绘制示意图，但应使各零件的比例与实物基本相当。

（3）可将被测绘部件假想成透明体，既要画出外形轮廓，又要画出内、外部零件间的装配关系和连接方式。

（4）相邻两零件的接触面之间最好留有间隙，以便区分不同零件。零件的通孔可画成开口，以便于表达装配关系，如图11—1a所示螺栓连接的两被连接件均为通孔。当用双头螺柱连接时，上面零件为通孔，下面零件为螺纹盲孔，如图11—1b所示。

（5）装配示意图中的零件按拆卸顺序编号，并注明零件的名称、数量、材料等。不同位置的同一种零件只编一个号。由于螺钉、螺母、垫圈、滚动轴承等标准件不必画出零件草

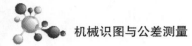

图，因此，通过测得几个主要尺寸，从相应的标准中查出规定标记，并将这些标准件的名称、数量和规定标记注写在装配示意图上或列表说明。

（6）一些常用零件（如轴、轴承、齿轮、弹簧等）应参照 GB/T 4460—2013 中规定的示意符号表示，表 11—1 列举了部分常用零件机构简图符号。对没有规定符号的零件，则可用粗实线单线条画出其大致轮廓，以显示其形状特征。

表 11—1 　　　　　　　　　　　　　常用零件机构简图符号

名称	基本符号	名称	基本符号
机架		联轴器	
轴、杆		螺杆传动	或
圆柱轮	或	开合螺母	或
圆柱齿轮	或	滚动轴承	或
锥齿轮	或	推力滚动轴承	或
普通轴承		向心推力滚动轴承	或
弹簧			

三、画零件草图与测量及标注尺寸

1. 零件草图的基本要求

零件草图是指在测绘现场目测实物大致比例，画出各视图并画好尺寸线，然后集中测量及标注尺寸所完成的图样。零件草图绝非"潦草"之图。它将作为绘制部件装配图和零件图的重要依据，因此，绘制零件草图必须符合基本要求：图形及尺寸表达正确、完整、清晰，并注明必要的技术要求。

2. 分析零件，确定表达方案

（1）了解待测绘零件的名称和用途，鉴别零件的材料属性。

（2）分析零件的结构和形状：了解零件的类别（是轴套类、盘盖类、叉架类还是箱体类），为初步选择表达方案奠定基础，特别是要明确该零件在部件中的功用以及与其他零件间的装配关系和连接方式，把握其关键结构和形状特征，同时也要注意必要的装配工艺结构。

（3）必要的工艺分析：同一零件可用不同的加工顺序或加工方法制造，因而其结构和形状的表达、基准的选择及尺寸标注也不会完全相同。

（4）拟订零件的表达方案：确定零件的安放位置、主视图投射方向以及视图数量等。

3. 画零件草图的步骤

画零件草图时，建议选用较厚的绘图纸、网格纸或复印纸等，画零件草图要保证线型粗细清晰。下面以图 11—2 所示螺母块零件为例，说明画零件草图的步骤。

（1）根据视图数量布置视图位置。画出各视图的基准线、中心线，如图 11—2a 所示。布图时要考虑在各视图之间留有标注尺寸的位置，并在右下角留有标题栏的位置。

（2）画出反映零件主要结构特征的主视图，按投影关系完成其他视图，如图 11—2b 所示。

（3）选择基准，画出尺寸界线、尺寸线和箭头，要确保尺寸齐全、清晰、不遗漏、不重复，仔细核对后描深轮廓线并画出剖面线，如图 11—2c 所示。

（4）测量尺寸并注写尺寸数字和技术要求，填写标题栏，如图 11—2d 所示。

4. 零件测绘时的注意事项

（1）零件的制造缺陷，如砂眼、气孔、刀痕以及长期使用产生的磨损等不应画出，并予以修正。

（2）零件上的工艺结构，如铸造圆角、倒角、凸台、凹坑、退刀槽和砂轮越程槽等都必须画出，不能省略。

（3）零件上的标准结构要素，如螺纹、键槽、齿形等，应将测得的数值与相应标准对照，使相关尺寸符合标准结构要求。

（4）测量尺寸应在画好视图、注全尺寸界线和尺寸线后集中进行。有条件时最好两人配合，一人测量读数，另一人记录并标注尺寸。切忌每画一条尺寸线便测量一个尺寸，填写一个数字。

（5）对相邻零件有配合功能要求的尺寸（如配合的孔和轴的直径），一般只需测量出它的公称尺寸，若有小数应适当取整数（如 24.8 mm 可取整数 25 mm）。

四、画装配图

根据装配示意图和零件草图，明确零件之间的装配关系和连接方式，绘制部件的装配图。画装配图的过程也是识读、检验、修正零件草图的过程，所以要认真分析研究相邻零件草图的相关结构、尺寸，调整不合理的公差范围以及所测尺寸，以便正确地表达装配体和为绘制零件图提供正确的依据。画部件装配图的方法和步骤如下：

1. 拟订表达方案

装配图的作用是表达机器或部件的工作原理、装配关系、连接方式以及主要零件的结构和形状。表达方案包括选择主视图、确定视图数量及相应的表达方法，因此，应多考虑几种表达方案，通过比较，以最少的视图，完整、清晰地表达部件装配关系和工作原理的方案为最佳方案。

第11章 零部件测绘

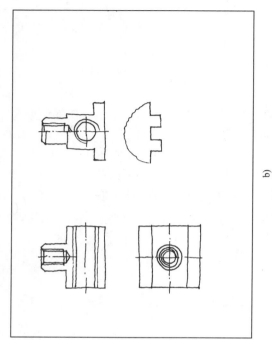

b)

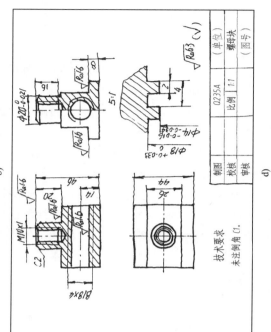

d)

技术要求
未注倒角 C1。

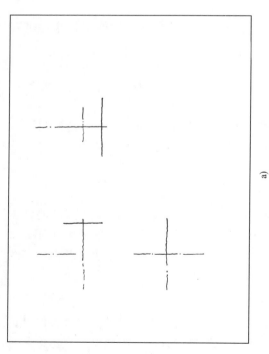

a)

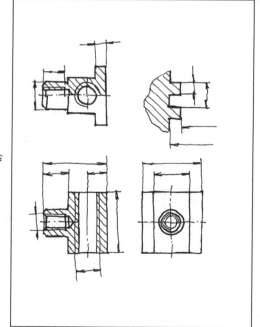

c)

图 11—2　螺母块零件草图画图步骤

（1）选择主视图。通常使部件处于工作位置，能较清楚地表达部件的工作原理、传动方式、零件间主要的装配关系或装配干线，以及主要零件的结构和形状特征。在部件中，一般将组装在同一轴线上的一系列相关零件称为装配干线。一个部件通常有若干主要和次要的装配干线。

（2）确定其他视图。主视图未能表达清楚的装配关系及主要结构等，需选用其他视图和表示法予以进一步补充。

2. 画装配图的步骤

（1）选比例，定图幅。根据拟订的表达方案，以表达清晰、便于识图为原则，选择合适的比例（尽可能采用 1∶1 的比例），然后根据视图整体布局确定图纸幅面，画好图框、标题栏和明细栏。

（2）画基准线，合理布图。根据拟订的表达方案，合理、匀称地布置各视图，并充分考虑标注尺寸、零件序号所占位置，同时应使各视图之间符合投影关系。

（3）作图顺序。一般先从反映部件工作原理和形状特征的主视图画起，并从主要零件、较大零件、反映特征的视图入手，再按投影关系逐步、逐层地画出各视图。注意应沿部件主要装配干线，由内向外依次画出，这样可避免多画被遮挡的不可见轮廓线。

（4）描深，标注尺寸，编排零件序号，填写标题栏、明细栏和技术要求，完成装配图。

五、画零件工作图

零件工作图是零件制造、检验和确定工艺规程的基本技术文件。它既要根据装配图表明设计要求，又要考虑制造的可能性和合理性。一张完整的零件工作图应包括以下内容：

（1）清楚、正确地表达出零件各部分的结构、形状和尺寸。

（2）标出零件各部分的尺寸及其精度。

（3）标出零件各部分必要的几何公差。

（4）标出零件各表面的粗糙度。

（5）注明对零件的其他技术要求，如圆角半径、中心孔类型及传动件的主要参数等。

（6）画出零件工作图标题栏。

根据装配图和零件草图绘制零件工作图的过程是进一步校核零件草图的过程。此时画零件工作图不是简单地用传统绘图工具或计算机重复照抄，而是再一次检查及校正，是对零件图有关内容的全面完善和充实。画零件工作图必须认真、严谨。

第 2 节　常用测量工具及测量方法

测量尺寸是测绘零件过程中的重要环节，熟练地掌握常用测量工具及测量方法是顺利地进行测绘和满足测绘精准度的重要保证。常用测量工具有钢直尺、外卡钳和内卡钳、游标卡尺、千分尺及螺纹样板（又称螺纹规）和半径样板等。常见测量内容及测量方法见表 11—2。

第 **11** 章　零部件测绘

表 11—2   常见测量内容及测量方法

线性尺寸	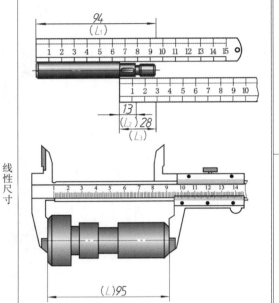 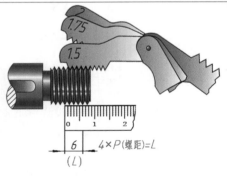 长度尺寸可用钢直尺直接测量读数，如图中的长度 L_1(94)、L_2(13)、L_3(28)，精度要求较高可用游标卡尺测量，如 L(95)	壁厚尺寸	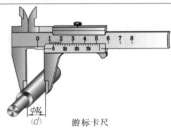 壁厚尺寸可用钢直尺测量，如图中底壁厚度 $X=A-B$，或用卡钳和钢直尺测量，如图中侧壁厚度 $Y=C-D$
螺纹参数	 1. 用螺纹规确定螺纹的牙型和螺距 $P=1.5$ 2. 用游标卡尺量出螺纹大径 3. 目测螺纹的线数和旋向 4. 根据测得的牙型、大径、螺距，与有关手册中的螺纹标准核对，选取相近的标准值	直径尺寸	 游标卡尺 千分尺 直径尺寸可用游标卡尺（或千分尺）直接测量读数，如图中的直径 d(ϕ14)
		孔中心距	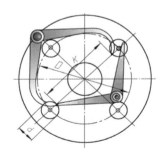 $D=K+d$ 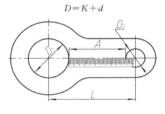 $L=A+\dfrac{D_1+D_2}{2}$ 孔间距、中心距可用卡钳（或游标卡尺）结合钢直尺测出

续表

中心高	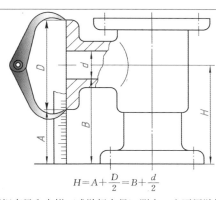 $$H = A + \frac{D}{2} = B + \frac{d}{2}$$ 中心高可用钢直尺和卡钳（或游标卡尺）测出，也可用游标高度尺测量
齿轮参数	1. 数出齿数 $z = 16$ 2. 量出齿顶圆直径 $d_a = 59.8$ mm 　当齿数为单数而不能直接测量时，可按右图所示方法量出（$d_a = d + 2e$） 3. 计算模数 $m' = \frac{d_a}{z+2} = \frac{59.8}{16+2} \approx 3.32$（mm） 4. 修正模数。由于齿轮磨损或测量误差，当计算的模数不是标准模数时，应在标准模数表（表 5—5）中选用与 m' 最接近的标准模数，现确定模数为 3.5 mm 5. 按表 5—6 计算出齿轮其余各部分尺寸 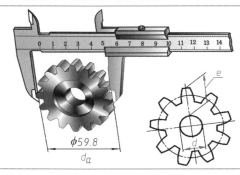
曲面轮廓	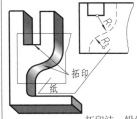 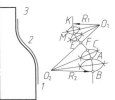 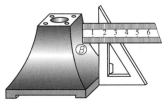 拓印法、铅丝法　　　　　　　　　　　　　坐标法 可采用拓印法、铅丝法（用铅丝弯出蛇形尺寸，测出零件的曲面轮廓）、坐标法测量 　直接测量泵盖外形的圆弧连接曲线有困难，可采用拓印法，先在泵盖端面涂一些油，再将其放在纸上拓印出轮廓形状，然后用几何作图方法求出两圆心的位置 O_1 和 O_2，并定出轮廓部分各圆弧的尺寸
角度	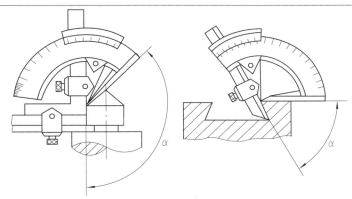 用游标万能角度尺可测量各种角度

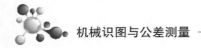

第3节　测绘机用虎钳

机用虎钳是安装在机床工作台上，用于夹紧工件以便于切削加工的一种通用夹具，如图11—3所示。下面以测绘机用虎钳为例进行说明。

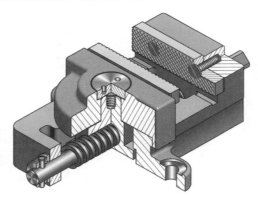

图 11—3　机用虎钳轴测图

一、分析、拆卸机用虎钳

1.　了解零部件组成、装配关系和连接方式

图11—4所示为机用虎钳轴测分解图，它由11种零件组成，其中垫圈5、圆柱销7和螺钉10、垫圈11是标准件。对照轴测图和轴测分解图，初步了解机用虎钳中主要零件之间

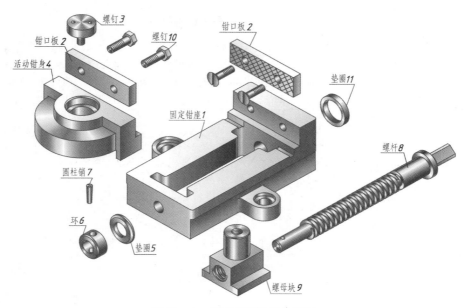

图 11—4　机用虎钳轴测分解图

的装配关系和连接方式：螺母块 9 从固定钳座 1 下方的空腔装入工字形槽内，再装入螺杆 8，并用垫圈 11、垫圈 5 以及环 6、圆柱销 7 将螺杆轴向固定；通过螺钉 3 将活动钳身 4 与螺母块 9 连接；通过螺钉 10 将两块钳口板 2 分别与固定钳座 1 和活动钳身 4 连接。

2. 机用虎钳的工作原理

用扳手沿顺时针或逆时针方向旋转螺杆 8，使螺母块 9 带动活动钳身 4 沿螺杆 8 轴向做水平直线运动，以夹紧或松开工件，从而进行切削加工。

3. 拆卸顺序

（1）以螺杆 8 为主要装配干线拆去圆柱销 7、环 6、垫圈 5，旋出螺杆 8，取下垫圈 11。

（2）拆去螺钉 10 和钳口板 2。

（3）拆去螺钉 3、螺母块 9 和活动钳身 4。

二、画装配示意图

画装配示意图与拆卸部件同时进行。画装配示意图可从固定钳座入手，然后沿主要装配干线依次画出螺杆、螺母块和活动钳身，再逐个画出垫圈、螺钉、钳口板等，如图 11—5 所示。

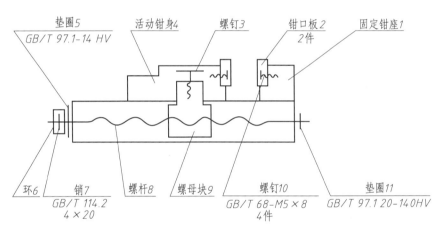

图 11—5　机用虎钳装配示意图

在画装配示意图过程中，要注意了解和分析机用虎钳各零件间的连接方式、配合关系等，为绘制零件草图和装配图做必要的准备。

三、画零件草图

机用虎钳中除螺钉 10、垫圈 5 和 11、圆柱销 7 四种标准件外，其他 7 种专用零件都需要画出零件草图。下面仅以活动钳身 4 为例，说明零件的测绘过程（螺母块零件草图参见图 11—2，其他零件草图请读者自行练习绘制）。

1. 选择零件视图，确定表达方案

（1）结构分析。活动钳身是铸造件，如图 11—6 所示，其左侧为阶梯形半圆柱体，右侧为长方体，前后向下凸出部分包住固定钳座导轨前后两侧面；中部的台阶孔与螺母块上圆柱体部分相配合；右上端长方形缺口用于安装钳口板，两个螺孔用于固定。

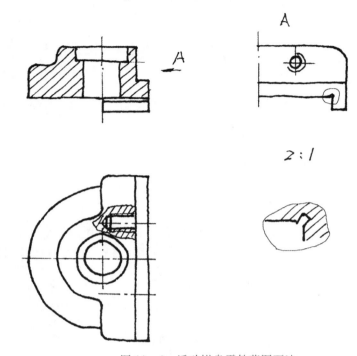

图 11—6　活动钳身零件草图画法

（2）表达分析。主视图采用全剖视图，表达中间台阶孔、左侧和右侧阶梯形以及右侧下方凸出的形状；俯视图主要表达活动钳身的外形，并用局部剖视表示螺孔的位置和深度；再通过 A 向局部视图补充表达右下方凸出部分的形状。

2. 标注尺寸

标注尺寸要特别注意机用虎钳中有装配关系的尺寸，其公称尺寸要一致。如螺母块上方圆柱的外径和同它相配合的活动钳身中孔径公称尺寸要一致，活动钳身前后下方凸出部分与固定钳座前后两侧相配合的尺寸要一致。标注尺寸时还需注意，在零件草图上将尺寸线全部画出，检查无遗漏后，再用测量工具集中测量所需对应尺寸，并填写尺寸数值。

活动钳身（图 11—7）右端面为长度方向主要基准，注出尺寸 25 和 7，以圆柱孔中心线为辅助基准，注出尺寸 $\phi 28$、$\phi 20^{+0.033}_{0}$、$R24$ 和 $R40$，长度方向尺寸 65 是参考尺寸；以前后对称中心线（对称平面）为宽度方向主要基准，注出尺寸 92、40；在 A 向局部视图中标注尺寸 $82^{+0.35}_{0}$；以螺孔轴线为辅助基准，注出 $2 \times M8$；以底面为高度方向主要基准，注出尺寸 18、28；以顶面为辅助基准，注出尺寸 8、20、36，并在 A 向局部视图中注出螺孔定位尺寸 9，其余尺寸请读者自行分析。

3. 确定材料和技术要求

（1）确定材料。常用金属材料的牌号及其用途见附表 12 和附表 13。机用虎钳的固定钳座和活动钳身都是铸铁件，一般选用中等强度的灰铸铁 HT200；环、垫圈等受力不大的零件选用碳素结构钢 Q235A；对于轴、杆、键、销等零件通常也可选用普通碳素结构钢，螺杆、螺母块、钳口板的材料可采用强度更高些的 45 钢。

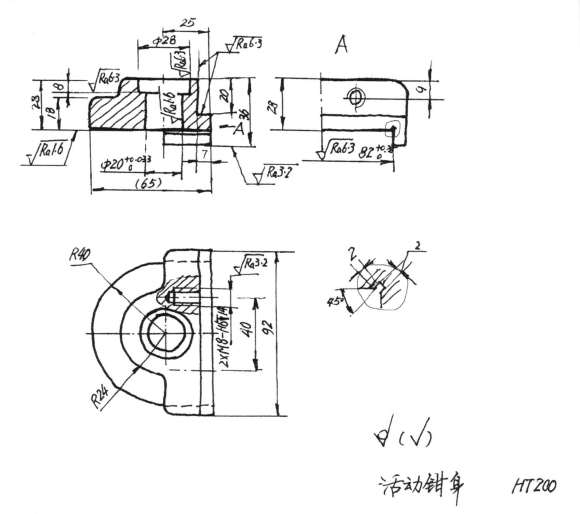

图 11—7　活动钳身零件草图

（2）表面结构要求的确定。固定钳座工字形槽的上、下导轨面有较严的表面质量要求，Ra 值选用 1.6 μm，与其配合的活动钳身与底面的表面粗糙度 Ra 值也是 1.6 μm，以保证活动钳身在固定钳座导轨上滑动平稳和使用寿命长。类似的活动钳身与螺母块配合圆柱面、螺母块与螺杆配合面也宜选择 Ra 值 1.6 μm，其他非配合面一般选择 Ra 值为 12.5～6.3 μm，铸件的非加工表面为 √ 。

（3）配合要求。机用虎钳各零件间有配合要求的共有 4 处，尺寸公差应根据实测数据并参照极限配合标准确定。

为了使螺杆在钳座左右两圆柱孔内转动灵活，螺杆两端轴颈与圆柱孔采用基孔制间隙配合（ϕ12H8/f7、ϕ18H8/f7）。

螺母块上圆柱部分与活动钳身圆柱孔的接合面采用基孔制间隙配合（ϕ20H8/h7），查标准可知活动钳身上孔为 $\phi 20H8$ （$^{+0.033}_{0}$）。

（4）几何公差要求。为确保机用虎钳传动部分灵活、自如、平稳，满足使用要求，对有关零件的关键结构和形状有几何公差要求，如固定钳座左右两圆柱孔的轴线有同轴度要求（图11—10）。

四、绘制机用虎钳装配图

根据装配示意图和零件草图画装配图时应遵循前面所介绍的画装配图的方法与步骤。在画装配图的过程中，应注意校正零件草图的结构、形状和尺寸等。

1. 机用虎钳装配图的表达形式

在对机用虎钳的结构、形状、工作原理及零件间的装配关系、连接方式进行分析及了解的基础上，采用三个基本视图和一个表达单个零件的局部视图来表达。主视图采用全剖视图，反映机用虎钳的工作原理和零件间的装配关系；俯视图反映固定钳座的结构、形状和安装位置，并通过局部剖视表达钳口板与钳座连接的局部结构；左视图采用 $A—A$ 半剖视图，进一步充分反映螺母块与相关零件的装配关系及机用虎钳的整体内外形状，如图11—8所示。

2. 机用虎钳装配图的作图步骤

按机用虎钳的主要装配干线依次画出固定钳座、活动钳身（图11—9a）→螺杆、垫圈（图11—9b）→螺母块、螺钉和钳口板（图11—9c）→其他零件（图11—9d），然后标注主要尺寸，编写零件序号，填写标题栏、明细栏和技术要求等，完成后的装配图如图11—8所示。

五、绘制零件图

根据机用虎钳零件草图和装配图，按画零件图的方法与步骤，依次画出固定钳座、螺杆、活动钳身、螺母块、钳口板、环、螺钉的零件图，如图11—10～图11—15所示。

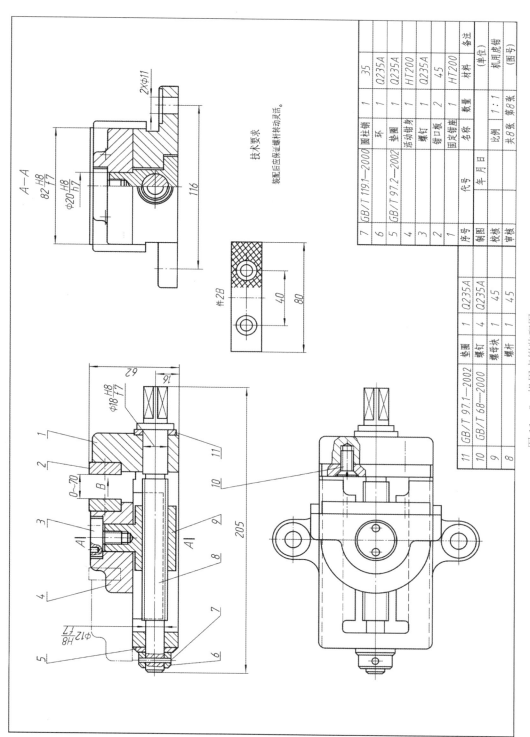

图 11—8 机用虎钳装配图

技术要求

装配后应保证螺杆转动灵活。

序号	代号	名称	数量	材料	备注
11	GB/T 97.1—2002	垫圈	1	Q235A	
10	GB/T 68—2000	螺钉	4	Q235A	
9		螺母块	1	45	
8		螺杆	1	45	
7	GB/T 119.1—2000	圆柱销	1	35	
6		环	1	Q235A	
5	GB/T 97.2—2002	垫圈	1	Q235A	
4		活动钳身	1	HT200	
3		螺钉	1	Q235A	
2		钳口板	2	45	
1		固定钳座	1	HT200	

机用虎钳

比例 1:1 (单位)

共8张 第8张 (图号)

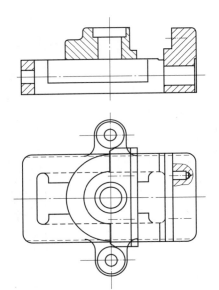
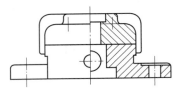

a)

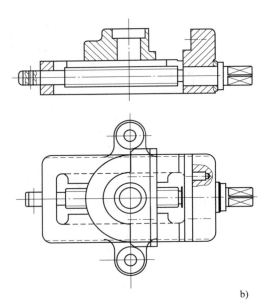
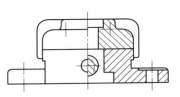

b)

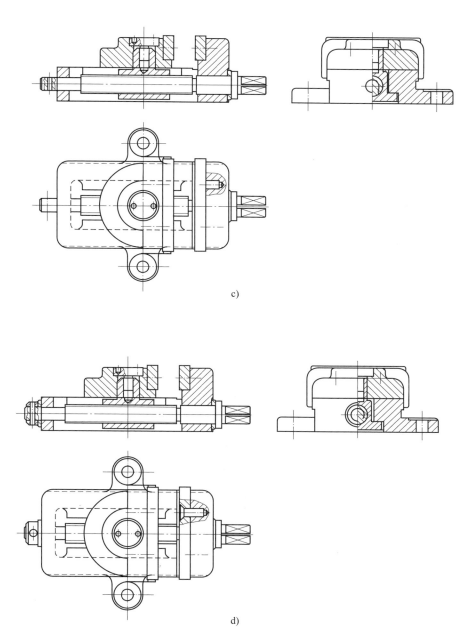

c)

d)

图 11—9　机用虎钳装配图作图步骤

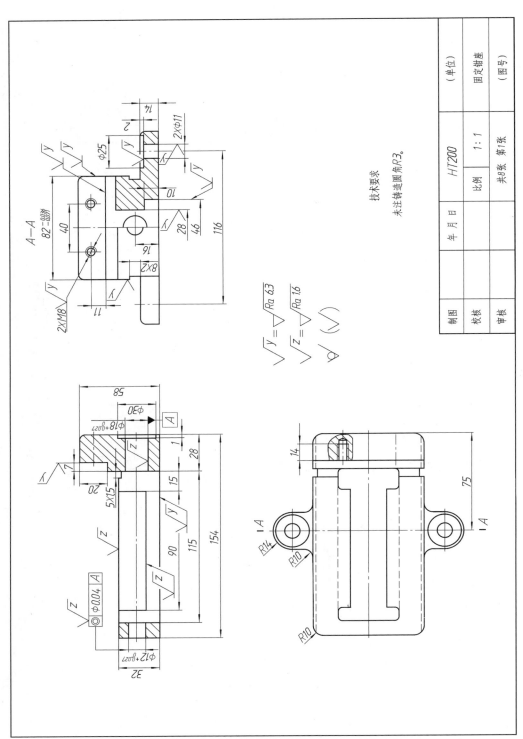

技术要求
未注铸造圆角R3。

$$\sqrt{y} = \sqrt{}\,Ra\ 6.3$$
$$\sqrt{z} = \sqrt{}\,Ra\ 1.6$$
$$\sqrt{}\ (\sqrt{})$$

		HT200	(单位)	
			固定钳座	
	比例	1:1	(图号)	
		共8张 第1张		
年 月 日				
制图				
校核				
审核				

图11—10 固定钳座零件图

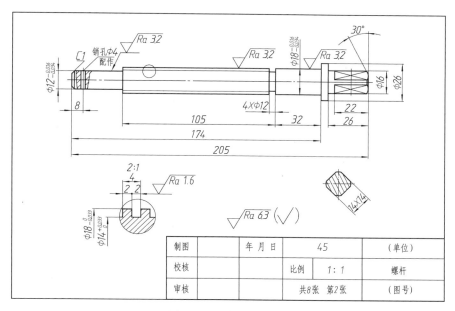

图 11—11　螺杆零件图

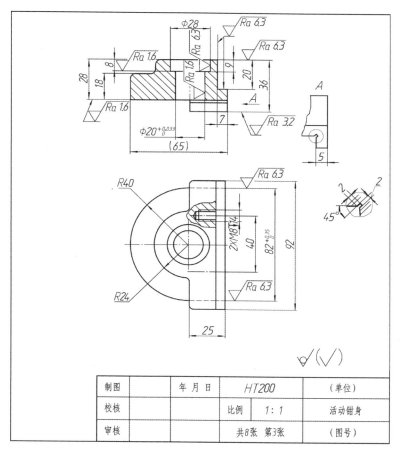

图 11—12　活动钳身零件图

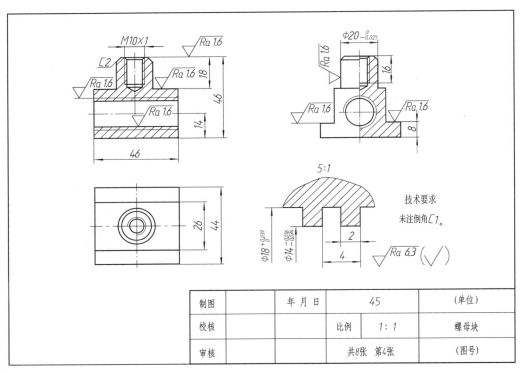

图 11—13　螺母块零件图

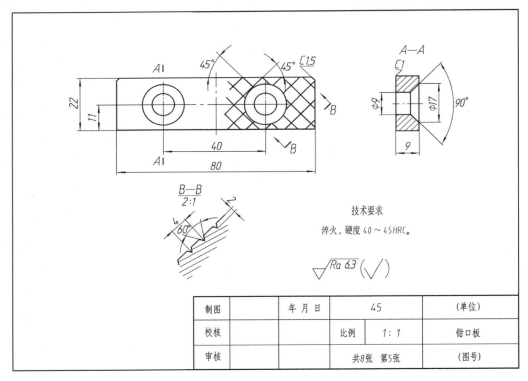

图 11—14　钳口板零件图

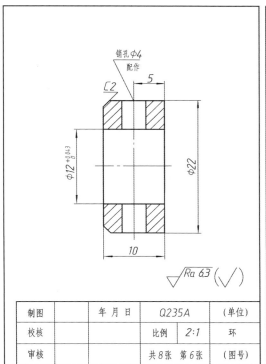

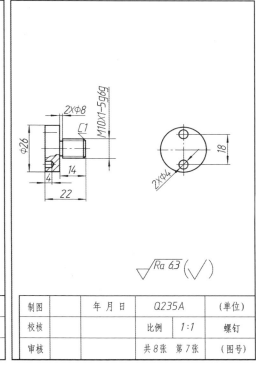

图 11—15 环、螺钉零件图

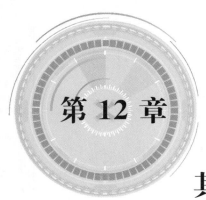

第 12 章

其他专业图样

第 1 节　金属结构件的表示法

一、棒料、型材及其断面简化表示（GB/T 4656—2008）

棒料、型材及其断面用相应的标记（表 12—1、表 12—2）表示，各参数间用短画分隔。必要时可在标记后注出切割长度，如图 12—1 所示。此标记也可填入明细栏（参见 GB/T 10609.2—2009）。

如：角钢，尺寸为 50 mm×50 mm×4 mm，长度为 1 000 mm，标记为：

∟ GB/T 9787—50×50×4—1000

表 12—1　　　　　　　　棒料断面尺寸和标记（GB/T 4656—2008）

棒料断面与尺寸		标记	
		图形符号	必要尺寸
圆形 ϕd	圆管形 ϕd、t	⌀	d $d \cdot t$
方形 b	空心方管形 b、t	□	b $b \cdot t$
扁矩形 b、h	空心矩管形 b、h、t	▭	$b \cdot h$ $b \cdot h \cdot t$
六角形 s	空心六角管形 s、t	⬡	s $s \cdot t$

续表

棒料断面与尺寸	标记	
	图形符号	必要尺寸
三角形	△	b
半圆形	◠	$b \cdot h$

表 12—2　　　　　　型材断面尺寸和标记（GB/T 4656—2008）

型材	标记		
	图形符号	字母代号	尺寸
角钢	L	L	特征尺寸
T 型钢	⊤	T	
工字钢	I	I	
H 钢	H	H	
槽钢	⊏	U	
Z 型钢	Z	Z	
钢轨	工		
球头角钢			特征尺寸
球扁钢			

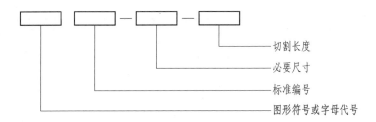

图 12—1　金属结构件的标记

在有相应标准但不致引起误解或相应标准中没有规定棒料、型材的标记时，可采用表 12—1 和表 12—2 中规定的图形符号加必要尺寸及其切割长度简化表示。

如：扁钢，尺寸为 50 mm×10 mm，长度为 100 mm，简化标记为：

▭ 50×10—100

为了简化，也可用大写字母代号代替表 12—2 中型材的图形符号。

如：角钢，尺寸为 90 mm×56 mm×7 mm，长度为 500 mm，简化标记为：

∟ 90×56×7—500　　或　　L90×56×7—500

标记应尽可能靠近相应的构件标注，如图 12—2 和图 12—3 所示。图样上的标记应与型钢的位置相一致，如图 12—4 所示。

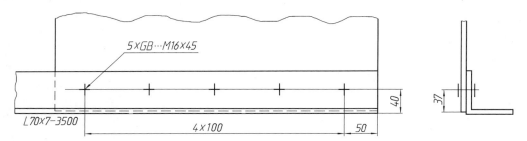

图 12—2　金属构件尺寸标注与标记（一）

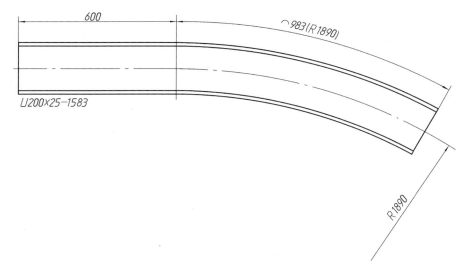

图 12—3　金属构件尺寸标注与标记（二）

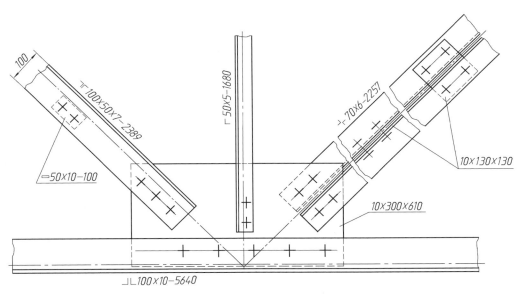

图 12—4　金属构件尺寸标注与标记（三）

二、金属构件的简图表示

金属构件可用粗实线画出的简图表示。此时，节点间的距离值应按图 12—5 所示方法标注。

金属构件的尺寸允许标注封闭尺寸。在需考虑累计误差时，要指明封闭环尺寸。

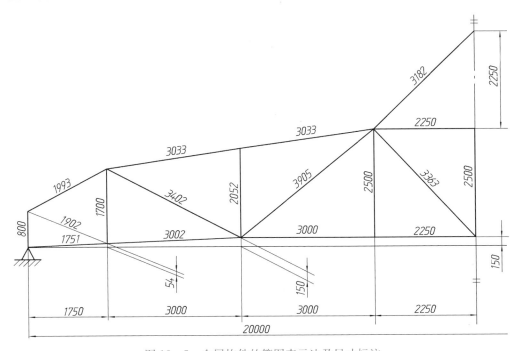

图 12—5　金属构件的简图表示法及尺寸标注

三、金属结构中的螺栓、螺栓孔及电焊铆钉图例及其标注（表12—3）

表12—3 螺栓、螺栓孔及电焊铆钉图例

名称	图例	名称	图例
永久螺栓		圆形螺栓孔	
高强螺栓		长圆形螺栓孔	
安装螺栓		电焊铆钉	

第 2 节 焊 接 图

金属结构主要是通过焊接将型钢和钢板连接而成，焊接是一种不可拆连接，因其工艺简单、连接可靠、节省材料，所以应用日益广泛。

金属结构件被焊接后所形成的接缝称为焊缝。焊缝在图样上一般采用焊缝符号（表示焊接方式、焊缝形式和焊缝尺寸等技术内容的符号）表示。

一、焊缝符号及其标注方法

焊缝符号由基本符号和指引线组成，必要时还可以加上补充符号和焊缝尺寸符号。

1. 基本符号

基本符号是表示焊缝横断面形状的符号，采用近似焊缝横断面形状的符号来表示。基本符号用粗实线绘制。常用焊缝的基本符号、图示法及标注方法示例见表12—4，其他焊缝的基本符号可查阅 GB/T 324—2008。

2. 基本符号的组合

标注双面焊缝或接头时，基本符号可以组合使用，见表12—5。

3. 补充符号

补充符号用来补充说明有关焊缝或接头的某些特征（诸如表面形状、衬垫、焊缝分布及施焊地点等），用粗实线绘制，见表12—6。

表 12—4   常用焊缝的基本符号、图示法及标注方法示例

名称	符号	示意图	图示法	标注方法
I 形焊缝	‖		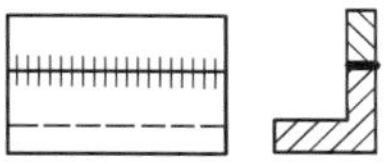 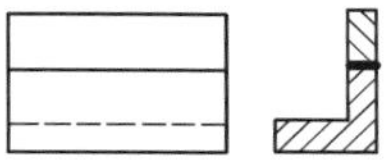	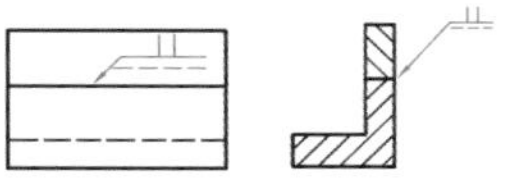 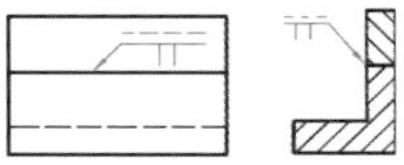
V 形焊缝	∨		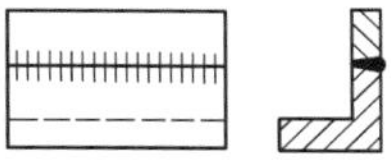	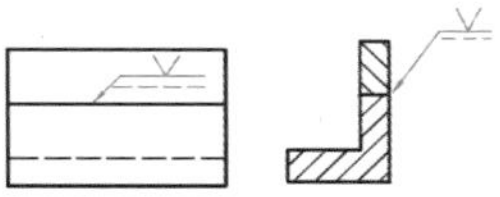
V 形焊缝	∨		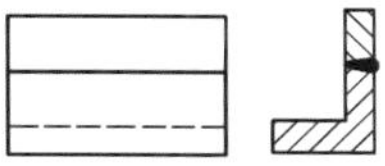	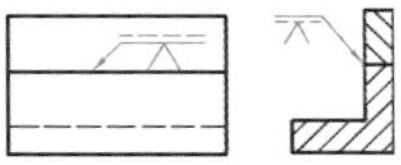
角焊缝	◺	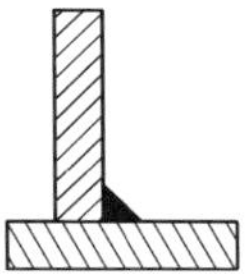	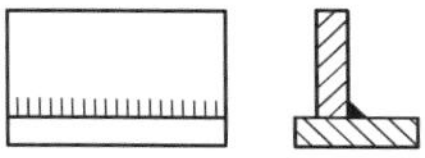 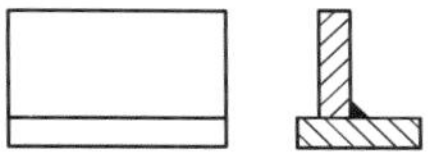	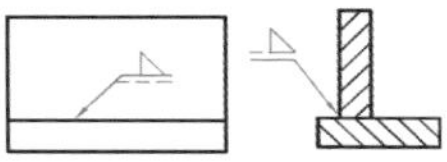 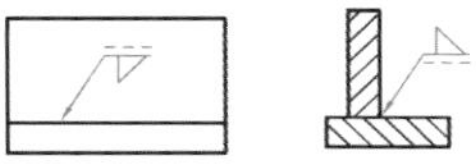
点焊缝	○	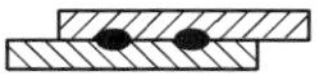	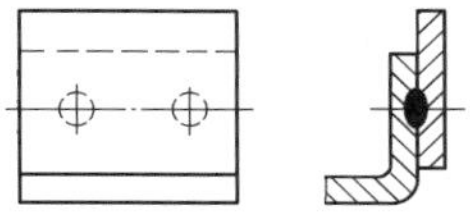	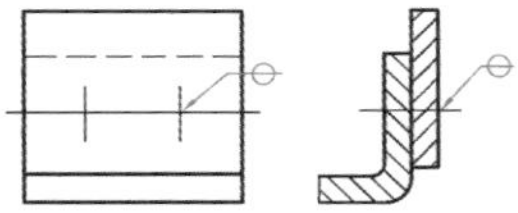

表 12—5   基本符号的组合

名称	符号	形式及标注示例
双面 V 形焊缝（X 焊缝）	X	
双面单 V 形焊缝（K 焊缝）	K	
带钝边双面 V 形焊缝	⋈	

表 12—6　　　　　　　　　　补充符号

名称	符号	形式及标注示例	说明
平面	—		V 焊缝表面通常经过加工后平整
凹面	⌣		角焊缝表面凹陷
凸面	⌢		双面 V 形焊缝表面凸起
永久衬垫	⎡M⎤		V 形焊缝的背面底部有衬垫永久保留
三面焊缝	⎣		工件三面带有角焊缝
周围焊缝	○		在现场沿工件周围实施角焊缝
现场焊缝	▶		
尾部	<		用手工电弧焊，有 4 条相同的角焊缝

4. 指引线

指引线一般由箭头线和两条基准线（一条为细实线，一条为细虚线）组成，采用细实线绘制，如图 12—6 所示。箭头线用来将整个焊缝符号指引到图样上的有关焊缝处，必要时允许弯折一次。基准线应与主标题栏平行。基准线的上面和下面用来标注各种符号及尺寸，基准线的细虚线可画在基准线的细实线上侧或下侧。必要时可在基准线（细实线）末端加一尾部符号，作为其他说明之用，如焊接方法和焊缝数量等。

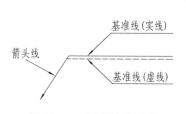

图 12—6　指引线的画法

5. 焊缝尺寸符号

焊缝尺寸符号用来表示坡口及焊缝尺寸，一般不必标注。如设计或生产需要注明焊缝尺寸时，可按 GB/T 324—2008 焊缝代号的规定标注。常用焊缝尺寸符号见表 12—7。

表 12—7　　　　　　　　　　常用焊缝尺寸符号

名称	符号	名称	符号
板材厚度	δ	焊缝间距	e
坡口角度	α	焊角尺寸	K
根部间隙	b	焊点熔核直径	d
钝边高度	p	焊缝宽度	c
焊缝长度	l	焊缝余高	h

二、焊接方法及数字代号

焊接的方法很多，常用的有电弧焊、电渣焊、点焊和钎焊等，其中以电弧焊应用最广。焊接方法可用文字在技术要求中注明，也可用数字代号直接注写在指引线的尾部。常用焊接方法及数字代号见表 12—8。

表 12—8　　　　　　　　　　常用焊接方法及数字代号

焊接方法	数字代号	焊接方法	数字代号
手工电弧焊	111	激光焊	751
埋弧焊	12	氧—乙炔焊	311
电渣焊	72	硬钎焊	91
电子束焊	76	点焊	21

三、焊缝标注示例

在技术图样或文件上需要表示焊缝或接头时，推荐采用焊缝符号。必要时，也可采用一般的技术制图方法表示。详见焊缝标注示例（表 12—9）。

表 12—9　　　　　　　　　　焊缝标注示例

接头形式	焊缝形式	标注示例	说明
对接接头			111 表示用手工电弧焊，V 形坡口，坡口角度为 α，根部间隙为 b，有 n 段焊缝，焊缝长度为 l

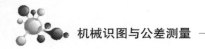
续表

接头形式	焊缝形式	标注示例	说明
T 形接头			▰ 表示在现场或工地上进行焊接 ▷ 表示双面角焊缝，焊角尺寸为 K
			▷ 表示有 n 段断续双面角焊缝，l 表示焊缝长度，e 表示断续焊缝间距
			Z 表示交错断续角焊缝
角接接头			⌐ 表示三面焊缝 ◁ 表示单面角焊缝
角接接头			表示双面焊缝，上面为带钝边的单边 V 形焊缝，下面为角焊缝
搭接接头			○表示点焊缝，d 表示焊点直径，e 表示焊点间距，n 为点焊数量，l 表示起始焊点中心至板边的间距

四、读焊接图举例

金属焊接图除了将构件的形状、尺寸表达清楚外，还要把焊接的有关内容表达清楚。如图 12—7 所示，弯头是化工设备上的一个焊接件，由底盘、弯管和方形凸缘三个零件组成。

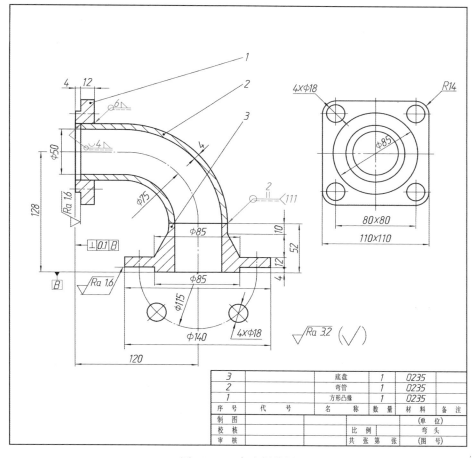

图 12—7 弯头焊接图

图样中不仅表达了各零件的装配和焊接要求，而且还表达了零件的形状、尺寸以及加工要求，因此不必另画零件图。通常情况下，对较复杂的组装焊接图，还需要由此拆画零件图。

焊接图识读要点：

1. 底盘和弯管间的焊缝代号为 ，其中"2"表示 I 形焊缝，对接间隙 $b=$ 2 mm；"111"表示全部焊缝均采用手工电弧焊。

2. 方形凸缘和弯管外壁的焊缝代号为 ，其中"○"表示环绕工件周围焊接；"◺"表示角焊缝，焊角高度为 6 mm。

3. 方形凸缘和弯管的内焊缝代号为 ，其中"⌣"表示焊缝表面凹陷。

第3节 展 开 图

在生产中，经常用到各种薄板制件，如油罐、水箱、防护罩以及各种管接头等。图 12—8 所示集粉筒即为其实例之一。制造这类制件时，通常是先在金属薄板上放样画出表面展开图，然后下料弯制成形，最后经焊接或铆接而成。

将制件各表面按其实际大小和形状依次连续地展开在一个平面上，称为制件的表面展开，展开所得图形称为表面展开图，简称展开图。

一、平面立体制件的展开图画法

由于平面立体的表面都是平面，因此平面制件的展开只要作出各表面的实形，并将它们依次连续地画在一个平面上，即可得到平面立体制件的展开图。

1. 斜口直四棱柱管

如图 12—9a 所示斜口直四棱柱管，由于从制件的

图 12—8 薄板制件——集粉筒

投影图中（图 12—9b）可直接量得各表面的边长和实形，因此作图比较简单，步骤如下（图 12—9c）：

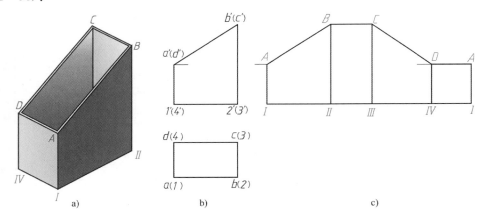

图 12—9 斜口直四棱柱管的展开

（1）将各底边的实长展开成一条水平线，标出Ⅰ、Ⅱ、Ⅲ、Ⅳ、Ⅰ诸点。

（2）过这些点作铅垂线，在其上量取各棱线的实长，即得各顶点 A、B、C、D、A。

（3）用直线依次连接各顶点，即为斜口直四棱柱管的展开图。

2. 吸气罩（四棱台管）

图 12—10a 所示为吸气罩的两面投影，图 12—10b 所示为吸气罩轴测图。从图中可知，吸气罩是由四个梯形平面围成，其前后、左右对应相等，在其投影图上并不反映实形。要依

次画出四个梯形平面的实形，可先求出四棱台管棱线的实长（四条棱线相等），以此为半径画出扇形，再在扇形内作出四个等腰梯形，其中对应面梯形相等。

（1）将主视图中的棱线延长得交点 s'，用旋转法（参见图 12—10c 所示用旋转法求作一般位置直线实长的作图方法）求出棱线 SI、SA 的实长为 $s'1_1'$、$s'a_1'$，如图 12—10a 所示。

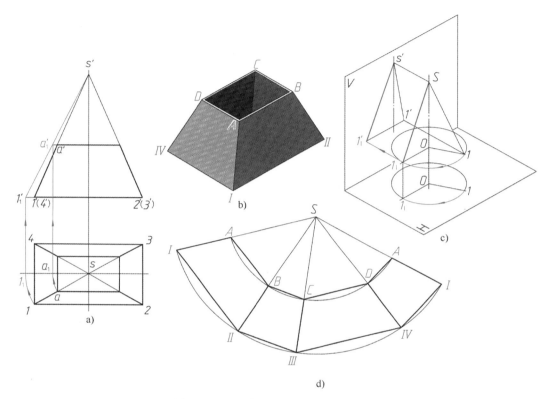

图 12—10　吸气罩（四棱台管）的展开

（2）以 S 为圆心，$s'1_1'$ 和 $s'a_1'$ 为半径画圆弧，在圆弧上依次截取 $I\,II=12$、$II\,III=23$、$III\,IV=34$、$IV\,I=41$，并过 I、II、III、IV、I 各点向 S 连线，再过 A 点依次作底边的平行线，得 AB、BC、CD、DA，即为吸气罩的表面展开图，如图 12—10d 所示。

二、圆管制件的展开图画法

1. 圆管

如图 12—11 所示，圆管的展开图为一矩形，矩形底边的边长为圆管（底圆的）周长 πD，高为管高 H。

2. 斜截口圆管

如图 12—12 所示，圆管被斜切后，表面素线的高度有了差异，但仍互相平行，且与底面垂直，其正面投影反映实长，斜截口展开后成为曲线。

（1）在俯视图上将圆周分成 12 等份（等分越多，展开图越准确），过各等分点在主视图上作出相应素线的投影 $1'a'$、$2'b'$、$3'c'\cdots$（图 12—12b）。

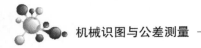
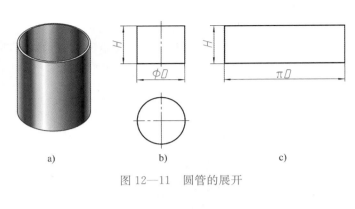

图 12—11　圆管的展开

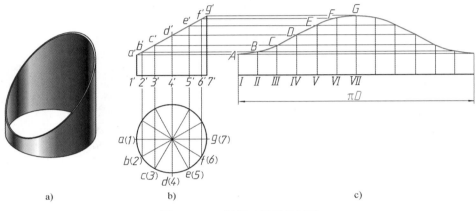

图 12—12　斜截口圆管的展开

（2）将底圆展开成直线，其长度为 πD，量取 12 段相等距离，使每段等于相应的弧长（如 $I\ II = \overset{\frown}{12}$），得 I、II、III…诸点。过 I、II、III…各点作直线的垂线，并在垂线上量取相应素线的长度 $I\ A = 1'a'$、$II\ B = 2'b'$、$III\ C = 3'c'$…。最后，将各素线的端点连成光滑的曲线，即为斜截口圆管的表面展开图，如图 12—12c 所示。

3. 等径直角弯管

在通风管道中，如果要垂直改变风道的方向，可采用直角弯管。根据通风要求，一般将直角弯管分成若干节（本例为三节，中间节只有一节，实例可参见图 12—8 所示集粉筒上部的三节弯管），每节为一斜截正圆柱面，两端的端节是中间各节的一半，各中间节的长度和形状均相同，且各中间节与各自中部的横截面相对称，可按图 12—12 所示展开画法画出每节展开图。

为了节省材料和提高工效，把三节斜口圆管拼合成一圆管来展开，即把中间节绕其轴线旋转 180°，再拼合上节和下节，如图 12—13a 主视图中两个端节和一个中间节的投影所示，然后一次画出如图 12—13b 所示三节直角弯管的展开图。

如图 12—13 所示，上、下两节均为一端是斜口的圆管，展开图画法与图 12—12 斜截口圆管的展开图画法完全相同，两曲线的中间部分（套红部分）则是中间节的展开图。

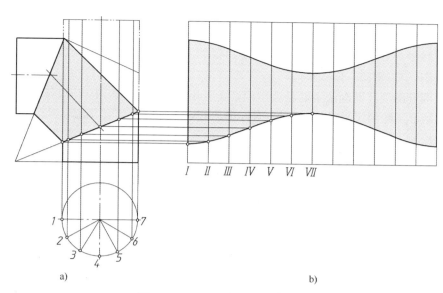

图 12—13　三节直角弯管的展开

4. 异径直角三通管

异径直角三通管是由两个不等径的圆管垂直正交而形成，如图 12—14c 所示。根据它的投影图作展开图时，必须先在投影图上准确地作出相贯线的投影，然后分别作出大、小圆管的展开图。为了简化作图，可以不画水平投影，而把铅垂的小圆管的水平投影用半个圆周画在正面和侧面投影上，如图 12—14b 所示，从而作出相贯线的正面投影和两圆管的展开图。

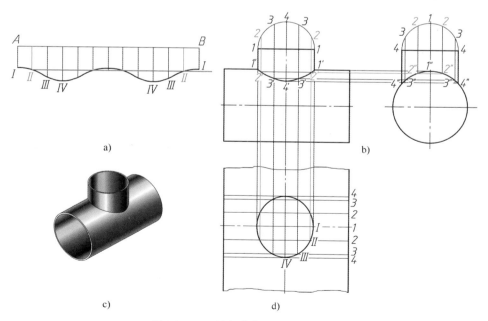

图 12—14　异径直角三通管的展开

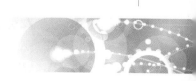

第12章　其他专业图样

（1）小圆管的展开图画法与前述斜口圆管的展开图画法相同。先画出小圆管上端面圆周的展开线 AB，并分成若干等份（与求作相贯线一致，分成 12 等份），再从各等分点作垂线，在各垂线上分别量取其对应素线的长度，得 I、II、III…各点，然后光滑连接，即得小圆管的展开图，如图 12—14a 所示。

（2）大圆管的展开图画法主要是求作相贯线展开后的图形。如图 12—14d 所示，先将大圆管展开成一矩形（图中仅画局部），画出对称中心线，量取 $12=1''2''$、$23=2''3''$、$34=3''4''$（取弦长代替弧长），过俯视图上 1、2、3、4 各点引水平线，与过主视图上 1、2、3、4 各点向下引铅垂线相交，得相应素线的交点 I、II、III、IV，然后光滑连接，即得相贯线展开后的图形。

实际生产中，特别是单件制作这种金属薄板制件时，通常不在大圆管的展开图上开孔，而是将小圆管展开，弯卷焊接后，定位在大圆管画有中心线的位置上，描画曲线形状，然后气割开孔，把两圆管焊接而成，这样可避免大圆管弯卷时产生变形。

三、圆锥管制件的展开图画法

1. 正圆锥

完整的正圆锥的表面展开图为一扇形，可计算出相应参数直接作图，其中扇形的直线边等于圆锥素线的实长，圆弧长度等于圆锥底圆的周长 πD，中心角 $\alpha = 360°\pi D/(2\pi R) = 180°D/R$，如图 12—15a 所示。

近似作图时，可将正圆锥表面看成是由很多三角形（即棱面）组成，那么这些三角形的展开图近似地为锥管表面的展开图，具体作图步骤如下（图 12—15b）：

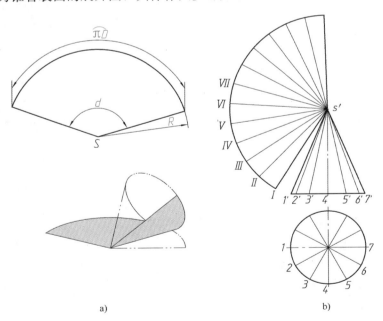

图 12—15 圆锥表面的展开

（1）将水平投影圆周 12 等分，在正面投影图上作出相应投影 $s'1'$、$s'2'$…。

（2）以素线实长 $s'7'$ 为半径画弧，在圆弧上量取 12 段相等距离，此时以底圆上的分段弦长近似代替分段弧长，即 $I\,II=12$、$II\,III=23$…，将首尾两点与圆心相连，即得正圆锥面的展开图。

若需展开图 12—8 中大喇叭管形平截口正圆锥管，只需在正圆锥管展开图上截去下面的小圆锥面即可。

2. 斜截口正圆锥管

图 12—16a 所示为斜截口正圆锥管，它的近似展开图如图 12—16b、c 所示，作图步骤如下：

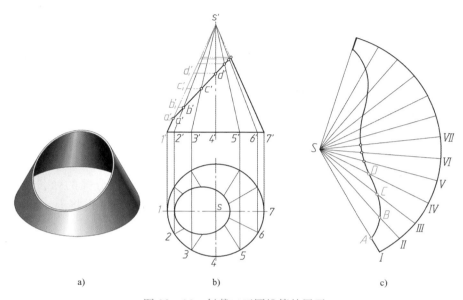

图 12—16　斜截口正圆锥管的展开

（1）将水平投影圆周 12 等分，在正面投影图上作出相应素线的投影 $s'1'$、$s'2'$…。

（2）过正面投影图上各条素线与斜顶面交点 a'、b'…分别作水平线，与圆锥转向线 $s'1'$分别交于 a'_1、b'_1…各点，则 $1'a'_1$、$1'b'_1$…为斜截口正圆锥管上相应素线的实长。

（3）作出完整的圆锥表面的展开图。在相应棱线上截取 $ⅠA=1'a'_1$、$ⅡB=1'b'_1$…，得 A、B…各点。

（4）用光滑曲线连接 A、B…各点，得到斜截口正圆锥管的表面展开图，如图 12—16c所示。

四、变形管接头的展开图画法

图 12—17a 所示为上圆下方变形管接头的两视图，它的表面由四个全等的等腰三角形和四个相同的局部斜圆锥面组成。变形管接头的上口和下口的水平投影反映实形和实长；三角形的两腰 $AⅠ$、$BⅠ$ 以及锥面上的所有素线均为一般位置直线，必须求出它们的实长才能画出展开图。作图步骤如下：

（1）将上口 1/4 圆周 3 等分，并与下口顶点相连，得斜圆锥面上四条素线的投影。用旋转法求作素线实长 $AⅠ=AⅣ=a'4'_1$，$AⅡ=AⅢ=a'3'_1$。

（2）以后面等腰三角形的中垂线为接缝展开，则展开图与前面等腰三角形的高对称。如图 12—17b 所示，首先以水平线 $AB=ab$ 为底、$AⅠ=BⅠ=a'4'_1$ 为两腰，作出等腰三角形 $ABⅠ$。

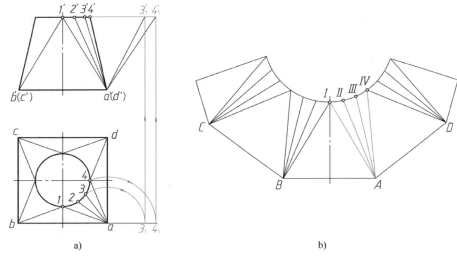

图 12—17　变形管接头的展开

（3）以 A 为圆心、$a'3_1'$ 为半径画弧，再以 I 为圆心、上口等分弧的弦长为半径画弧，两弧交于 II，作出△$AI II$。用同样的方法作出△$A II III$、△$A III IV$，再将 I、II、III、IV 各点光滑连接，得一斜圆锥面的展开图。

（4）用上述方法向两侧继续作图，最后在两侧分别作出一个直角三角形，也就是相当于上述等腰三角形的一半，即得这个变形管接头的展开图。

附　表

　　　　　　　　　　　　　六角头螺栓

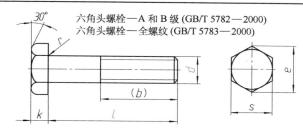

六角头螺栓—A 和 B 级 (GB/T 5782—2000)
六角头螺栓—全螺纹 (GB/T 5783—2000)

标记示例
螺纹规格 d=M12、公称长度 l=80 mm、
性能等级为8.8级、表面氧化、A级的六
角头螺栓：
　　螺栓　GB/T 5782　M12×80

mm

螺纹规格 d		M3	M4	M5	M6	M8	M10	M12	(M14)	M16	(M18)	M20	(M22)	M24	(M27)	M30	M36
s		5.5	7	8	10	13	16	18	21	24	27	30	34	36	41	46	55
k		2	2.8	3.5	4	5.3	6.4	7.5	8.8	10	11.5	12.5	14	15	17	18.7	22.5
r		0.1	0.2	0.2	0.25	0.4	0.4	0.6	0.6	0.6	0.6	0.6	1	0.8	1	1	1
e	A	6.01	7.66	8.79	11.05	14.38	17.77	20.03	23.36	26.75	30.14	33.53	37.72	39.98	—	—	—
	B	5.88	7.50	8.63	10.89	14.20	17.59	19.85	22.78	26.17	29.56	32.95	37.29	39.55	45.20	50.85	51.11
(b) GB/T 5782	$l≤125$	12	14	16	18	22	26	30	34	38	42	46	50	54	60	66	—
	$125<l≤200$	18	20	22	24	28	32	36	40	44	48	52	56	60	66	72	84
	$l>200$	31	33	35	37	41	45	49	53	57	61	65	69	73	79	85	97
l 范围 (GB/T 5782)		20~30	25~40	25~50	30~60	40~80	45~100	50~120	60~140	65~160	70~180	80~200	90~220	90~240	100~260	110~300	140~360
l 范围 (GB/T 5783)		6~30	8~40	10~50	12~60	16~80	20~100	25~120	30~140	30~150	35~150	40~150	45~150	50~150	55~200	60~200	70~200
l 系列		6、8、10、12、16、20、25、30、35、40、45、50、(55)、60、(65)、70、80、90、100、110、120、130、140、150、160、180、200、220、240、260、280、300、320、340、360、380、400、420、440、460、480、500															

　　　　　　　　　　　　　双头螺柱

A 型　　　　　　　　B 型（辗制）

 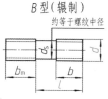

约等于螺纹中径

GB/T 897 —1988(b_m=1d)
GB/T 898—1988(b_m=1.25d)
GB/T 899—1988(b_m=1.5d)
GB/T 900—1988(b_m=2d)

标记示例
两端均为粗牙普通螺纹、 d=10 mm、 l=50 mm、
性能等级为4.8级、不经表面处理、B型、 b_m=1d
的双头螺柱：
　　螺柱　GB/T 897　M10×50
　若为 A 型，则标记为：螺柱　GB/T 897　A　M10×50

双头螺柱各部分尺寸 　　　　　　　　　　mm

附
表

续表

螺纹规格 d		M3	M4	M5	M6	M8
b_m	GB/T 897—1988	—	—	5	6	8
	GB/T 898—1988	—	—	6	8	10
	GB/T 899—1988	4.5	6	8	10	12
	GB/T 900—1988	6	8	10	12	16
$\dfrac{l}{b}$		$\dfrac{16\sim20}{6}$	$\dfrac{16\sim(22)}{8}$	$\dfrac{16\sim(22)}{10}$	$\dfrac{20\sim(22)}{10}$	$\dfrac{20\sim(22)}{12}$
		$\dfrac{(22)\sim40}{12}$	$\dfrac{25\sim40}{14}$	$\dfrac{25\sim50}{16}$	$\dfrac{25\sim30}{14}$	$\dfrac{25\sim30}{16}$
					$\dfrac{(32)\sim(75)}{18}$	$\dfrac{(32)\sim90}{22}$

螺纹规格 d		M10	M12	M16	M20	M24
b_m	GB/T 897—1988	10	12	16	20	24
	GB/T 898—1988	12	15	20	25	30
	GB/T 899—1988	15	18	24	30	36
	GB/T 900—1988	20	24	32	40	48
$\dfrac{l}{b}$		$\dfrac{25\sim(28)}{14}$	$\dfrac{25\sim30}{16}$	$\dfrac{30\sim(38)}{20}$	$\dfrac{35\sim40}{25}$	$\dfrac{45\sim50}{30}$
		$\dfrac{30\sim(38)}{16}$	$\dfrac{(32)\sim40}{20}$	$\dfrac{40\sim(55)}{30}$	$\dfrac{45\sim(65)}{35}$	$\dfrac{(55)\sim(75)}{45}$
		$\dfrac{40\sim120}{26}$	$\dfrac{45\sim120}{30}$	$\dfrac{60\sim120}{38}$	$\dfrac{70\sim120}{46}$	$\dfrac{80\sim120}{54}$
		$\dfrac{130}{32}$	$\dfrac{130\sim180}{36}$	$\dfrac{130\sim200}{44}$	$\dfrac{130\sim200}{52}$	$\dfrac{130\sim200}{60}$

注：1. GB/T 897—1988 和 GB/T 898—1988 规定螺柱的螺纹规格 d＝M5～M48，公称长度 l＝16～300 mm；GB/T 899—1988 和 GB/T 900—1988 规定螺柱的螺纹规格 d＝M2～M48，公称长度 l＝12～300 mm。

2. 螺柱公称长度 l（系列）：12、(14)、16、(18)、20、(22)、25、(28)、30、(32)、35、(38)、40、45、50、(55)、60、(65)、70、(75)、80、(85)、90、(95)、100～260（十进位）、280、300 mm，尽可能不采用括号内的数值。

3. 材料为钢的螺柱性能等级有 4.8、5.8、6.8、8.8、10.9、12.9 级，其中 4.8 级为常用。

附表 3　　　　　　　　　1 型六角螺母（GB/T 6170—2000）

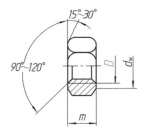
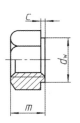
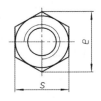

标记示例
螺纹规格 D＝M12、性能等级为 8 级、不经表面处理、产品等级为 A 级的 1 型六角螺母：
螺母　GB/T 6170　M12

mm

续表

螺纹规格 D		M3	M4	M5	M6	M8	M10	M12	M16	M20	M24	M30	M36
e(min)		6.01	7.66	8.79	11.05	14.38	17.77	20.03	26.75	32.95	39.55	50.85	60.79
s	(max)	5.5	7	8	10	13	16	18	24	30	36	46	55
	(min)	5.32	6.78	7.78	9.78	12.73	15.73	17.73	23.67	29.16	35	45	53.8
c(max)		0.4	0.4	0.5	0.5	0.6	0.6	0.6	0.8	0.8	0.8	0.8	0.8
d_w(min)		4.6	5.9	6.9	8.9	11.6	14.6	16.6	22.5	27.7	33.2	42.7	51.1
d_w(max)		3.45	4.6	5.75	6.75	8.75	10.8	13	17.3	21.6	25.9	32.4	38.9
m	(max)	2.4	3.2	4.7	5.2	6.8	8.4	10.8	14.8	18	21.5	25.6	31
	(min)	2.15	2.9	4.4	4.9	6.44	8.04	10.37	14.1	16.9	20.2	24.3	29.4

附表 4　平垫圈—A 级（GB/T 97.1—2002）、平垫圈倒角型—A 型（GB/T 97.2—2002）

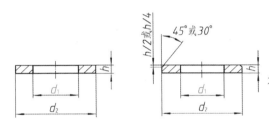

标记示例

标准系列、公称规格（螺纹大径 d）8 mm、钢质、硬度等级为200HV级、不经表面处理、产品等级为A级的平垫圈：

垫圈　GB/T 97.1　8

mm

公称规格（螺纹大径 d）	2	2.5	3	4	5	6	8	10	12	16	20	24	30
内径 d_1	2.2	2.7	3.2	4.3	5.3	6.4	8.4	10.5	13	17	21	25	31
外径 d_2	5	6	7	9	10	12	16	20	24	30	37	44	56
厚度 h	0.3	0.5	0.5	0.8	1	1.6	1.6	2	2.5	3	3	4	4

附表 5　标准型弹簧垫圈（GB/T 93—1987）、轻型弹簧垫圈（GB/T 859—1987）

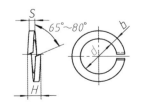 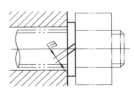

标记示例

规格16 mm、材料为65Mn、表面氧化的标准型弹簧垫圈：

垫圈　GB/T 93　16

mm

附表

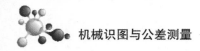

续表

规格（螺纹大径）		2	2.5	3	4	5	6	8	10	12	16	20	24	30	36	42	48
d		2.1	2.6	3.1	4.1	5.1	6.2	8.2	10.2	12.3	16.3	20.5	24.5	30.5	36.6	42.6	49
H	GB/T 93—1987	1.2	1.6	2	2.4	3.2	4	5	6	7	8	10	12	13	14	16	18
	GB/T 859—1987	1	1.2	1.6	1.6	2	2.4	3.2	4	5	6.4	8	9.6	12	—	—	—
$S(b)$	GB/T 93—1987	0.6	0.8	1	1.2	1.6	2	2.5	3	3.5	4	5	6	6.5	7	8	9
S	GB/T 859—1987	0.5	0.6	0.8	0.8	1	1.2	1.6	2	2.5	3.2	4	4.8	6	—	—	—
$m\leqslant$	GB/T 93—1987	0.4		0.5	0.6	0.8	1	1.2	1.5	1.7	2	2.5	3	3.2	3.5	4	4.5
	GB/T 859—1987	0.3		0.4		0.5	0.6	0.8	1	1.2	1.6	2	2.4	3	—	—	—
b	GB/T 859—1987	0.8		1	1.2		1.6	2	2.5	3.5	4.5	5.5	6.5	8	—	—	—

附表 6 　　　　　　　　　　开　槽　螺　钉

开槽圆柱头螺钉（GB/T 65—2000）、开槽盘头螺钉（GB/T 67—2000）、开槽沉头螺钉（GB/T 68—2000）

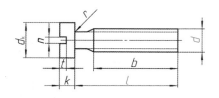

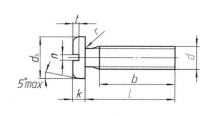
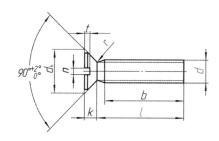

标记示例

螺纹规格d=M5、公称长度l=20 mm、性能等级为4.8级、不经表面处理的A级开槽圆柱头螺钉：

螺钉　GB/T 65　M5×20

	螺纹规格 d	M1.6	M2	M2.5	M3	M4	M5	M6	M8	M10
GB/T 65—2000	d_k	3	3.8	4.5	5.5	7	8.5	10	13	16
	k	1.1	1.4	1.8	2	2.6	3.3	3.9	5	6
	t_{min}	0.45	0.6	0.7	0.85	1.1	1.3	1.6	2	2.4
	r_{min}	0.1	0.1	0.1	0.1	0.2	0.2	0.25	0.4	0.4
	l	2~16	3~20	3~25	4~30	5~40	6~50	8~60	10~80	12~80

续表

螺纹规格 d		M1.6	M2	M2.5	M3	M4	M5	M6	M8	M10
GB/T 67—2000	d_k	3.2	4	5	5.6	8	9.5	12	16	23
	k	1	1.3	1.5	1.8	2.4	3	3.6	4.8	6
	t_{min}	0.35	0.5	0.6	0.7	1	1.2	1.4	1.9	2.4
	r_{min}	0.1	0.1	0.1	0.1	0.2	0.2	0.25	0.4	0.4
	l	2～16	2.5～20	3～25	4～30	5～40	6～50	8～60	10～80	12～80
GB/T 68—2000	d_k	3	3.8	4.7	5.5	8.4	9.3	11.3	15.8	18.5
	k	1	1.2	1.5	1.65	2.7	2.7	3.3	4.65	5
	t_{min}	0.32	0.4	0.5	0.6	1	1.1	1.2	1.8	2
	r_{max}	0.4	0.5	0.6	0.8	1	1.3	1.5	2	2.5
	l	2.5～16	3～20	4～25	5～30	6～40	8～50	8～60	10～80	12～80
n		0.4	0.5	0.6	0.8	1.2	1.2	1.6	2	2.5
b_{min}		25				38				
l 系列		2、2.5、3、4、5、6、8、10、12、(14)、16、20、25、30、35、40、45、50、(55)、60、(65)、70、(75)、80								

注：表中数据单位为 mm。

附表7　　　　圆柱销　不淬硬钢和奥氏体不锈钢（GB/T 119.1—2000）

　　　　　　圆柱销　淬硬钢和马氏体不锈钢（GB/T 119.2—2000）

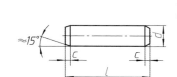

末端形状由制造者确定，允许倒圆或凹穴

标记示例

公称直径 $d=6$ mm、公差为 m6、公称长度 $l=30$ mm、材料为钢、不经淬火、不经表面处理的圆柱销：

销　GB/T 119.1　6m6×30

公称直径 $d=6$ mm、公差为 m6、公称长度 $l=30$ mm、材料为钢、普通淬火（A 型）、表面氧化处理的圆柱销：

销　GB/T 119.2　6×30

mm

公称直径 d		3	4	5	6	8	10	12	16	20	25	30	40	50
$c \approx$		0.5	0.63	0.8	1.2	1.6	2.0	2.5	3.0	3.5	4.0	5.0	6.3	8.0
公称长度 l	GB/T 119.1	8～30	8～40	10～50	12～60	14～80	18～95	22～140	26～180	35～200	50～200	60～200	80～200	95～200
	GB/T 119.2	8～30	10～40	12～50	14～60	18～80	22～100	26～100	40～100	50～100				
l 系列		8、10、12、14、16、18、20、22、24、26、28、30、32、35、40、45、50、55、60、65、70、75、80、85、90、95、100、120、140、160、180、200												

注：1. GB/T 119.1—2000 规定圆柱销的公称直径 $d=0.6\sim50$ mm，公称长度 $l=2\sim200$ mm，公差有 m6 和 h8。

2. GB/T 119.2—2000 规定圆柱销的公称直径 $d=1\sim20$ mm，公称长度 $l=3\sim100$ mm，公差仅有 m6。

3. 当圆柱销公差为 1.8 时，其表面粗糙度 $Ra \geqslant 1.6$ μm。

附表

| 附表 8 | | | 圆锥销（GB/T 117—2000） | | | | | | | | | |

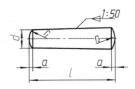

标记示例

公称直径 d=10 mm、公称长度 l=60 mm、材料为35钢、热处理硬度25~38HRC、表面氧化处理的A型圆锥销：

销　GB/T 117　10×60

mm

公称直径 d	4	5	6	8	10	12	16	20	25	30	40	50
$a\approx$	0.5	0.63	0.8	1	1.2	1.6	2	2.5	3	4	5	6.3
公称长度 l	14~55	18~60	22~90	22~120	26~160	32~180	40~200	45~200	50~200	55~200	60~200	65~200
l 系列	2、3、4、5、6、8、10、12、14、16、18、20、22、24、26、28、30、32、35、40、45、50、55、60、65、70、75、80、85、90、95、100、120、140、160、180、200											

注：1. 标准规定圆锥销的公称直径 d=0.6~50 mm。

　　2. 有 A 型和 B 型。A 型为磨削，锥面表面粗糙度 Ra=0.8 μm；B 型为切削或冷镦，锥面表面粗糙度 Ra=3.2 μm。

附表 9	滚 动 轴 承	mm

深沟球轴承	圆锥滚子轴承	推力球轴承
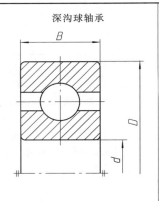		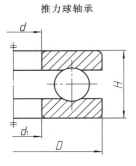
标记示例： 滚动轴承　6308　GB/T 276	标记示例： 滚动轴承　30209　GB/T 297	标记示例： 滚动轴承　51205　GB/T 301

轴承型号	d	D	B	轴承型号	d	D	B	C	T	轴承型号	d	D	H	d_{1min}
尺寸系列（02）				尺寸系列（02）						尺寸系列（02）				
6202	15	35	11	30203	17	40	12	11	13.25	51202	15	32	12	17
6203	17	40	12	30204	20	47	14	12	15.25	51203	17	35	12	19
6204	20	47	14	30205	25	52	15	13	16.25	51204	20	40	14	22
6205	25	52	15	30206	30	62	16	14	17.25	51205	25	47	15	27
6206	30	62	16	30207	35	72	17	15	18.25	51206	30	52	16	32
6207	35	72	17	30208	40	80	18	16	19.75	51207	35	62	18	37

259

续表

尺寸系列（03）			
6208	40	80	18
6209	45	85	19
6210	50	90	20
6211	55	100	21
6212	60	110	22
6302	15	42	13
6303	17	47	14
6304	20	52	15
6305	25	62	17
6306	30	72	19
6307	35	80	21
6308	40	90	23
6309	45	100	25
6310	50	110	27
6311	55	120	29
6312	60	130	31
6313	65	140	33

尺寸系列（03）					
30209	45	85	19	16	20.75
30210	50	90	20	17	21.75
30211	55	100	21	18	22.75
30212	60	110	22	19	23.75
30213	65	120	23	20	24.75
30302	15	42	13	11	14.25
30303	17	47	14	12	15.25
30304	20	52	15	13	16.25
30305	25	62	17	15	18.25
30306	30	72	19	16	20.75
30307	35	80	21	18	22.75
30308	40	90	23	20	25.25
30309	45	100	25	22	27.25
30310	50	110	27	23	29.25
30311	55	120	29	25	31.5
30312	60	130	31	26	33.5
30313	65	140	33	28	36.0

尺寸系列（03）				
51208	40	68	19	42
51209	45	73	20	47
51210	50	78	22	52
51211	55	90	25	57
51212	60	95	26	62
51304	20	47	18	22
51305	25	52	18	27
51306	30	60	21	32
51307	35	68	24	37
51308	40	78	26	42
51309	45	85	28	47
51310	50	95	31	52
51311	55	105	35	57
51312	60	110	35	62
51313	65	115	36	67
51314	70	125	40	72
51315	75	135	44	77

附表 10　　　　　　　　优先配合中轴的极限偏差（GB/T 1802—2009）

公称尺寸（mm）		公差带（μm）											
		c	d	f	g	h				k	n	p	s	u
大于	至	11	9	7	6	6	7	9	11	6	6	6	6	6
—	3	−60 −120	−20 −45	−6 −16	−2 −8	0 −6	0 −10	0 −25	0 −60	+6 0	+10 +4	+12 +6	+20 +14	+24 +18
3	6	−70 −145	−30 −60	−10 −22	−4 −22	0 −8	0 −12	0 −30	0 −75	+9 +1	+16 +8	+20 +12	+27 +19	+31 +23
6	10	−80 −170	−40 −76	−13 −28	−5 −14	0 −9	0 −15	0 −36	0 −90	+10 +1	+19 +10	+24 +15	+32 +23	+37 +28
10	14	−95 −205	−50 −93	−16 −34	−6 −17	0 −11	0 −18	0 −43	0 −110	+12 +1	+23 +12	+29 +18	+39 +28	+44 +33
14	18													
18	24	−110 −240	−65 −117	−20 −41	−7 −20	0 −13	0 −21	0 −52	0 −130	+15 +2	+28 +15	+35 +22	+48 +35	+54 +41
24	30													+61 +48
30	40	−120 −280	−80 −142	−25 −50	−9 −25	0 −16	0 −25	0 −62	0 −160	+18 +2	+33 +17	+42 +26	+59 +43	+76 +60
40	50	−130 −290												+86 +70

附表

续表

公称尺寸(mm) 大于	至	公差带(μm) c	d	f	g	h				k	n	p	s	u
		11	9	7	6	6	7	9	11	6	6	6	6	6
50	65	−140 −330	−100 −174	−30 −60	−10 −29	0 −19	0 −30	0 −74	0 −190	+21 +2	+39 +20	+51 +32	+72 +53	+106 +87
65	80	−150 −340											+78 +59	+121 +102
80	100	−170 −390	−120 −207	−36 −71	−12 −34	0 −22	0 −35	0 −87	0 −220	+25 +3	+45 +23	+59 +37	+93 +71	+146 +124
100	120	−180 −400											+101 +79	+166 +144
120	140	−200 −450											+117 +92	+195 +170
140	160	−210 −460	−145 −245	−43 −83	−14 −39	0 −25	0 −40	0 −100	0 −250	+28 +3	+52 +27	+68 +43	+125 +100	+215 +190
160	180	−230 −480											+133 +108	+235 +210
180	200	−240 −530											+151 +122	+265 +236
200	225	−260 −550	−170 −285	−50 −96	−15 −44	0 −29	0 −46	0 −115	0 −290	+33 +4	+60 +31	+79 +50	+159 +130	+287 +258
225	250	−280 −570											+169 +140	+313 +284
250	280	−300 −620	−190 −320	−56 −108	−17 −49	0 −32	0 −52	0 −130	0 −320	+36 +4	+66 +34	+88 +56	+190 +158	+347 +315
280	315	−330 −650											+202 +170	+382 +350
315	355	−360 −720	−210 −350	−62 −119	−18 −54	0 −36	0 −57	0 −140	0 −360	+40 +4	+73 +37	+98 +62	+226 +190	+426 +390
355	400	−400 −760											+244 +208	+471 +435
400	450	−440 −840	−230 −385	−68 −131	−20 −60	0 −40	0 −63	0 −155	0 −400	+45 +5	+80 +40	+108 +68	+272 +232	+530 +490
450	500	−480 −880											+292 +252	+580 +540

附表 11 　　　　优先配合中孔的极限偏差 (GB/T 1800.2—2009)

公称尺寸 (mm) 大于	至	C 11	D 9	F 8	G 7	H 7	H 8	H 9	H 11	K 7	N 7	P 7	S 7	U 7
—	3	+120 +60	+45 +20	+20 +6	+12 +2	+10 0	+14 0	+25 0	+60 0	0 −10	−4 −14	−6 −16	−14 −24	−18 −28
3	6	+145 +70	+60 +30	+28 +10	+16 +4	+12 0	+18 0	+30 0	+75 0	+3 −9	−4 −16	−8 −20	−15 −27	−19 −31
6	10	+170 +80	+76 +40	+35 +13	+20 +5	+15 0	+22 0	+36 0	+90 0	+5 −10	−4 −19	−9 −24	−17 −32	−22 −37
10	14	+205 +95	+93 +50	+43 +16	+24 +6	+18 0	+27 0	+43 0	+110 0	+6 −12	−5 −23	−11 −29	−21 −39	−26 −44
14	18	+205 +95	+93 +50	+43 +16	+24 +6	+18 0	+27 0	+43 0	+110 0	+6 −12	−5 −23	−11 −29	−21 −39	−26 −44
18	24	+240 +110	+117 +65	+53 +20	+28 +7	+21 0	+33 0	+52 0	+130 0	+6 −15	−7 −28	−14 −35	−27 −48	−33 −54
24	30	+240 +110	+117 +65	+53 +20	+28 +7	+21 0	+33 0	+52 0	+130 0	+6 −15	−7 −28	−14 −35	−27 −48	−40 −61
30	40	+280 +120	+142 +80	+64 +25	+34 +9	+25 0	+39 0	+62 0	+160 0	+7 −18	−8 −33	−17 −42	−34 −59	−51 −76
40	50	+290 +130	+142 +80	+64 +25	+34 +9	+25 0	+39 0	+62 0	+160 0	+7 −18	−8 −33	−17 −42	−34 −59	−61 −86
50	65	+330 +140	+174 +100	+76 +30	+40 +10	+30 0	+46 0	+74 0	+190 0	+9 −21	−9 −39	−21 −51	−42 −72	−76 −106
65	80	+340 +150	+174 +100	+76 +30	+40 +10	+30 0	+46 0	+74 0	+190 0	+9 −21	−9 −39	−21 −51	−48 −78	−91 −121
80	100	+390 +170	+207 +120	+90 +36	+47 +12	+35 0	+54 0	+87 0	+220 0	+10 −25	−10 −45	−24 −59	−58 −93	−111 −146
100	120	+400 +180	+207 +120	+90 +36	+47 +12	+35 0	+54 0	+87 0	+220 0	+10 −25	−10 −45	−24 −59	−66 −101	−131 −166
120	140	+450 +200	+245 +145	+106 +43	+54 +14	+40 0	+63 0	+100 0	+250 0	+12 −28	−12 −52	−28 −68	−77 −117	−155 −195
140	160	+460 +210	+245 +145	+106 +43	+54 +14	+40 0	+63 0	+100 0	+250 0	+12 −28	−12 −52	−28 −68	−85 −125	−175 −215
160	180	+480 +230	+245 +145	+106 +43	+54 +14	+40 0	+63 0	+100 0	+250 0	+12 −28	−12 −52	−28 −68	−93 −133	−195 −235
180	200	+530 +240	+285 +170	+122 +50	+61 +15	+46 0	+72 0	+115 0	+290 0	+13 −33	−14 −60	−33 −79	−105 −151	−219 −265
200	225	+550 +260	+285 +170	+122 +50	+61 +15	+46 0	+72 0	+115 0	+290 0	+13 −33	−14 −60	−33 −79	−113 −159	−241 −287
225	250	+570 +280	+285 +170	+122 +50	+61 +15	+46 0	+72 0	+115 0	+290 0	+13 −33	−14 −60	−33 −79	−123 −169	−267 −313

附表

续表

公称尺寸 (mm) 大于	至	C 11	D 9	F 8	G 7	H 7	H 8	H 9	H 11	K 7	N 7	P 7	S 7	U 7
250	280	+620 +300	+320 +190	+137 +56	+69 +17	+52 0	+81 0	+130 0	+320 0	+16 −36	−14 −66	−36 −88	−138 −190	−295 −347
280	315	+650 +330											−150 −202	−330 −382
315	355	+720 +360	+350 +210	+151 +62	+75 +18	+57 0	+89 0	+140 0	+360 0	+17 −40	−16 −73	−41 −98	−169 −226	−369 −426
355	400	+760 +400											−187 −244	−414 −471
400	450	+840 +440	+385 +230	+165 +68	+83 +20	+63 0	+97 0	+155 0	+400 0	+18 −45	−17 −80	−45 −108	−209 −272	−467 −530
450	500	+880 +480											−229 −292	−517 −580

附表 12　　　　　　　　　　常见铁和钢的牌号

牌号	统一数字代号	使用举例	说明
1. 灰铸铁（摘自 GB/T 5612—2008）、工程用铸钢（摘自 GB/T 11352—2009）			
HT150 HT200 HT350 ZG230—450 ZG310—570		中强度铸铁：底座、刀架、轴承座、端盖 高强度铸铁：床身、机座、齿轮、凸轮、联轴器、箱体、支架 各种形状的机件、齿轮、飞轮、重负荷机架	"HT"表示灰铸铁，后面的数字表示最小抗拉强度（MPa） "ZG"表示铸钢，第一组数字表示屈服强度最低值（MPa），第二组数字表示抗拉强度最低值（MPa）
2. 碳素结构钢（摘自 GB/T 700—2006）、优质碳素结构钢（摘自 GB/T 699—1999）			
Q215 Q235 Q255 Q275		受力不大的螺钉、轴、凸轮、焊件等 螺栓、螺母、拉杆、钩、连杆、轴、焊件 金属构造物中的一般机件、拉杆、轴、焊件 重要的螺钉、拉杆、钩、连杆、轴、销、齿轮	"Q"表示钢的屈服点，数字为屈服强度数值（MPa），同一钢号下分质量等级，用 A、B、C、D 表示质量依次提高，例如 Q235A
30 35 40 45 65Mn	U20302 U20352 U20402 U20452 U21652	曲轴、轴销、连杆、横梁 曲轴、摇杆、拉杆、键、销、螺栓 齿轮、齿条、凸轮、曲柄轴、链轮 齿轮轴、联轴器、衬套、活塞销、链轮 大尺寸的各种扁、圆弹簧，如座板簧/弹簧发条	牌号数字表示钢中平均含碳量的万分数，例如"45"表示平均含碳量为 0.45%，数字越大，抗拉强度、硬度越高，伸长率越低。当含锰量为 0.7%～1.2% 时需注出"Mn"
3. 合金结构钢（摘自 GB/T 3077—1999）			
15Cr 40Cr 20CrMnTi	A20152 A20402 A26202	用于渗碳零件、齿轮、小轴、离合器、活塞销 活塞销、凸轮，用于心部韧性较高的渗碳零件 工艺性好，汽车、拖拉机的重要齿轮，供渗碳处理	符号前数字表示含碳量的万分数，符号后数字表示元素含量的百分数，当含量小于 1.5% 时不注数字

附表 13 常见有色金属及其合金的牌号

牌号或代号	使用举例	说明
1. 加工黄铜（摘自 GB/T 5231—2001）、铸造铜合金（摘自 GB/T 1176—1987）		
H62（代号）	散热器、垫圈、弹簧、螺钉等	"H" 表示普通黄铜，数字表示铜含量的平均百分数
ZCuZn38Mn2Pb2 ZCuSn5Pb5Zn5 ZCuAl10Fe3	铸造黄铜：用于轴瓦、轴套及其他耐磨零件 铸造锡青铜：用于承受摩擦的零件，如轴承 铸造铝青铜：用于制造蜗轮、衬套和耐蚀性零件	"ZCu" 表示铸造铜合金，合金中的其他元素用化学符号表示，符号后数字表示该元素含量的平均百分数
2. 铝及铝合金（摘自 GB/T 3190—2008）、铸造铝合金（摘自 GB/T 1173—1995）		
1060 1050A 2A12 2A13	适于制作储槽、塔、热交换器、防止污染及深冷设备 适用于中等强度的零件，焊接性能好	铝及铝合金牌号用四位数字或字符表示，部分新旧牌号对照如下： 新　旧　　新　旧 1060　L2　2A12　LY12 1050A　L3　2A13　LY13
ZAlCu5Mn （代号 ZL201） ZAlMg10 （代号 ZL301）	砂型铸造，工作温度为 175～300℃ 的零件，如内燃机缸头、活塞 在大气或海水中工作、承受冲击载荷、外形不太复杂的零件，如舰船配件等	"ZAl" 表示铸造铝合金，合金中的其他元素用化学符号表示，符号后数字表示该元素含量的平均百分数。代号中的数字表示合金系列代号和顺序号

附表